Hans Eberle
Margarethenstrasse 13
CH-8152 GLATTBRUGG

Lutz Richter
Betriebssysteme

Leitfäden und Monographien der Informatik

Herausgegeben von

Prof. Dr. Volker Claus, Dortmund
Prof. Dr. Günter Hotz, Saarbrücken
Prof. Dr. Peter Raulefs, Kaiserslautern
Prof. Dr. Klaus Waldschmidt, Frankfurt

Die Leitfäden und Monographien behandeln Themen aus der Theoretischen, Praktischen und Technischen Informatik entsprechend dem aktuellen Stand der Wissenschaft. Besonderer Wert wird auf eine systematische und fundierte Darstellung des jeweiligen Gebietes gelegt. Die Bücher dieser Reihe sind einerseits als Grundlage und Ergänzung zu Vorlesungen der Informatik und andererseits als Standardwerke für die selbständige Einarbeitung in umfassende Themenbereiche der Informatik konzipiert. Sie sprechen vorwiegend Studierende und Lehrende in Informatik-Studiengängen an Hochschulen an, dienen aber auch den in Wirtschaft, Industrie und Verwaltung tätigen Informatikern zur Fortbildung im Zuge der fortschreitenden Wissenschaft.

Betriebssysteme

Von Dr. rer. nat. Lutz Richter
o. Professor an der Universität Zürich

2., neubearbeitete und erweiterte Auflage
Mit 64 Figuren, zahlreichen Beispielen,
Übungsaufgaben und Lösungen

B. G. Teubner Stuttgart 1985

Prof. Dr. rer. nat. Lutz Richter

Geboren 1935 in Chemnitz. Von 1955 bis 1961 Studium der Mathematik und Physik an der Freien Universität Berlin. 1961 wiss. Mitarbeiter am Zentralinstitut für Angewandte Mathematik der Kernforschungsanlage Jülich und ab 1967 Leiter des dortigen Rechenzentrums. 1967 Promotion in Mathematik an der RWTH Aachen. Ab 1972 o. Professor an der Abteilung Informatik der Universität Dortmund und seit 1984 o. Professor am Institut für Informatik der Universität Zürich. In den letzten 12 Jahren zahlreiche Projekte aus den Gebieten Betriebssysteme, Firmware Engineering und Anwendungssysteme. Zusammenarbeit mit in- und ausländischen Rechnerherstellern.

CIP-Kurztitelaufnahme der Deutschen Bibliothek

Richter, Lutz:
Betriebssysteme /
von Lutz Richter. – 2., neubearb. u. erw. Aufl. –
Stuttgart: Teubner, 1985.
   (Leitfäden und Monographien der Informatik)
   ISBN 3-519-02253-2

Printed in Germany
Gesamtherstellung: Zechnersche Buchdruckerei GmbH, Speyer
Umschlaggestaltung: W. Koch, Sindelfingen

Vorwort

Die vorliegende zweite Auflage dieses Buches stellt eine vollständige Neubearbeitung der 1977 in diesem Verlag erschienenen Erstauflage sowie des 1981 von der Fernuniversität Hagen publizierten Fernstudienkurses "Betriebssysteme" dar. Der Text wurde mehrfach in vom Verfasser an der Abteilung Informatik der Universität Dortmund gehaltenen Vorlesungen benutzt und hat in der nun vorliegenden Form sicherlich beträchtlich von den zahlreichen Anregungen aus dem Kreise der Kollegen sowie der Studenten, die diese Vorlesungen hörten, profitiert.

Die Darstellung ist orientiert an einer Gesamteinführung in die Aufgaben von Betriebssystemen moderner digitaler Rechnersysteme. Vom Leser werden lediglich Grundkenntnisse der Datenverarbeitung bzw. Informatik erwartet und diejenigen Teile des Textes, die gewisse mathematische Grundlagen erfordern, können ohne Einbuße für das Gesamtverständnis bei einem ersten Studium des Textes übergangen werden. Die Herausarbeitung der funktionalen Strukturen sowie die Motivation für die globalen Zusammenhänge der Aufgabenstellungen in komplexen Betriebssystemen ist ein besonderes Anliegen dieser Darstellung. Nach dem Durcharbeiten dieses Buches sollte der Leser in der Lage sein, eine selbständige Einordnung und Bewertung der Aufgabenstellungen, der Strukturen sowie der qualitativen und quantitativen Eigenschaften moderner Betriebssysteme vorzunehmen.

Der vorliegende Text zerfällt nach einer groben Gliederung in vier Teile. Im ersten Teil (Kapitel 1 und 2) werden die Grundlagen dargestellt. Die verschiedenen Komponenten eines Betriebssystems und ihre wechselseitigen Abhängigkeiten werden aus den Aufgabenstellungen heraus erläutert. Prozesse als die Basiselemente in Betriebssystemen, ihre Koordination und Kommunikation werden ausführlich diskutiert. Der zweite Teil (Kapitel 3 bis 5) beschäftigt sich mit der Betriebsmittelverwaltung. Konzepte, Algorithmen und Strategien der Speicher-, Prozessor- und Geräte-(Eingabe/Ausgabe)- Verwaltung werden an ihren Aufgabenstellungen illustriert. Im Vordergrund stehen hierbei insbesondere auch Fragen der praktischen Realisierbarkeit der besprochenen Verfahren. Im dritten Teil (Kapitel 6) erfolgt eine kurze Beschreibung einer Reihe von Ansätzen zur Entwurfsmethodik. Unterschiedliche Verfahren des Entwurfs sowie der Implementierung werden ebenso wie verschiedene Techniken zur Realisierung von Sicherungsstrukturen und -modellen erläutert. Der letzte Teil (Kapitel 7 und 8) dient der Darstellung quantitativer Eigenschaften sowie der Schnittstelle zum Benutzer bzw. Betreiber eines Betriebssystems. Die unterschiedlichen Parameter und ihr

Einfluß auf das Leistungsverhalten werden an mehreren Modellen illustriert. Zwei Fallstudien (IBM VM/370 und UNIX) runden die vorliegende Darstellung schließlich ab.

Am Schluß dieses Buches vermittelt ein umfangreiches, teilweise kommentiertes Literaturverzeichnis dem Leser weiteren Zugang zu zahlreichen Originalveröffentlichungen. Ein Glossar erleichtert darüberhinaus das initiale Verständnis für alle wesentlichen Fachausdrücke. Außerdem befinden sich am Ende eines jeden Kapitels mehrere Übungsaufgaben, die mit Hilfe der im Anhang beigefügten Lösungen das Verständnis des erarbeiteten Stoffes verbessern helfen.

Bei der Herstellung der endgültigen Form des Manuskriptes, die mit Hilfe von UNIX-Dokumentations-Werkzeugen erfolgte, erhielt ich maßgebliche Hilfe und Unterstützung zahlreicher Mitarbeiter. Frau Elke Schickentanz und Herr Wolfgang Deiters von der Abteilung Informatik der Universität Dortmund besorgten die Erfassung des Textes sowie die Aufbereitung unter UNIX-titroff, -eqn, -tbl und -pic. Herr André Weinand vom Institut für Informatik der Universität Zürich übernahm schließlich die druckfertige Vorbereitung und endgültige Herstellung der Druckvorlage. Darüberhinaus gab mir Herr Weinand auch noch zahlreiche nützliche Hinweise zur Verbesserung des Textes. Ihnen allen gebührt mein herzlicher Dank. Zu danken habe ich auch dem Fachbereich Mathematik der Fernuniversität Hagen für die Zustimmung, den o. e. Fernstudienkurs in überarbeiteter Form für dieses Buch zu verwenden. Mein Dank richtet sich auch an die Abteilung Informatik der Universität Dortmund und das Institut für Informatik der Universität Zürich für die großzügige Bereitstellung der benötigten Computer-Ressourcen. Schließlich bin ich dem Teubner-Verlag zu Dank verpflichtet für die schnelle und problemlose Herausgabe des vorliegenden Buches.

Zürich, im Februar 1985   Lutz Richter

Inhaltsverzeichnis:

1. Einführung

Heutige Rechnersysteme sind - gleichgültig, ob wir sie der Klasse der Mikro-, Mini- oder Großrechner zuzählen - von einer auf den ersten Blick verwirrenden Komplexität. Eine typische Rechnerkonfiguration mittlerer Größe besteht aus der Verknüpfung eines oder mehrerer Prozessoren (Zentraleinheiten), zentraler Speicher, diverser peripherer Speichereinheiten, (Magnetplatten-, Disketten-, Magnetbandspeicher usw.), zahlreicher ganz unterschiedlicher Ein-Ausgabe-Geräte (Bildschirme, Drucker, Zeichengeräte u.a.) sowie weiterer spezieller Peripherie-Geräte. Um die Benutzbarkeit und die Verwaltung dieser Vielfalt von verschiedenen Komponenten zu erleichtern, werden zusammen mit dem Rechnersystem eine Reihe von Programmen (System-Software) zur Verfügung gestellt, durch deren Funktionen die Verwendung der "reinen Hardware" für den Anwender überhaupt erst möglich wird. Benutzer, die ihre Programme auf dem Rechnersystem ausführen lassen wollen, beschreiben ihre Wünsche durch Anweisungen an die System-Software z.B. als "FÜHRE PROGRAMM A AUS" oder "LESE DATEI B". Die Menge aller Programme, die die System-Software, d.h. das Betriebssystem, ausmachen, ermöglichen die Benutzung der Hardware-Komponenten des Rechnersystems, ohne daß der an seiner Anwendung interessierte Benutzer sämtliche technischen und organisatorischen Details der einzelnen Geräte zu kennen braucht.

Da Rechnersysteme trotz ständig sinkender Preise der elektronischen Bauteile (Miniaturisierung, Hochintegration) als Gesamtsysteme infolge der hohen Kosten für die System-Software nach wie vor erhebliche Investitions- und Betriebskosten verursachen, kann - mit Ausnahme der Personal Computer - der einzelne Benutzer aus ökonomischen Gründen nicht jeweils exklusiv seinen eigenen Rechner zur Verfügung haben. Er muß sich vielmehr den Zugriff zu einem Rechnersystem mit anderen Benutzern teilen. Hieraus ergeben sich jedoch mannigfaltige logisch-organisatorische Probleme, die ebenfalls nicht durch den individuellen Anwender, sondern auch durch das Betriebssystem behandelt werden müssen.

Die Vielzahl der Aufgaben und Funktionen eines Betriebssystems, auf die wir in 1.1 und 1.3 genauer eingehen werden, macht Anzahl und Aufbau der Programme, die das Betriebssystem bilden, äußerst aufwendig und komplex. Die Größe moderner Betriebssysteme, gemessen an ihrem Speicherbedarf, ist daher erheblich. Einige Millionen Bytes Speicherbedarf für das Betriebssystem universaler Großrechner sind keine Seltenheit und selbst für Mikrorechner-

Betriebssysteme werden meistens 40 K[1] Bytes Hauptspeicher oder mehr benötigt.

Größe und Komplexität moderner Betriebssysteme werden in dem folgenden angelsächsischen Sprichwort [0.8] deutlich:

> **Question: "What is an elephant?"**
>
> **Answer: "A mouse with an Operating System".**

Der Begriff *Betriebssystem* ist relativ schwierig präzis und umfassend zu beschreiben. Es gibt heute zahlreiche Erklärungen, die die Aufgaben und die Bedeutung moderner Betriebssysteme zu umschreiben suchen. In historischer als auch vom speziellen Anwendungsbereich abhängiger Sicht gibt es mehrere Begriffsbildungen, die die Aufgaben und Funktionen eines Betriebssystems abgrenzen. In diesem Zusammenhang können der Begriff *Betriebssystem* sowie die angelsächsischen Begriffe *Operating System, Executive System, Supervisor* und *Monitor* als partiell gleichwertig verstanden werden.

Nach allgemeinem Verständnis stellt ein Betriebssystem eine Brücke dar zwischen der Hardware (den Rechner-Komponenten) und den Anforderungen der Benutzer eines Rechnersystems.

Eine genauere Definition des Begriffs Betriebssystem bereitet aber einige Schwierigkeiten, wie die nachfolgenden Zitate belegen:

— Nach DIN 44300 [1.1] gilt:

> **Die Programme eines digitalen Rechensystems, die zusammen mit den Eigenschaften der Rechenanlage die Grundlage der möglichen Betriebsarten des digitalen Rechensystems bilden und insbesondere die Abwicklung von Programmen steuern und überwachen.**

— Sayers [1.6] definiert ein *operating system* als

> **a set of programs and routines which guide a computer in the performance of its tasks and assist the programs (and programmers) with certain supporting functions.**

Bei den folgenden Beschreibungen des Begriffs Betriebssystem spielen *Betriebsmittel* eines wesentliche Rolle. Betriebsmittel können bei Rechnersystemen gar nicht allgemein genug verstanden werden.

---

1. 1 K steht im Zusammenhang mit Speichergrößen für Kilo (1K = 1024).

Als Betriebsmittel in digitalen Rechnersystemen bezeichnen wir die Prozessoren (Rechnerkerne), die Speicher (Haupt- und Hintergrundspeicher), Ein-Ausgabe-Geräte, Dateien, Übersetzer, Dienstprogramme, Benutzerprogramme usw.

Betriebsmittel sind also Komponenten sowohl der Hardware als auch der Software (und hier insbesondere der System-Software aber auch der Anwender-Software); allgemein Objekte, die für den Ablauf von Programmen benötigt werden.

Mit Hilfe von Betriebsmitteln kommen die folgenden Definitionen des Begriffs Betriebssystems zustande:

— Nach Haberman [0.9] ist

  ein Betriebssystem eine Menge von Programmen, die die Ausführung von Benutzerprogrammen und die Benutzung von Betriebsmitteln steuern.

— Für Brinch Hansen [0.6] besteht

  der Zweck eines Betriebssystems in der Verteilung von Betriebsmitteln auf sich bewerbende Benutzer.

Durch eine Vervollständigung und Präzisierung der Aufgaben ließe sich zweifellos auch eine genauere Definition des Begriffs Betriebssystem erreichen. Da jedoch das sorgfältige Studium der Aufgaben und Funktionen eines Betriebssystems ein wesentlicher Bestandteil dieses gesamten Textes sind, wollen wir uns an dieser Stelle zunächst mit den bisher gegebenen Erklärungen begnügen. Stattdessen wollen wir in dieser Einführung erst einmal danach fragen, warum das Studium von Betriebssystemen wichtig ist. Hierfür gibt es eine Reihe von Gründen:

— Auswahl des geeigneten Betriebssystems bei der Einrichtung von Rechnerinstallationen

— Anpassung des Betriebssystems an standardmäßig vorgesehene Anwendungsfälle durch Parametrisierung bei der Generierung des Betriebssystems[2]

---

2. Um Betriebssysteme für unterschiedliche Hardware-Konfigurationen und verschiedene Anwendungsfälle benutzen zu können, sind diese modular zusammengesetzt, so daß aus diesen Modulen in geeigneter Kombination für eine bestimmte Rechnerinstallation das spezielle Betriebssystem generiert (d.h. zusammengesetzt) wird.

— Modifikation eines Betriebssystems zum Zwecke der Ergänzung gewisser Funktionen (z.B. Unterstützung eines weiteren Ein-Ausgabe-Gerätes)

— wirkungsvoller Einsatz der Dienstleistungsfunktionen eines Betriebssystems (Voraussetzung hierfür ist die gute Kenntnis der qualitativen und quantitativen Eigenschaften des betreffenden Betriebssystems).

Die angegebenen Gründe geben ausschließlich die Sicht des Anwenders bzw. Betreibers eines Rechnersystems wieder. Für den Hersteller (der Software) kommt hinzu, daß für neue Rechnerstrukturen und/oder für zusätzliche Anwendungsfälle neue Betriebssysteme entworfen werden müssen, also auch dafür eine detaillierte Kenntnis der Aufgaben, Funktionen und Methoden moderner Betriebssysteme notwendig ist.

1.1 Formulierung von Algorithmen

An zahlreichen Stellen während des gesamten Textes werden Zusammenhänge am besten veranschaulicht, indem benutzte Algorithmen oder Teile derselben angegeben werden. Hierzu bedienen wir uns üblicher programmsprachlicher Konstruktionen, wie diese aus ALGOL oder ähnlichen Sprachen bekannt sind. Um jedoch zu vermeiden, daß alle notwendigen Details irgendeiner der bestehenden Programmiersprachen (ALGOL, SIMULA, PL/1, PASCAL usw.) verwendet werden müssen, damit syntaktisch korrekte Programme (bzw. -teile) entstehen, verwenden wir eine Darstellung, die rudimentär die Kontrollstruktur der betreffenden Algorithmen so weit sichtbar macht, wie es die Herausarbeitung der zugrundeliegenden Gedankengänge erfordert.

Die wichtigsten Kontrollstrukturen sind

if *Bedingung* **then** *Anweisung* { **else** *Anweisung* } **fi**
repeat *Anweisung* **until** *Bedingung*
while *Bedingung* **do** *Anweisung* **od** .

Hierbei steht "Anweisung" für eine oder mehrere Anweisungen und **fi** und **od** haben die Bedeutung schließender Klammern. Die geschweiften Klammern "{ ...}" kennzeichnen den betreffenden Teil als optional.

Die Semantik der drei Kontrollanweisungen entspricht der üblichen Bedeutung. Der **then**-Teil in der **if**-Anweisung wird nur dann ausgeführt, wenn die "Bedingung" gilt, d.h. "wahr" oder "true" ist. Andernfalls gelangt der **else**-Teil zur Ausführung. Fehlt dieser, so wird unmittelbar an der Stelle fortgesetzt, die dem **fi** folgt. Die dem **repeat** folgende Anweisung wird solange ausgeführt, bis die dem **until** folgende Bedingung von "false" zu "true" wechselt. Genau umgekehrt verhält es sich mit der **while**-Konstruktion. Für die Bedingungen, die in den beiden Kontrollanweisungen **repeat** und **while** am Ende bzw. am Anfang stehen, folgt, daß die Anweisung(en) im **repeat** mindestens einmal ausgeführt wird, auch wenn die Bedingung bereits anfänglich "true" war. Die dem **do** folgende(n) Anweisung(en) wird bei der **while**-Konstruktion jedoch nicht ausgeführt, wenn die Bedingung bereits von vornherein "false" war.

Als weitere Kontrollstrukturen unserer "rudimentären" Programmiersprache benutzen wir die folgenden

>**for** *Variable* **in** *Bereich* **do** *Anweisung* **od**
>**repeat** *Anweisung* **until** *Bedingung* **do** *Anweisung* **od**
>**if** *Bedingung* **then** *Ausdruck* **else** *Ausdruck* **fi** .

Die Iterations-Variable in der **for**-Konstruktion durchläuft sämtliche Werte des angegebenen **in**-Bereichs und führt für jeden Wert die Anweisung(en) der **do**-Schleife genau einmal aus. Die erweiterte **repeat**-Anweisung ermöglicht die Ausführung der Anweisung(en) in der **do**-Klammer so lange, bis die **until**-Bedingung zu "true" wechselt und dann abbricht. Die alternative **if**-Konstruktion erlaubt schließlich die Auswertung bedingter Ausdrücke.

Neben den üblichen skalaren Datentypen verwenden wir als statische Strukturen das **array** (Feld) und den **record** (Verbund) und außer weiterer - an der Stelle des Auftretens erklärt - als dynamische Strukturen besonders häufig Listen. Da die angegebenen Anweisungsfolgen meist nur als Fragmente formuliert sind, wird in der Regel auf die explizite Vereinbarung der globalen Variablen verzichtet, wohingegen lokale Variable ausdrücklich deklariert werden. Eine Liste besteht aus einer Anzahl über Zeiger verbundener Elemente. Jedes Element besitzt einen Verweis "zeiger", der auf das folgende Element in der Liste zeigt. Das "zeiger"-Feld des letzten Elementes hat den Wert **nil** oder verweist auf das erste Element in der Liste (zirkulare Liste). Zugriff auf die Liste erfolgt durch eine Variable (header), die auf den Kopf, d.h. das erste Element der Liste weist. Ein **record** bezeichnet eine Menge unterschiedlicher Felder, die durch Namen unterschieden werden. Das Feld f des **record** r wird durch r.f angegeben. Damit kann ein Listenelement als **record** verstanden werden, der unter anderem ein Feld "zeiger" als Verweis auf das nächste Listenelement enthält.

Betrachten wird zur Illustration das folgende Beispiel:

Eine lineare Liste enthält Elemente mit zwei Feldern, "zeiger" als Verweis auf das nächste Listenelement und "wert" als Inhalt des Listenelementes. Gesucht wird das Listenelement, das die Zahl 4712 enthält. Das erste Element, das diese Bedingung erfüllt, wird in der Variablen "a" abgespeichert, die, falls ein solches Element nicht existiert, am Ende des Programmteils **nil** enthält. Der Kopf der Liste ist die Variable "kopf".

```
a:= nil
if kopf ≠ nil then
      local t = kopf
      repeat
            if t.wert = 4712 then a:= t else t:= t.zeiger fi
      until t = a
fi
```

Falls die Liste nicht leer ist, weist die lokale Variable "t" zu Beginn auf den Kopf der Liste (**local** vereinbart eine mit "kopf" initialisierte Variable).

Bei der Formulierung von gewissen Prädikaten ist es nützlich, die folgenden Boole'schen Ausdrücke zur Verfügung zu haben

> **some** *Variable* **in** *Bereich* **which** *Bedingung*
> **all** *Variable* **in** *Bereich* **which** *Bedingung* .

Hierbei steht **which** für "für welche gilt" zur Angabe der Nebenbedingung. Der **some**-Ausdruck entspricht dem Existenzquantor und der **all**-Ausdruck dem Allquantor . Die Variable durchläuft sämtliche Elemente des **in**-Bereichs

— im **some**-Ausdruck, wenn das Resultat des Boole'schen Ausdrucks "falsch" ist;

— im **all**-Ausdruck, wenn das Resultat des Boole'schen Ausdrucks "wahr" ist.

Die Variable enthält jedoch nach Abschluß der Auswertung das am weitesten links stehende Element des Bereichs, für das

— die **which**-Bedingung erfüllt ist, wenn das Resultat des **some**-Ausdrucks "wahr" ist;

— die **which**-Bedingung erfüllt ist, wenn das Resultat des **all**-Ausdrucks "falsch" ist.

Zur Verdeutlichung der eingeführten Konstruktionen betrachten wir zwei weitere Beispiele:

(1) der Ausdruck

   all x **in** [1:n] **which** (**some** y **in** [1:n] **which** a[x,y]=0)

ist wahr, wenn jede Zeile der Matrix A mindestens ein Null-Element enthält.

(2) Die **some**-Konstruktion ist besonders nützlich im Zusammenhang mit Suchalgorithmen. Bei der Speicherverwaltung (näheres hierzu siehe Kapitel 3) tritt die Aufgabe auf, Speicherbereiche Programmen zuzuweisen. Das Feld "speicher[1:n]" enthalte n Blöcke, dessen Elemente Null enthalten, wenn sie frei sind und sonst einen Zeiger zu dem Programm enthalten, dem dieser Speicherblock zugewiesen wurde. Durch die Anweisung

   if some x **in** [1:n] **which** speicher [x] =0 **then** x **else** -1 **fi**

wird der Index des ersten freien Speicherblocks ermittelt, falls ein solcher vorhanden ist und andernfalls -1.

Aus Platzgründen und um uns in dieser Einführung nicht allzu weit von den motivierenden Zusammenhängen zu entfernen, soll an dieser Stelle auf ein größeres Beispiel verzichtet werden. Wir werden in nahezu allen folgenden Kapiteln Gelegenheit haben, die Elemente dieser "rudimentären" Programmiersprache reichlich zu üben.

1.2 Betriebsarten

Die Benutzer von mit Betriebssystemen ausgestatteten Rechnern haben eine Reihe von Forderungen an diese Betriebssysteme. Sie erwarten beim Entwurf, der Kodierung und bei der Ausführung ihrer Aufgaben eine beträchtliche Unterstützung in Form eines vereinfachten Zugangs und einer erleichterten Benutzung des Rechnersystems. Weiterhin erscheint dem Benutzer eines Rechnersystems die Entlastung bei problem-irrelevanten Routineaufgaben (z.B. Ein/Ausgabe) ebenso selbstverständlich wie das Vorhandensein entsprechender Testhilfen bei der Programmentwicklung. Von einem Betriebssystem wird ein Benutzer aber auch eine hohe Zuverlässigkeit des von ihm benutzten Rechnersystems erwarten. Dies betrifft die Sicherheit bei der Speicherung der von ihm benutzten Daten ebenso wie die Reproduzierbarkeit bei der Ausführung seiner Programme.

Aus der Sicht des Betreibers eines Rechnersystems werden ganz andere Forderungen an das Betriebssystem gestellt. Aus ökonomischen Gründen wird ein Betreiber einen optimalen Einsatz bei der Zuordnung der Betriebsmittel (Prozessor, Speicher, E/A-Kanäle sowie die auf dem Rechnersystem ablaufenden Programme) erwarten. Bei Betriebsmittelengpässen gehört hierzu auch eine Begrenzung bzw. Kontingentierung beim Einsatz der Betriebsmittel. Damit das Rechnersystem als Dienstleistungseinrichtung betrieben werden kann, müssen im Betriebssystem schließlich Möglichkeiten zur Verrechnung der Kosten nach tatsächlicher Inanspruchnahme der Betriebsmittel bereitgestellt werden.

Sämtliche der genannten Forderungen eines Benutzers bzw. eines Betreibers an ein Betriebssystem dienen einer Steigerung der Verfügbarkeit bzw. Verbesserung des Preis-Leistungs-Verhältnisses [3] des Gesamtsystems.

Die Erwartungen an das Betriebssystem hängen wesentlich von der Art der Aufgaben, die auf dem Rechnersystem ablaufen sollen, ab. Bei den Betriebsarten eines Rechnersystems kann man drei im wesentlichen verschiedene Klassen unterscheiden, die anhand der folgenden Aufgabenstellungen grob charakterisiert werden sollen.

1. Die gesamte Aufgabe ist a priori vollständig definiert und wird zusammenhängend dem Rechnersystem übergeben. Die Durchführung der Aufgabenlösung hängt nicht von während der Ausführung ermittelten Zwischenergebnissen ab und beeinflußt infolgedessen nicht den weiteren Ablauf des (der) Programms(e). Üblicherweise werden mit diesen Anwendungen keine strengen Zeitforderungen hinsichtlich der Fertigstellung dieser Aufgaben verbunden.

2. Eine große Zahl von Benutzern stellt nahezu gleichzeitig eine Folge kurzer Teilaufträge an das Rechnersystem und erwartet eine schnelle Bearbeitung bzw. Antwort (die Erwartungen an die Antwortgeschwindigkeit des Rechnersystems sind normalerweise höher als die menschliche Reaktionsgeschwindigkeit).

3. Die an das Rechnersystem gestellte Aufgabe erfordert die Einhaltung strenger Zeitbedingungen; hierzu gehören Plausibilitätskontrollen im Millisekundenbereich, um z.B. eine Meßapparatur oder einen Steuerungsmechanismus in Abhängigkeit von gerade gemessenen Daten zu beeinflussen.

---

3. Unter Preis-Leistungs-Verhältnis verstehen wir das Verhältnis der Kosten (Rechnerinvestitions- und -betriebskosten) zur Bereitstellung einer bestimmten Leistung (Arbeit), die notwendig ist, um eine gewisse Aufgabe auszuführen.

Die aufgeführten drei Betriebsarten, die man als *Stapelbetrieb* (im engl. *batch processing*), *Dialog-* oder *Gesprächsbetrieb* (im engl. *interactive time sharing*) und *Echtzeitbetrieb* (im engl. *real-time processing*) bezeichnet, können durch die folgenden Beispiele illustriert werden:

1. Typische Anwendungen für Stapelverarbeitungs-Systeme sind in der Regel umfangreiche Aufgabenstellungen, die während ihres Ablaufs keinerlei Interaktion mit dem Auftraggeber erfordern. Hierzu gehören u.a. die meisten Anwendungen der numerischen Mathematik (z.B. Diskretisierungsverfahren zur Lösung von Differential- und Integralgleichungen, statistische Auswertungen), aber auch umfangreiche kommerzielle Anwendungen (z.B. Lohn- und Gehaltsabrechnungen). Aufträge, die entweder *verarbeitungsintensiv* und/oder *datenintensiv* sind, werden in der Regel nur im Stapelbetrieb verarbeitet.

2. Dialogbetrieb ist durch eine in Abhängigkeit von den Zwischenergebnissen bestimmte Folge kurzer Einzelaufträge gekennzeichnet. Charakteristische Anwendungen des Dialogbetriebs sind z.B. interaktiver rechnergestützter Unterricht (CUU = computerunterstützter Unterricht), editieren von Programmtexten, Anfragen an Auskunftssysteme (Reservierungssysteme für Fluggesellschaften).

3. Meß-Regelungs-Mechanismen mit oder ohne Rückkopplung sind typische Anwendungen des Echtzeit-Betriebs. Reaktionen innerhalb fest vorgegebener Zeitgrenzen stellen eine strenge Forderung an solche Systeme dar. Die geforderten Reaktionszeiten können im Minuten-, Sekunden- aber auch im Millisekundenbereich liegen. Üblicherweise erfolgt automatische Datenerfassung (z.B. rechnergesteuerte Verkehrsregelung mit Fahrzeugzählung und dynamische Bestimmung von Rot-Grün-Phasen, Aufzeichnung von analogen und/oder digitalen Meßsignalen in einem physikalischen Experiment) und Auswertung bzw. Rückkopplung in Abhängigkeit von den erfaßten Daten im Wechsel (z.B. Steuerung der Elektrizitäts- und Klimaversorgung in Abhängigkeit von Meßwerten in einem Büro-Hochhaus, Regelung einer Walzstraße unter Berücksichtigung des laufend veränderten Zustands des in Bearbeitung befindlichen Walzguts).

In Stapelverarbeitungs-Systemen wird in der Regel die optimale Auslastung aller im Rechnersystem zur Verfügung gestellten Hardware-Betriebsmittel als Hauptaufgabe des Betriebssystems betrachtet (vergl. Kapitel 4). Dagegen tritt diese Zielsetzung beim Dialogbetrieb weitgehend und beim Echtzeit-

Betriebssystem vollständig zurück zugunsten einer hohen zeitlichen Verfügbarkeit des Gesamtsystems (schnelle Antwort- bzw. Reaktionszeiten).

1.3 Ein elementares Stapelsystem

Ein stark vereinfachtes Stapelverarbeitungs - System soll die bisher dargestellten Zusammenhänge erläutern. Wir betrachten ein Rechnersystem, das aus einem Prozessor, Hauptspeicher, einer Programm- bzw. Daten-Eingabe sowie einer Drucker-Ausgabe besteht. Über die Programm- bzw. Daten-Eingabe werden nacheinander voneinander unabhängige Aufträge (Jobs) eingelesen, aus einer höheren Programmiersprache (z.B. PASCAL, SIMULA, PL/1) in die Maschinensprache übersetzt, geladen und ausgeführt. Dabei wird von dem Auftrag Ausgabe erzeugt, die auf den Drucker ausgegeben wird. Wenn ein Auftrag vollständig verarbeitet ist, wird der folgende Auftrag im Eingabestapel zur Bearbeitung gestartet u.s.f. Dies wird solange fortgesetzt, bis der Eingabestapel in der Programm- und Daten-Eingabe leer ist.

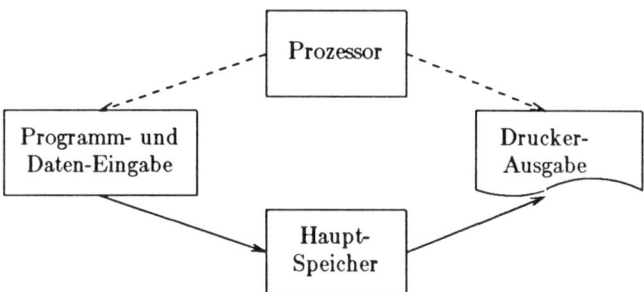

Bild 1.1. Ein einfaches Stapelsystem

In der einfachsten Form wird die Aufgabe eines Stapelbetriebssystems in dem konsekutiven Einsatz der oben beschriebenen Auftragsabarbeitung und der automatischen Überleitung zum Start des folgenden Auftrags bestehen.

```
repeat Lese Auftrag von Eingabe
       Übersetze Programm
       Lade übersetztes Programm
       Führe Programm aus
       Drucke Ergebnisliste
until Stapel in Eingabe leer
```

Da während der Übersetzung des Programms z.B. syntaktische Fehler
auftreten können, die das nachfolgende Laden und Ausführen des (u.U. nur
teilweise übersetzten) Programms unmöglich machen, sollte das
Betriebssystem in einem solchen Falle alle nachfolgenden Schritte unterbinden
und sofort zum nächsten Programm übergehen.

```
repeat Lese Auftrag von Eingabe
       Übersetze Programm
       if Übersetzung fehlerfrei then
       Lade übersetztes Programm
              Führe Programm aus
              Drucke Ergebnisse
       fi
until Stapel in Eingabe leer
```

Weitere mögliche Prüfungen unseres "Betriebssystems" können unmittelbar
dem folgenden Algorithmus entnommen werden:

```
repeat Lese Auftrag von Eingabe
       Übersetze Programm
       if Übersetzung fehlerfrei then
           if Speicher groß genug then
               Lade übersetztes Programm
               Führe Programm aus
               if Programm-Ausführung fehlerfrei
                   then Drucke Ergebnisse
                   else Drucke Fehler
               fi
           fi
       fi
until Stapel in Eingabe leer
```

Um eine weitere Aufgabe unseres elementaren "Betriebssystems" etwas detaillierter zu betrachten, untersuchen wir die Arbeitsweise des Ausgabe-Druckers. Dieser verfüge über einen Start/Stop-Schalter, von dessen Stellung abhängig sich der Ausgabe-Drucker in einem von drei möglichen Zuständen befinden kann. Wenn der Schalter auf "Stop" steht, so sagen wir, daß der Drucker im Zustand *Ruhe* sei. Steht hingegen der Schalter auf "Start", so müssen wir unterscheiden, ob der Drucker beschäftigt *(Aktiv)* ist, d.h. Ausgabe druckt oder nur *bereit* ist, d.h. im Betrachtungszeitpunkt keine Ausgabe produziert aber jederzeit dazu in der Lage wäre, falls der zentrale Prozessor (siehe Bild 1.1) entsprechende Anweisungen gibt. Befindet sich der Drucker im Zustand *Ruhe*, so wird auch eine vom Prozessor erteilte Anweisung nichts an diesem Zustand ändern, solange nicht der Start-Stop-Schalter auf "Start" geschaltet wird. Bezeichnen wir nun mit *1/0 = Start/Stop* die Stellung des Schalters und ebenfalls mit *1/0 = Druck-Anweisung vom Prozessor/keine Druck-Anweisung*, so können wir für den Drucker die folgenden Zustände unterscheiden:

Nr.	Start	Anweisung	Zustand
0	0	0	*Ruhe*
1	0	1	*Ruhe*
2	1	0	*Bereit*
3	1	1	*Aktiv*

Betrachten wir jeweils die Änderung genau einer der beiden Bedingungen "Start ja/nein" und "Anweisung ja/nein", so gelangen wir unmittelbar zum Zustandsdiagramm auf der folgenden Seite (Bild 1.2).

Das Drücken der Start-Taste am Drucker bewirkt den Wechsel vom Zustand *Ruhe* in den Zustand *Bereit*, falls noch keine Ausgabe-Anweisung erteilt ist oder direkt in den Zustand *Aktiv*, falls eine Ausgabe-Anweisung bereits im Zustand *Ruhe* anlag.

Die in den vorangegangenen Beispielen benutzte Anweisung "Drucke Ergebnisse" läuft nun in der Weise ab, daß dem Drucker zwei Parameter mitgeteilt werden, nämlich

— die Startadresse "sa" für die Resultate im Hauptspeicher und

— die Anzahl der Zeilen "az", die mit dieser Ausgabeanweisung gedruckt werden sollen.

Hiermit läßt sich die bisher benutzte komplexe Anweisung "Drucke Ergebnisse" auflösen in

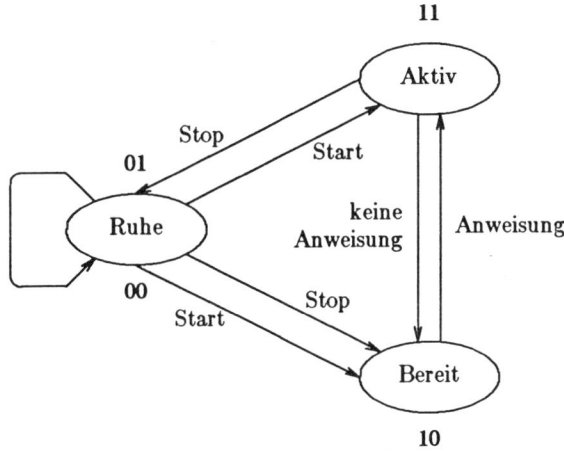

Bild 1.2. Zustandsdiagramm für den Drucker

DRUCKER: Initialisiere sa und az
       repeat Lies Speicher sa (n Zeichen)
           repeat warten **until** Drucker BEREIT
           Drucke Zeile
           Inkrementiere sa
           Dekrementiere az
    until az = 0

Auch im letzten Beispiel sind natürlich noch zahlreiche Vereinfachungen
enthalten (Wie lang ist eine Zeile? Was heißt hier "Warten"? u.a.). Trotzdem
kann man an dieser Detaillierung schon sehr gut erkennen, in welcher Weise
Bedingungen und Zustände die Aufgaben von Betriebssystemen
charakterisieren und wie diese zu formulieren sind.

1.4 Überblick über die Aufgaben

Um einen vollständigen Überblick über die Aufgaben zu erhalten, die ein Betriebssystem in den in 1.2 erwähnten Betriebsarten hat, wollen wir nun eine funktionale Analyse vornehmen.

Ein Rechnersystem erhält *Aufträge (Jobs)*, die abhängig von der Betriebsart entweder relativ umfangreich und vollständig abgeschlossen sind (Stapelverarbeitung) oder als Einzelauftrag Element einer sequentiellen Folge von Aufträgen ist (Dialogverarbeitung). Beide Arten von Aufträgen sind während ihrer gesamten Verweilzeit im Rechnersystem durch das Betriebssystem zu betreuen.

Die verschiedenen Komponenten eines Betriebssystems, die mit der Verwaltung der Betriebsmittel beschäftigt sind, lassen sich in verschiedene Klassen unterteilen. Die wichtigsten Klassen sind

— Speicher-Verwaltung

— Prozessor-Verwaltung

— Geräte-Verwaltung

— Prozeß-Verwaltung

Zu den Aufgaben der *Speicher-Verwaltung* gehört die Zuweisung und Überwachung der gesamten Betriebsmittel Speicher (Hauptspeicher, Hintergrundspeicher, Speicher-Hierarchien). Der Speicher-Verwalter führt Verzeichnisse in Form von Tabellen, welche Teile welcher Speicher durch welche Benutzer (bzw. Prozesse[4]) belegt sind und welche Teile noch zur Belegung zur Verfügung stehen. Bei Anforderungen an das Betriebsmittel Speicher muß entschieden werden, wie diese Anforderungen bedient werden können. Hauptspeicher-Anforderungen müssen gegebenenfalls zu Lasten bestehender durchgeführt werden, d.h belegte aber gegenwärtig aktuell nicht benutzte Bereiche müssen in diesem Fall auf einen der verfügbaren Hintergrundspeicher ausgelagert werden. Bei der Freigabe bislang belegter jedoch in der Folgezeit nicht mehr benötigter Haupt- und auch Hintergrundspeicher-Bereiche gehört es zu den Aufgaben der Speicher-

---

4. Der Begriff des Prozesses kann an dieser Stelle noch nicht präzise abgegrenzt werden. Man stelle sich vorläufig einfach ein ablaufendes Programm darunter vor (siehe Genaueres unter 1.4.1).

Verwaltung, die freigegebenen Speicherbereiche wieder in den unbelegten Speicher zu integrieren.

Bei der *Prozessor-Verwaltung* kommt es darauf an, das oder die Betriebsmittel Prozessor(en) den zum Ablauf bereiten Prozessen zuzuteilen. Unabhängig von der Betriebsart werden die meisten digitalen Rechnersysteme im *Mehrprogrammbetrieb* (engl. *multiprogramming*) benutzt, d.h. [1.2]

Das Betriebssystem sorgt für den Multiplexbetrieb - die Bearbeitung mehrerer in Zeitabschnitten verzahnter Aufgaben - des (der) Prozessor(en). Die Bearbeitung begonnener Aufgaben wird zugunsten anderer, auch neu zu beginnender Aufgaben unterbrochen. Die Zeitabschnitte können von unterschiedlicher Länge sein.

Da mithin eine Vielzahl von Prozessen sich konkurrierend um den Prozessor bewirbt, ist die Wahl des *Zuteilungs-Algorithmus* (welcher Prozeß darf als nächster den Prozessor für sich beanspruchen) von entscheidender Bedeutung. Die Eigenschaften des gewählten Zuteilungs-Algorithmus bestimmen in vielfältiger Weise das gesamte Verhalten des Rechnersystems. Bei der Prozessor-Verwaltung muß vor allem berücksichtigt werden, daß die Wahl der Zuteilungs-Reihenfolgen äußerst sensitiv auf die Verwaltung aller übrigen Betriebsmittel wirkt. Der Grund hierfür liegt in der Stellung des Prozessors in der Hierarchie aller Betriebsmittel.

Die in der Regel große Zahl der in einem Rechnersystem enthaltenen E/A-Geräte erfordert eine eigene *Geräte-Verwaltung*, die den spezifischen physikalischen Eigenschaften und ihren logischen Einsatzformen (Zugriffsmethoden) gerecht werden. Effiziente Zuweisung der E/A-Geräte und auch aller diesen vorgeschalteten Vermittlungseinheiten (hierzu gehören u.a. Datenkanäle und Steuereinheiten) gehört neben der Vermeidung möglicher Konflikte bei der Gerätezuordnung zu den wichtigsten Aufgaben der Geräte-Verwaltung. Initiierung, Überwachung der Ausführung und Terminierung aller E/A-Kommunikationsvorgänge übernimmt die Geräte-Verwaltung. Sie bedient sich hierfür allerdings der Dienstleistungen, wie diese durch die Prozeß-Verwaltung zur Verfügung gestellt werden.

Der *Prozeß-Verwaltung* obliegt die Betreuung sämtlicher Prozesse im System. Auf Anforderung einer Komponente des Betriebssystems bzw. eines anderen bereits existierenden Prozesses wird ein Prozeß kreiert. Nachdem ein Prozeß kreiert ist, betreut die Prozeß-Verwaltung diesen Prozeß während seiner gesamten Lebenszeit. Terminiert dieser Prozeß zu einem späteren Zeitpunkt, so übernimmt die Prozeß-Verwaltung den ordnungsgemäßen Abschluß und die Entfernung dieses Prozesses aus dem System.

1.4.1 Prozessoren und Prozesse

Programme, die auf digitalen Rechnersystemen ablaufen, sind üblicherweise durch die folgenden Eigenschaften charakterisiert:

— Eine gegebene Folge von Elementaroperationen (Anweisungen in einer höheren Programmiersprache, Instruktionen einer Maschinensprache) wird entsprechend dem zugrundeliegenden Algorithmus sequentiell ausgeführt.

— Die Folge der Elementaroperationen wird vollständig und eindeutig durch den jeweiligen Programmzustand bestimmt.

— Die zur Ausführung einer Folge von Programmschritten benötigte Zeit ist irrelevant für den Ablauf des Programms. Der Ablauf ist reproduzierbar.

— Programme können als in sich abgeschlossene Systeme betrachtet werden.

Programme dieser Art sind allerdings ungeeignet zur Konstruktion von Betriebssystemen, da

— Betriebssysteme alle Komponenten des gesamten Rechnersystems steuern sollen und damit ein überlappter Einsatz möglich sein muß (Parallelarbeit der beteiligten Komponenten);

— die Reaktionen des Betriebssystems von dem Zustand aller Programme abhängen, die durch das Betriebssystem gesteuert und überwacht werden;

— das Betriebssystem extrem zeitintensiv den Zustand des Gesamtsystems beeinflussen soll.

Die genannten Schwierigkeiten führten zur Einführung des neuen Begriffs *Prozeß*, der als Grundlage für alle Abläufe in Betriebssystemen betrachtet werden muß. Obwohl dieser Begriff in der Literatur der letzten 15 Jahre zahlreich benutzt worden ist, findet sich, von wenigen Ausnahmen abgesehen, nahezu keine exakte Definition.

Nach Habermann [0.10] wird der Begriff Prozeß für eine funktionale Einheit in einem Betriebssystem benutzt.

Ein Prozess wird durch ein Programm kontrolliert und benötigt zur Ausführung dieses Programms einen Prozessor.

Häufig wird eine auf Dennis/van Horn [1.2] zurückgehende Begriffsbildung benutzt, die unter einem Prozess das Aktivitätszentrum innerhalb einer Folge von Elementaroperationen versteht. Damit wird ein Prozess zu einer abstrakten Einheit, die sich durch die Instruktionen eines abstrakten Programms bewegt, wenn dieses auf einem Rechner ausgeführt wird.

Horning/Randell [1.4] geben eine formale Definition des Prozeßbegriffs, der auf Zustandsvariablen, Mengen von Zustandsvariablen und Zustandsräumen basiert. Um diese Definition erläutern zu können, führen wir die folgenden Begriffsbildungen ein:

Unter einer *Zustandsvariablen* verstehen wir eine elementare Größe, die definierte Werte annehmen kann.

Ein *Zustand* stellt dann die Belegung einer Menge von Zustandsvariablen dar.

Die Menge aller möglichen Zustände einer Menge von Zustandsvariablen bezeichnen wir als *Zustandsraum*.

Eine Folge von Zuständen aus einem Zustandsraum bildet einen *Ablauf* (engl. *computation*). Der erste Zustand eines Ablaufs heißt Anfangszustand, der letzte Endzustand.

Die Menge von Wertzuweisungen an Elemente der Menge der Zustandsvariablen nennen wir eine *Aktion* in einem Zustandsraum.

Die Abbildung von Zuständen in die Aktionen bilden schließlich die *Aktionsfunktion*.

Damit haben wir alle Voraussetzungen geschaffen, um eine formal präzise Definition des Prozeßbegriffs geben zu können:

Ein Prozeß P ist ein Tripel (S, f, s), wobei S einen Zustandsraum, f eine Aktionsfunktion und $s \subset S$ die Anfangszustände des Prozesses P bezeichnen. Ein Prozeß erzeugt alle Abläufe, die durch die Aktionsfunktion generiert werden können.

Anschaulich gesprochen läßt sich die Aktionsfunktion f als die Anweisungsfolge eines Programms auffassen, wobei die vereinbarten Variablen den Zustandsraum ausmachen. Damit lassen sich sowohl die Programme, die der Realisierung des Betriebssystems dienen, als auch die Benutzerprogramme als Prozesse auffassen und die eingangs dieses Abschnitts geschilderte Schwierigkeit ist überwunden.

Prozesse laufen auf Prozessoren ab und Prozessoren sind "Maschinen" die in der Lage sind, Programme auszuführen. Ganz allgemein läßt sich ein *Prozessor (Maschine) als ein Tupel (D, I) auffassen , wobei D ein "Gerät" und I eine Interpretation des Gerätezustandes bezeichnet.* Die Interpretation legt fest, zu welchem Zeitpunkt und auf welche Weise der Übergang zu einem oder zu dem Folgezustand stattfindet.

1.4.2 Prozeßzustände

Ein Prozeß kann "ablaufen", wenn dieser einem Prozessor zugeteilt ist, der die Anweisungen der Aktionsfunktion interpretiert und dann die entsprechenden Aktionen durchführt.

Ein Betriebssystem kann man als ein Prozeßsystem auffassen, in dem mehrere Prozesse nebeneinander ablaufen. Die Beziehungen, in denen die nebeneinander ablaufenden Prozesse stehen, kann man folgendermaßen klassifizieren:

(1) Prozesse haben keine gemeinsamen Zustandsvariablen, d.h. sie sind *disjunkt* innerhalb des Prozeßsystems.

(2) Prozesse haben gemeinsame Zustandsvariablen, jedoch kann zu einem Zeitpunkt immer nur eine Aktion eines Prozesses ausgeführt werden. Man nennt dieses eine *serielle* Prozeßkombination.

(3) Prozesse haben gemeinsame Zustandsvariablen, aber sie können nebeneinander, d.h. *parallel* existieren. Der Zugriff auf derartige gemeinsame Zustandsvariablen erfordert gewisse Mechanismen zur Kommunikation und Synchronisation, die Gegenstand des zweiten Kapitels sein werden.

Unabhängig davon, ob es sich um disjunkte, serielle oder parallele Prozesse handelt, befindet sich ein Prozeß zu einem bestimmten Zeitpunkt immer in einem der folgenden drei Zustände:

aktiv
blockiert
bereit

Diese drei Zustände entsprechen auch denen des Druckers aus 1.3 (Bild 1.2), wobei der Zustand "Ruhe" von dort mit dem Zustand "blockiert" in den hier aufgeführten Prozeßzuständen im Prinzip gleichwertig ist. Wir werden später in den Kapiteln 3 und 4 weitere Präzisierungen von Prozeßzuständen kennenlernen.

Der *Zustand "aktiv"* gibt an, daß der entsprechende Prozeß einem Prozessor zugeordnet ist und seine Anweisungen auf dem Prozessor ausgeführt werden. Gelegentlich muß der Prozeß auf ein für seinen weiteren Ablauf notwendiges

Ereignis warten (z.B. die Zuweisung von zusätzlichem Hauptspeicherplatz, den Abschluß einer E/A-Operation, die Antwort von einer Datenstation) und wird dann aus dem Zustand "aktiv" in den *Zustand "blockiert"* versetzt, um auf den Eintritt des gewünschten Ereignisses zu warten. Sobald dieses Ereignis eingetreten ist, könnte der entsprechende Prozeß die Abarbeitung seiner weiteren Anweisungen im Zustand "aktiv" fortsetzen, wenn der Prozessor nicht durch einen anderen der nebeneinander ablaufenden Prozesse belegt wäre. Der betrachtete Prozeß wird sich also gemeinsam mit den anderen ebenfalls auf Prozessor-Zuteilung wartenden Prozessen in eine Warteschlange einordnen müssen, die alle im Rechnersystem befindlichen Prozesse enthält, die durch den *Zustand "bereit"* (d.h. bereit zur Prozessor-Zuteilung) gekennzeichnet sind. Das folgende Diagramm kennzeichnet den Zusammenhang zwischen den verschiedenen Prozeßzuständen und gibt die möglichen Übergänge an.

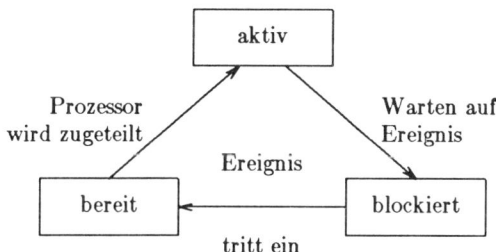

Bild 1.3. Zustandsübergänge

Die in diesem Diagramm dargestellten Zustände eines Prozesses sind insofern unvollständig, als sie keine Angaben über die Zu- und Abgänge der Prozesse zum bzw. vom System enthalten. Will man also den Lebenszyklus eines Jobs in einem Stapelverarbeitungs-System oder auch einer abgeschlossenen interaktiven Anweisung (kurz: Interaktion) in einem Dialog-System vollständig darstellen, so muß man zusätzlich Prozeßzustände einführen. Wir nennen die beiden zusätzlichen *Zustände "initiiert"* und *"terminiert"*. Sie entsprechen in Stapelverarbeitungs-Systemen den Zeiträumen, in denen für den entsprechenden Job *SPOOL*-Eingabe[5] bzw. -Ausgabe gemacht wird. Bei

---

5. Mit SPOOL (oder SPOOLING) kennzeichnet man den Vorgang, bei dem die gesamte Eingabe des Jobs (das sind Kontroll- und Programmanweisungen sowie Daten) vor dessen Start zur Verarbeitung auf einem Hintergrundspeicher abgelegt bzw. die während der Ausführung des Jobs erzeugte Druck- bzw. Karten-Ausgabe von dem zur Zwischenspeicherung benutzten Hintergrundspeicher auf die entsprechenden Ausgabe-

Dialogsystemen beschreiben die beiden Zustände die initiale bzw. terminale Aufbereitung für die Datenstation, die bei jeder Interaktion notwendig ist. Die Einordnung dieser beiden zuzätzlichen Zustände in Bild 1.3 führt zu folgendem erweiterten Zustandsdiagramm:

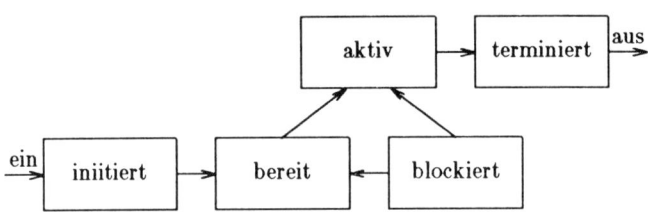

Bild 1.4. Erweitertes Zustandsdiagramm

Die Einbettung dieser dargestellten 5 Prozeß-Zustände in den Ablauf eines Jobs bzw. einer Interaktion und die Einschaltung der verschiedenen Komponenten des Betriebssystems, die mit der Betriebsmittelverwaltung beschäftigt sind, führt zu dem in Bild 1.5 - siehe Seite 22 - dargestellten Ablauf. In diesem Bild sind die Prozeß-Zustände wie bisher durch Kästchen dargestellt. Diese sind jedoch zum Teil in senkrechten Kästchen enthalten, die Listen bedeuten und immer dort zu finden sind, wo mehrere Prozesse sich gleichzeitig in dem betreffenden Zustand befinden können. In verstärkten Kästchen sind an den entsprechenden Stellen die Funktionen der verschiedenen Komponenten des Betriebssystems (siehe Kapitel 3.5) dargestellt, und die sechseckigen Kästchen geben den Ablauf kommentierende Erläuterungen.

Ein Job (bzw. eine Interaktion) betritt an der linken Eingangsseite das System, und im Zustand "initiert" erfolgt (z.B. durch SPOOLING) die Aufnahme in das System sowie die Einordnung in die Job-Liste. Beim Start der Verarbeitung des Jobs sorgt die Prozeß-Verwaltung für die Erzeugung der

---

Geräte übertragen wird. SPOOLING geschieht also immer vor Beginn bzw. nach Abschluß der eigentlichen Bearbeitung des Jobs. Der Grund für diese Dreiteilung SPOOL-EIN, Verarbeitung, SPOOL-AUS besteht darin, den Ablauf eines Prozesses auf den gegenüber den E/A-Geräten um Größenordnungen schnelleren Prozessor zeitlich unabhängiger zu machen.

gesamten deskriptiven Prozeß-Kontrollinformation (vergl. Kapitel 4). Gleichzeitig wird der Job in die *allgemeine Bereit-Liste* eingeordnet. In dieser Liste sind diejenigen Jobs enthalten, die gestartet sind, denen aber in der Regel noch keine Betriebsmittel zugeordnet sind. Abhängig vom für die folgenden Schritte der Aktionsfunktion erforderlichen Betriebsmittel erfolgt zunächst für die Speicherverwaltung die Zuweisung von benötigtem Hauptspeicherplatz und danach die Einordnung in die *Betriebsmittel-Bereit-Liste*. Gemeint sind hiemit alle jene Betriebsmittel, die als Hardware-Komponenten Prozessorfunktionen haben, d.h. eigenständig gewisse Anweisungen ausführen können. Hierzu gehören vor allem der oder die Prozessoren (Rechnerkern), aber auch Ein-Ausgabe-Kanaleinheiten, Steuergeräte mit selbständigen Funktionen und schließlich Ein-Ausgabe-Geräte. Für jedes dieser Betriebsmittel existiert eine eigene Betriebsmittel-Bereit-Liste[6]. Nach einer durch das Zuteilungsverfahren festgelegten Reihenfolge erfolgt nach Zuteilung der erforderlichen Betriebsmittel der Übergang in den Zustand "aktiv." Auch hier unterscheiden wir wiederum verschiedene mögliche "aktiv"-Zustände entsprechend der unterschiedlichen mit Prozessorfunktionen ausgestatteten Hardware-Komponenten[7]. Die *Aktiv-Liste* enthält also maximal so viele Einträge, wie es selbständig Anweisungen verarbeitende Komponenten im System gibt. Gelegentlich kann es vorkommen, daß für die Abarbeitung eines Jobs gewisse Teilaufgaben durch neu zu erzeugende Unterprozesse abgewickelt werden müssen. In diesem Fall wird die Prozeß-Verwaltung eingeschaltet, um wiederum für diesen Unterprozeß die entsprechende Kontrollinformation zu erzeugen und diesen Unterprozeß in die allgemeine Bereit-Liste einzuordnen. Muß der Prozeß auf den Eintritt eines gewissen Ereignisses warten (z.B. die Ausführung einer Reihe von einem Unterprozeß übernommenen Funktionen), so wechselt er in den Zustand "blockiert". *Das erwartete Ereignis stellt in diesem Zusammenhang ebenfalls ein Betriebsmittel dar.* In der *Blockiert-Liste* ist bei jedem Eintrag außer dem Prozeß-Namen auch noch das Ereignis vermerkt, auf dessen Eintritt der betreffende Prozeß wartet.

---

6. Wir haben im Betriebssystem mithin mehrere voneinander unabhängige Bereit-Zustände und für jeden von diesen auch eine eigene Warteschlange.

7. Da sich ein Prozeß zu einem Zeitpunkt nur in einem Zustand befinden kann, schließen sich die verschiedenen "bereit"- und die verschiedenen "aktiv"-Zustände gegenseitig aus.

Hat ein Prozeß hinreichend oft den Kreislauf

.... − bereit − aktiv − blockiert − bereit − ....

durchlaufen und sind alle Anweisungen des Jobs abgearbeitet, so wird der Job nach seiner letzten "aktiv"-Phase beendet. Im Zustand "terminiert" wird noch die Ausgabe vom Spool-File auf den Drucker übertragen, sämtliche Prozeß-Kontrollinformation gelöscht, und der Prozeß verläßt das System.

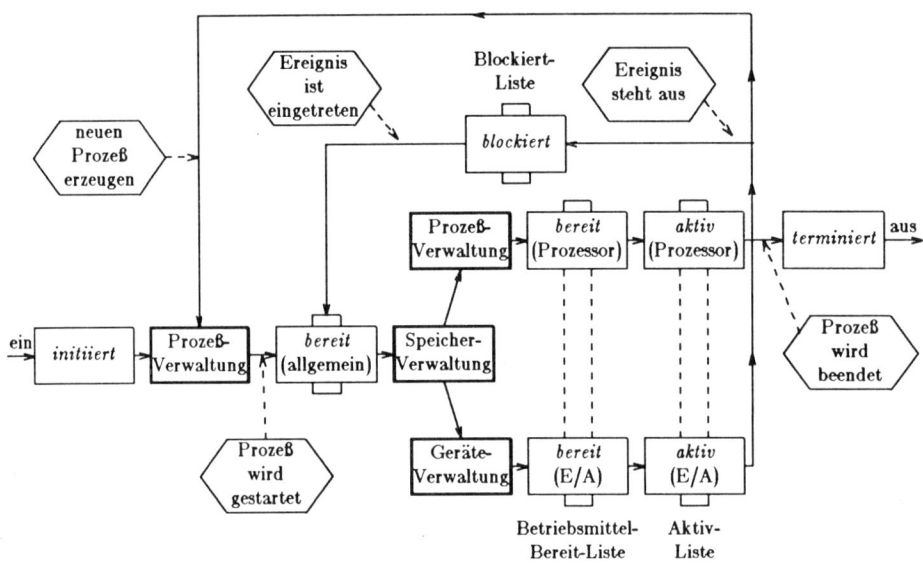

Bild 1.5. Überblick über die Funktionen eines Betriebssystems

Die in Bild 1.5 angegebene Übersicht stellt nur eine sehr grobe Übersicht dar, die wir in den folgenden Kapiteln systematisch vervollständigen werden.

Zum Abschluß soll noch untersucht werden, warum der Übergang vom Prozeß-Zustand "blockiert" in den Zustand "aktiv" nicht möglich ist.

Ein Prozeß wechselt aus dem Zustand "aktiv" in den Zustand "blockiert", weil für den weiteren Ablauf der Anweisungen zunächst ein gewisses Betriebsmittel (z.B. zusätzlicher Hauptspeicher) benötigt wird. Der bisher "aktive" Prozeß muß also auf die Zuteilung des angeforderten Betriebsmittels warten und wird während dieser Wartezeit in den Zustand "blockiert" versetzt. Wird nach vorab nicht bestimmter Zeit das gewünschte Betriebsmittel zugeteilt, so ist dieser Prozeß weiter ablauffähig. Da in der Zwischenzeit aber aus der Menge der "bereiten" Prozesse einem anderen Prozeß der Prozessor zugeteilt wurde, muß nun der den Zustand "blockiert" verlassende Prozeß sich gemeinsam mit den anderen "bereiten" Prozessen im Zustand "bereit" um den Prozessor bewerben[8].

1.5 Parallelität in Rechner und Betriebssystemkern

Alle digitalen Rechnersysteme arbeiten in vielfacher Weise parallel. Diese zumeist interne Parallelität findet sich nicht nur bei den großen Universalrechnern, sondern auch die kleineren Systeme z.B. zur Prozeß-Steuerung zeichnen sich durch eine große Zahl, häufig nur in der Feinstruktur der Rechner erkennbare parallel arbeitende Komponenten aus.

Die Gründe für diesen teilweise hohen Grad an interner Parallelität sind mehrfach. Einmal ist heute bei vielen einzelnen Komponenten die maximale Verarbeitungsgeschwindigkeit bereits erreicht und eine weitere Miniaturisierung bringt kaum noch eine Steigerung der Leistung. Letztere kann nur durch eine Parallelisierung der Einzelvorgänge erreicht werden. Man ersetzt also Mehrfunktions-Einheiten (z.B. arithmetische Einheit gleichzeitig für Festkomma und Gleitkomma) durch separate Einzelfunktions-Einheiten.

Gleichzeitig muß seitens der internen Rechnerorganisation auch die simultane Beschäftigung aller überhaupt nur parallel ausführbarer Vorgänge veranlaßt werden.

Ein anderer Grund für interne Parallelität ist die unregelmäßige Auslastung der einzelnen Komponenten durch die meisten Aufgaben. Durch parallele Arbeitsweise kann also die Effizienz des gesamten Rechnersystems gesteigert werden. *Parallelität der Hardware* tritt an zahlreichen Stellen auf. Parallel arbeitende Addier- und Multiplizierwerke gehören hierzu ebenso wie n-Bit-breite Datenpfade (paralleler Bus) und E/A-Kanäle, die die Daten nach dem Multiplexing-Prinzip übertragen.

---

8. In Kapitel 4 werden wir weitere Alternativen dieses Zustandskreislaufes kennenlernen; diese Varianten sehen allerdings auch ausnahmslos den Übergang "blockiert" nach "bereit" vor.

Auf der Parallelität der Hardware baut die *Parallelität der Software* auf, und die Steuerung aller in der Software enthaltenen Parallelität ist Aufgabe des Betriebssystems. In Abschnitt 1.4 war der Begriff des *Mehrprogrammbetriebs* eingeführt worden, der durch die Software gesteuerte Parallelität einschließt. Auch die in 1.4.2 angegebenen *parallelen Prozesse* werden durch die Software, d.h. das Betriebssystem verwaltet.

Die einfachste Form sichtbarer Parallelität ist der gleichzeitige Zugriff von Rechnerkern (oder einfach Prozessor, im engl. CPU = central processing unit) und E/A - Kanälen zum Hauptspeicher über verschiedene Speicherbänke.

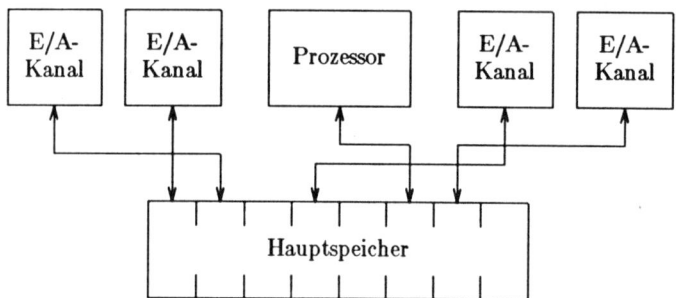

Bild 1.6. Parallelität durch simultanen Speicherzugriff

Durch den gleichzeitigen Zugriff auf verschiedene Speicherbänke können der Prozessor und einer oder mehrere E/A - Kanäle überlappt Anweisungen ausführen bzw. Daten übertragen. Der *Grad der Parallelität*, der durch simultanen Speicherzugriff erzielbar ist, läßt sich in einem Aktivitätsdiagramm angeben, in dem die gleichzeitige Aktivität von Rechnerkern und E/A - Kanälen über der Zeit aufgetragen ist. Die schraffierten Flächen in Bild 1.7 kennzeichnen die Aktivperioden der einzelnen Komponenten (Prozessor, E/A - Kanäle). Das Diagramm in Bild 1.7 kennzeichnet die Voraussetzungen für die Aktivitätsverteilung beim *Mehrprogrammbetrieb*.

Mehrere voneinander unabhängige Programme teilen sich in die zur Parallelarbeit befähigten Komponenten eines Rechnersystems, wobei jede Komponente zu einem Zeitpunkt höchstens einem Programm zugeordnet sein kann. Wenn etwa Programm A den Prozessor deshalb nicht mehr benötigt, weil zunächst eine über E/A - Kanal 2 ablaufende Eingabe abgeschlossen sein muß, kann der Prozessor in der Zwischenzeit Anweisungen für Programm B ausführen. Dies könnte dann also während der nicht-schraffierten Zeitabschnitte der Prozessor - Zeitskala erfolgen. Es ist unmmittelbar

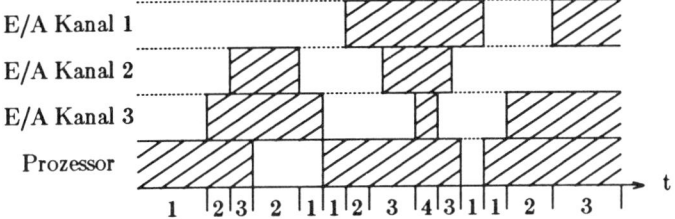

Bild 1.7. Grad der Parallelität

einsichtig, daß bei einem solchen Mehrprogrammbetrieb eine sorgfältige Kontrolle darüber geführt werden muß, im Auftrage welcher Programme welche der simultan ablaufenden Komponenten gegenwärtig aktiv sind. Die Wahrnehmung dieser Kontrolle ist ebenfalls Aufgabe des Betriebssystems.

Die Steuerungsaufgaben des Betriebssystems im Zusammenhang mit Mehrprogrammbetrieb werden ausführlich in Kapitel 4 behandelt.

1.5.1 Verschiedene Formen der Parallelität

Bei der Ausnutzung der Parallelität für die Programmverarbeitung lassen sich prinzipiell zwei verschiedene Fälle unterscheiden:

> *(1) Die Parallelität wird benutzt zur Abwicklung verschiedener voneinander unabhängiger Aufgaben nebeneinander.*

Die einzelnen voneinander unabhängigen Aufgaben sind jede für sich *sequentiell.* Parallelität wird im Sinne des Mehrprogrammbetriebs erzielt. Der Benutzer weiß in der Regel bei dieser Form der Parallelität nichts von dieser, insbesondere kann er direkt keinerlei Einfluß auf die parallelen Abläufe ausüben. (Mit der Übergabe seines sequentiellen Programms an das Rechnersystem nimmt der Benutzer natürlich indirekt Einfluß auf die durch Parallelität gekennzeichnete Programmumgebung!) Ganz anders verhält es sich bei dem folgenden Fall:

> *(2) Die Parallelität wird zur simultanen Abarbeitung verschiedener Elemente der gleichen Aufgabe eingesetzt.*

Jede Aufgabe ist in sich parallel und im Gegensatz zur ersten Form der Parallelität muß der Benutzer hier die Parallelität der Kontrollstruktur seines Programms präzise angeben. Die Planung der Parallelität im Ablauf eines

Programms kann mit erheblichem Aufwand verbunden sein. Hierbei spielt es in der Regel keine Rolle, ob die Parallelität bei nur einem zentralen Prozessor durch zeitlich konkurrente Abwicklung von E/A - Vorgängen (Ein-Prozessor-System) innerhalb eines Programms vom Anwender zu steuern ist oder ob bei Vorhandensein mehrerer Prozessoren die Verarbeitung paralleler Algorithmen (Mehr-Prozessor-System) und damit die Aufteilung auf die zentralen Betriebsmittel vorzunehmen ist.

Entsprechend unterschiedlich für die beiden genannten Fälle der Parallelität ist auch der vom Betriebssystem zu übernehmende Steuerungsaufwand.

Während bei sequentiellen und voneinander unabhängigen Programmen beim Mehrprogrammbetrieb die strukturellen, organisatorischen und abwicklungstechnischen Aufgaben vergleichsweise klar zu überschauen sind, entstehen für das Betriebssystem eines Mehr-Prozessor-Systems infolge vielfältiger Reihenfolge-Vorgaben zahlreiche zusätzliche qualitative (Synchronisations-Vorgänge; vergl. Kapitel 2) und quantitative Aufgaben (Leistungsbeeinflussung durch Zuteilungs-Varianten; vergl. 1.5.2 und für die ausführliche Diskussion dieser Phänomene Kapitel 4).

Die meisten der heute im Einsatz befindlichen Rechnersysteme der mittleren und oberen Leistungsklasse unterstützen durch das Betriebssystem Mehrprogrammbetrieb, d.h. Parallelität im Sinne des o.g. ersten Falls. Rechner- und damit Betriebssysteme, die als Mehr-Prozessor-Systeme zur Verarbeitung von parallelen Programmen entsprechend dem beschriebenen zweiten Fall der Parallelität geeignet sind, sind von der Zahl der im Einsatz befindlichen Systeme vergleichsweise gering. Der für die Programmierung erwähnte hohe Aufwand rechtfertigt diese Form der Parallelität nur für eine eingeschränkte Zahl von Anwendungen. Diesen Anwendungen ist üblicherweise gemeinsam, daß die zu ihrer Lösung erforderliche Verarbeitungskomplexität (Anzahl der Verarbeitungsschritte) Größenordnungen erreicht, die die Ausführung solcher Programme aus Zeitgründen nicht mehr vertretbar erscheinen lassen. Typische Beispiele hierfür sind numerische Aufgaben der mathematischen Physik (mehrdimensionale Probleme der Aerodynamik, Strömungsmechanik, Kernphysik, etc.), die die Lösung z.T. nichtlinearer partieller Differentialgleichungen und -systeme erfordern. Allerdings werden z.Zt. zahlreiche Untersuchungen und Entwicklungen durchgeführt, die auf dem Gebiet der Algorithmentheorie, der numerischen Analysis, der Rechnerarchitektur und der Betriebssysteme für die zweite Hälfte der 80-er Jahre deutlich eine Änderung der oben ausgesprochenen Wertung (große Bedeutung der Parallelität erster Art, geringe Bedeutung der Parallelität zweiter Art) erwarten lassen.

1.5.2 Darstellung paralleler Abläufe

Unabhängig davon, ob es sich in Programmen um Parallelitäten der in 1.5.1 beschriebenen ersten oder zweiten Art handelt, sind simultane oder partiell simultane Vorgänge immer in sequentiell ablaufende Teilaufgaben zerlegbar. Sollen solche Aufgaben nebeneinander abgewickelt werden, so entstehen *Reihenfolge- und Darstellungsprobleme bei der Zuteilung der Betriebsmittel* (für eine ausführliche Diskussion von Zuteilungsfragen vergleiche man Kapitel 4).

Eine Aufgabe lasse sich entsprechend der in Anspruch genommenen Betriebsmittel in *Klassen von Teilaufgaben* $A_i, B_i, C_i, \cdots (i=1, \cdots, n)$ zerlegen, wobei zwischen den Klassen $A_i, B_i, C_i, \cdots$ eine Teilordnung $<$ auf der Menge $G = A \cup B \cup C \cup \cdots$ besteht. G bezeichnet hierbei die betrachtete Gesamtaufgabe (gesamtes Programm). Wenn $A_i < B_j$, so heißt A_i Vorgänger von B_j und B_j ist *Nachfolger* von A_i. Die Teilordnung ist transitiv, antisymmetrisch und antireflexiv. Die *Präzedenzrelation* $<$ hat als Teilmenge die *direkte Präzedenz* $\ll$. Gibt es kein $g \in G$ so, daß $A_i < g < B_j$, so gilt $A_i \ll B_j$ und A_i heißt *direkter Vorgänger* von B_j. Für die direkte Präzedenz gilt die Transitivität nicht mehr.

Betrachten wir als Beispiel mit A, B und C drei zur Parallelarbeit befähigte Betriebsmittel (z.B. A Rechnerkern und B/C zwei E/A-Kanäle). Die Aufgabe G sei durch die folgenden direkten Präzedenz-Relationen beschrieben:

$$A_1 \ll B_1 \ll C_1 \ll A_5 \ll B_3 \ll A_6$$
$$B_1 \ll B_4 \ll C_3 \ll B_3$$
$$A_2 \ll A_3 \ll B_4$$
$$A_3 \ll C_2 \ll B_2 \ll B_3$$
$$A_4 \ll C_2$$

Die durch diese Präzedenz-Relationen ausgedrückte Parallelität kann durch einen *gerichteten Graphen* dargestellt werden. Die Knoten des Graphen bezeichnen die Teilaufgaben $A_i, B_i, C_i, \cdots$ und geben damit das durch die betreffende Teilaufgabe belegte Betriebsmittel an. Zwei Knoten sind durch eine gerichtete Kante verbunden, die durch ihre Orientierung die Präzedenz-Relation zwischen den beiden Knoten angibt. Die von jedem Knoten ausgehende Kante trägt jeweils eine Markierung, die angibt, für wieviele Zeiteinheiten das betreffende Betriebsmittel für die Teilaufgabe in dem entsprechenden Knoten belegt ist. Tragen wir die Präzedenz-Relationen des obigen Beispiels in einem gerichteten Graphen auf, so erhalten wir die folgende Darstellung:

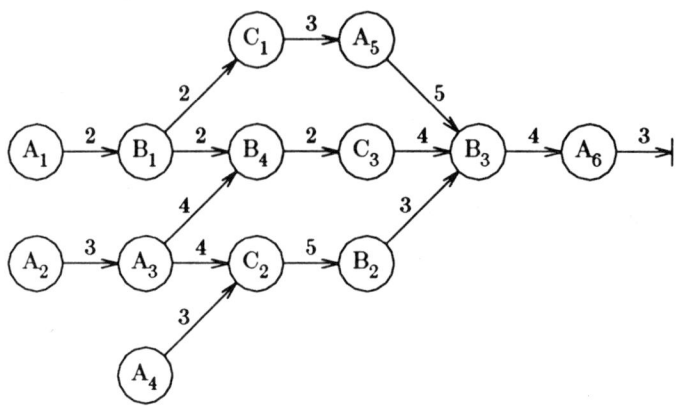

Bild 1.8. Graph der Präzedenz-Relationen

Die durch die Präzedenz-Relationen des vorausgegangenen Beispiels und durch den gerichteten Graphen des Bildes 1.8 in ihrer Folge und ihren Betriebsmittel-Belegungszeiten angegebenen Teilaufgaben lassen sich hinsichtlich ihrer Zuteilungsreihenfolge[9] in Form sogenannter *Gantt-Diagramme* darstellen. Die Belegungszeiten durch die einzelnen Teilaufgaben werden nach Betriebsmitteln getrennt horizontal in Form von Balken über der Zeit aufgetragen. Geht man von je einem Betriebsmittel A, B, und C für das Bild 1.8 aus, so beträgt die Verarbeitungszeit für den Gesamtablauf 30 Zeiteinheiten, wenn die im nachfolgenden Bild angegebene Zuteilungsreihenfolge benutzt wird.

In dem Gantt-Diagramm in Bild 1.9 sind die Leerzeiten bei den einzelnen Betriebsmitteln schraffiert dargestellt. Die Parallelität bezüglich der gleichzeitigen Belegung von Betriebsmitteln und damit eine Verminderung der Leerzeiten für die einzelnen Betriebsmittel wird sich im Rahmen der durch die Präzedenzen vorgegebenen Einschränkungen steigern lassen, wenn stark belegte Betriebsmittel (bei sämtlichen in diesem Abschnitt benutzten Beispielen das Betriebsmittel A) mehrfach vorhanden sind. Gehen wir also davon aus, daß bei dem gegebenen Beispiel das Betriebsmittel A zweifach vorhanden ist, dann reduziert sich die Gesamtlaufzeit um 7 Zeiteinheiten auf

---

9. Zuteilungsreihenfolgen sind in der Regel nicht eindeutig (vergl. hierzu Kapitel 4).

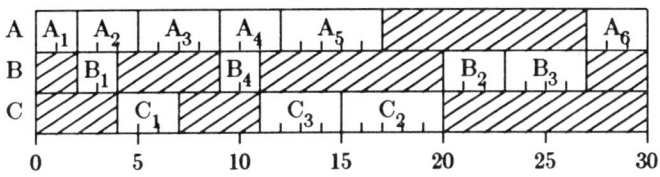

Bild 1.9. Gantt-Diagramm

insgesamt nur noch 23 Zeiteinheiten.

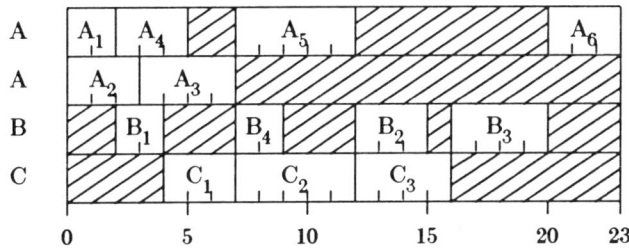

Bild 1.10. Geänderte Zuteilungsreihenfolge

Die kürzere Gesamtlaufzeit bei Vorhandensein mehrerer Betriebsmittel der gleichen Klasse wird dadurch erreicht, daß die Parallelität im Mittel erhöht wird. Allerdings muß die höhere Parallelität in der Regel auch gleichzeitig mit im Mittel höheren Leerzeiten bei den einzelnen Betriebsmitteln erkauft werden.

Es muß jedoch davor gewarnt werden, daß in jedem Fall eine Erhöhung der Parallelität durch Einführung zusätzlicher Betriebsmittel auch immer eine Verminderung der Laufzeit bewirkt. Es sind sog. *Anomalien* bekannt, die einen entgegengesetzten Effekt zeigen (vergl. hierzu Übungsaufgabe Nr. 4 dieses Kapitels).

1.6 Grundlagen der Petri-Netze

Petri-Netze gewinnen in den letzten Jahren eine zunehmende Bedeutung beim Entwurf und bei der Analyse komplexer Systeme, die gekennzeichnet sind durch das Zusammenwirken asynchroner, teilweise unabhängiger Abläufe. Solche Systeme sind sowohl alle digitalen Rechnersysteme aber auch die auf ihnen ablaufenden Betriebssysteme. Bei beiden muß eine Vielzahl von parallelen Prozessen bezüglich der vorhandenen Betriebsmittel koordiniert und gesteuert werden.

C. A. Petri schuf 1962 für die später nach ihm benannten Netze die mathematischen Grundlagen, während Holt [1.3] die heute verbreiteten Graphen einführte, um Ereignisse und Bedingungen in Systemen sowie deren Abhängigkeiten und Beziehungen untereinander darzustellen. Petri-Netze haben sich als ein gleichermaßen einfaches wie mächtiges Modell bewährt, um das dynamische Verhalten von Systemen mit nebenläufigen Aktivitäten in geeigneter Weise zu beschreiben.

Neben diesen Modellierungseigenschaften liefert eine inzwischen recht umfangreiche Netztheorie Möglichkeiten, Petri-Netze und somit auch die durch sie repräsentierten Systeme auf bestimmte Eigenschaften hin zu untersuchen. So kann z.B. der Kontrollfluß in einem zu entwickelnden Betriebssystem durch ein Petri-Netz nach Verklemmungszuständen (s. Kapitel 2) untersucht und somit ein möglicherweise vorhandener Fehler im Entwurf korrigiert werden.

1.6.1 Definition der Petri-Netze

Bevor wir zu einer exakten Definition der Petri-Netze kommen, sollen diese zunächst informell eingeführt werden. Zur graphischen Darstellung von Petri-Netzen, in denen dann allerdings nur ihre statischen Eigenschaften (ähnlich wie ein Flußdiagramm die statischen Eigenschaften der Kontrollstruktur eines Programms beschreibt) dargestellt werden können, benutzen wir Graphen mit zwei Arten von Knoten. Kreise markieren *Stellen* und Striche werden zur Darstellung von *Transitionen* benutzt. Stellen und Transitionen sind durch gerichtete Kanten verbunden, wobei eine Kante immer von einer Stelle zu einer Transition bzw. umgekehrt verläuft.

Eine Kante, die von einer Transition zu einer Stelle verläuft, heißt *Eingabe* zu dieser Stelle und *Ausgabe* von dieser Transition.

Ein Petri-Netz kann aber nicht nur zur Modellierung statischer Eigenschaften benutzt werden, sondern hat darüberhinaus dynamische Eigenschaften, die

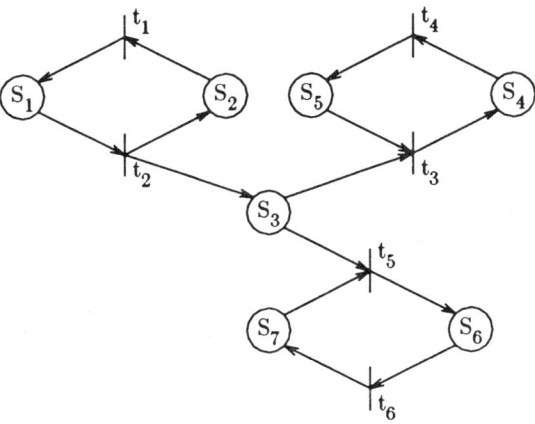

Bild 1.11. Beispiel eines Petri-Netzes

durch *Marken* in den Stellen und die Wanderung der Marken durch die verschiedenen Stellen des Netzes beschrieben werden. Wir kennzeichnen Marken durch Punkte in den Stellen. Jeder Punkt beschreibt jeweils eine Marke.

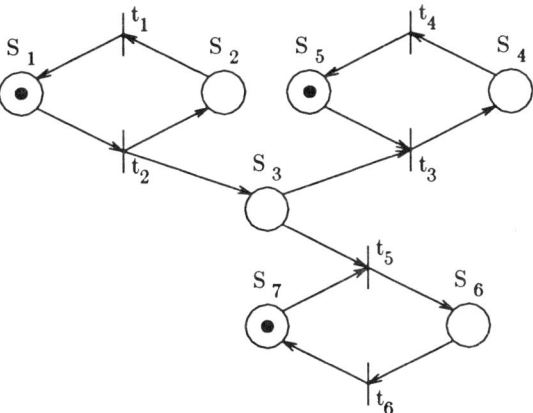

Bild 1.12. Marken in einem Petri-Netz

Die Dynamik der Wanderung der Marken durch das Netz wird durch die sog. *Schaltregel* erklärt:

Eine Transition kann schalten, wenn sämtliche Eingabestellen dieser Transition mindestens eine Marke enthalten. Beim Schalten wird von jeder Eingabestelle der Transition eine Marke entfernt und zu jeder Ausgabestelle eine Marke hinzugefügt.

Betrachten wir zur Illustration dieser Schaltregel das Netz aus Bild 1.12 mit der dort angegebenen Markenbelegung. Es kann nur die Transition t_2 schalten. Alle übrigen Transitionen erfüllen offensichtlich nicht die in der Schaltregel genannten Voraussetzungen, d.h. nicht alle Eingabestellen der übrigen Transitionen enthalten jeweils mindestens eine Marke. Wenn Transition t_2 schaltet, so entsteht die im folgenden Bild angegebene Markenverteilung.

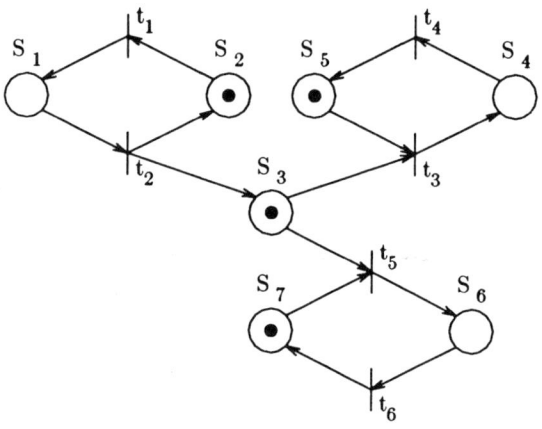

Bild 1.13. Petri-Netz nach einem Schaltvorgang

Die in Bild 1.13 entstandene Markenverteilung schafft nun sowohl für t_1 als auch für t_3 und t_5 die Voraussetzungen, um schalten zu können. Allerdings impliziert die für t_3 und t_5 gemeinsame Eingangsstelle S_3, daß offensichtlich entweder nur t_3 oder nur t_5 schalten können. An diesem Beispiel wird bereits recht deutlich, daß mit solchen Netzen Zustandsübergänge mit Nebenbedingungen recht gut modelliert werden können.

Es bleibt noch anzumerken, daß in dieser Art von Netzen keinerlei absolute Zeitbedingungen enthalten sind. Ebenso bleibt es völlig indeterminiert, in welcher Reihenfolge bei der in Bild 1.13 durch Stelle S_3 bedingten Alternative der nächste Schaltvorgang abläuft. Genau diese Eigenschaften prädestinieren aber Petri-Netze, um mit ihrer Hilfe asynchrone und nicht determinierte nebenläufige Kontrollflüsse in Betriebssystemen zu modellieren.

Nach dieser heuristischen Einführung wollen wir nun Petri-Netze formal präzis definieren:

Ein **Petri-Netz** *ist ein Quintupel*

$$PN = (S,\ T,\ SNT,\ TNS,\ M_0)$$

mit

    a) S ist eine nichtleere endliche Menge von **Stellen**

    b) T ist eine nichtleere endliche Menge von **Transitionen**

    c) $S \cap T = \emptyset$

    d) SNT ist eine Relation: $SNT \subseteq S \times T$

    e) TNS ist eine Relation: $TNS \subseteq T \times S$

    f) M_0 ist eine Funktion: $M_0 : S \to N_0$

Ein Petri-Netz besteht demnach aus zwei Komponenten, den Stellen, die auch als Zustandsknoten oder Bedingungen aufgefaßt werden können, und den Transitionen, die auch als Zustandsübergänge oder Ereignisse interpretiert werden. Beziehungen zwischen Stellen und Transitionen werden durch die Relationen *SNT* und *TNS* beschrieben. M_0 bezeichnet eine sogenannte *Markierung*, die jeder Stelle eine nichtnegative Menge von *Marken* (engl. *tokens*) als Anfangsmarkierung zuordnet. Man bezeichnet so definierte Netze auch als *markierte Petri-Netze*.

Betrachten wir als Beispiel zu den vorangegangenen Definitionen die folgenden im Quintupel PN eingeführten Mengen, Relationen bzw. Funktionen:

$$S = \{S1,\ S2,\ S3,\ S4,\ S5\}$$
$$T = \{T1,\ T2,\ T3,\ T4\}$$
$$SNT = \{(S1,T1),\ (S2,T1),\ (S3,T2),\ (S3,T3),\ (S4,T3),\ (S4,T4),\ (S5,T4)\}$$
$$TNS = \{(T1,S2),\ (T1,S3),\ (T1,S4),\ (T2,S5),\ (T3,S1),\ (T4,S1)\}$$
$$M_0(S1) = 0,\ M_0(S2) = 3,\ M_0(S3) = 0,\ M_0(S4) = 2,\ M_0(S5) = 1.$$

Es ergibt sich hierfür das in Bild 1.14 graphisch dargestellte Netz.

Eine oft benutzte Schreibweise für Vorgänger- bzw. Nachfolgermengen von Stellen und Transitionen ist die Punkt-Notation. Seien $s \in S$ und $t \in T$. Dann bezeichnet

$^\bullet t := \{ S \in S \mid (s,t) \in SNT \}$ die Menge der *Eingangsstellen* der Transition t

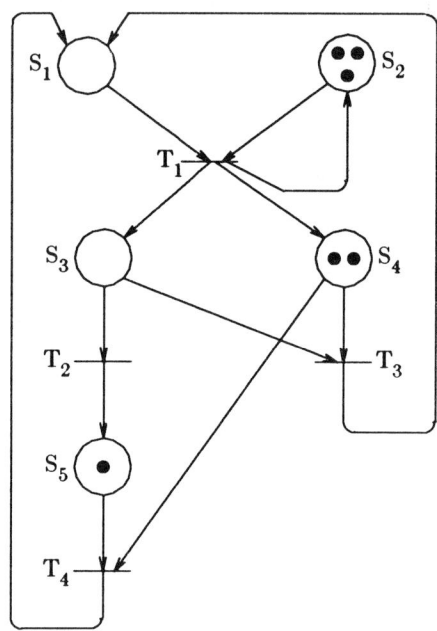

Bild 1.14. Petri-Netz des Beispiels

$t^{\bullet} := \{\, s \in S \mid (t,s) \in TNS \,\}$ die Menge der *Ausgangsstellen* der Transition t

$^{\bullet}s := \{\, t \in T \mid (t,s) \in TNS \,\}$ die Menge der *Eingangstransitionen* der Stelle s
und

$s^{\bullet} := \{\, t \in T \mid (s,t) \in SNT \,\}$ die Menge der *Ausgangstransitionen* der Stelle s.

Zu dem Beispiel bzw. Bild 1.14 existieren dann die folgenden Mengen:

$^{\bullet}T1 = \{S1, S2\}$, $\;^{\bullet}T2 = \{S3\}$, $\;^{\bullet}T3 = \{S3, S4\}$, $\;^{\bullet}T4 = \{S4, S5\}$,
$T1^{\bullet} = \{S2, S3, S4\}$, $\;T2^{\bullet} = \{S5\}$, $\;T3^{\bullet} = T4^{\bullet} = \{S1\}$, $\;^{\bullet}S1 = \{T3, T4\}$,
$^{\bullet}S2 = {}^{\bullet}S3 = {}^{\bullet}S4 = \{T1\}$, $\;^{\bullet}S5 = \{T2\}$, $\;S1^{\bullet} = S2^{\bullet} = \{T1\}$,
$S3^{\bullet} = \{T2, T3\}$, $\;S4^{\bullet} = \{T3, T4\}$, $\;S5^{\bullet} = \{T4\}$.

Um die bereits früher in diesem Abschnitt informell eingeführte Schaltregel auch formal definieren zu können, benötigen wir zunächst zwei weitere Begriffsbildungen.

Eine Stelle $s \in S$ heißt **markiert** *mit der Markierung M, wenn s mit mindestens einer Marke belegt ist, d.h. $M(s) > 0$.*

Eine Transition $t \in T$ heißt **aktiviert** *mit der Markierung M, wenn jede Eingangsstelle von t markiert ist, d.h. für alle $s \in {}^\bullet t$ gilt: $M(s) > 0$.*

Eine Transition $t \in T$ kann mit der Markierung M **schalten**, *wenn t mit M aktiviert ist. Die Folgemarkierung M' ergibt sich dann mit*

$$M'(s) = M(s) - 1 \quad \textit{falls} \quad s \in {}^\bullet t \textit{ aber } s \notin t^\bullet.$$
$$M'(s) = M(s) + 1 \quad \textit{falls} \quad s \in t^\bullet \textit{ aber } s \notin {}^\bullet t \textit{ und}$$
$$M'(s) = M(s) \qquad \textit{sonst.}$$

Den Schaltvorgang, in dem eine Transition t eine Markierung M in eine Folgemarkierung M' überführt, notiert man auch mit $M \xrightarrow{T} M'$. existieren Transitionen $T_1, T_2, \cdots, T_n$ dergestalt, daß

$$M_0 \xrightarrow{T_1} M_1, \quad M_1 \xrightarrow{T_2} M_2, \quad \cdots, \quad M_{n-1} \xrightarrow{T_n} M_n$$

gilt, so nennt man $\sigma = T_1 \cdot T_2 \cdots \cdot T_n$ eine (Transitionen-) *Schaltfolge*, die eine Markierung M_0 in eine Markierung M_n überführt, oder M_n ist von M_0 aus über eine Schaltfolge σ *erreichbar*.

1.6.2 Modellierungseigenschaften

In diesem Abschnitt sollen anhand von Beispielen mit charakteristischen strukturellen Eigenschaften ein Teil der vielfältigen Möglichkeiten der Modellierung mit Petri-Netzen herausgearbeitet werden.

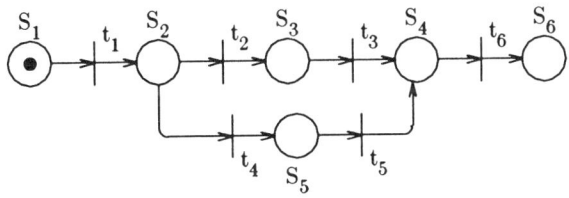

Bild 1.15. Nebenläufigkeit

In dem in Bild 1.15 dargestellten Netz verfügt der Prozeß über alle für den Start notwendigen Betriebsmittel. Die Marke in S_1 kennzeichnet diesen Zustand. Nach dem Schalten der Transition t_1 bestehen zwei Möglichkeiten des weiteren Ablaufs, da sowohl die Transition t_2 als auch die Transition t_4 aktiviert ist und damit beide schalten können. Hat jedoch erst einmal eine der beiden Transitionen geschaltet, so wird zum gleichen Zeitpunkt die andere

Transaktion deaktiviert. Man spricht auch davon, daß diese beiden
Transitionen miteinander in *Konflikt* stehen. Häufig werden bei Prozessen
bestimmte Aktionsfolgen auch zyklisch wiederholt. Ein entsprechendes Petri-
Netz zeigt Bild 1.16. Man nennt die Transitionen t_2, t_3, t_4 und t_5 in diesem
Fall *zyklisch schaltbar*.

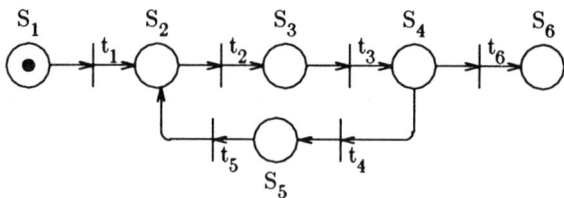

Bild 1.16. Zyklisches Petri-Netz

Zyklische Prozesse werden bei zahlreichen Synchronisationsaufgaben in
Kapitel 2 eine bedeutende Rolle spielen.

Besonders gut kann man mit Petri-Netzen auch parallele und asynchrone
Prozesse modellieren. In Bild 1.17 werden zwei Prozesse A und B durch das
Schalten der Transition t_2 zum parallelen Arbeiten angestoßen.

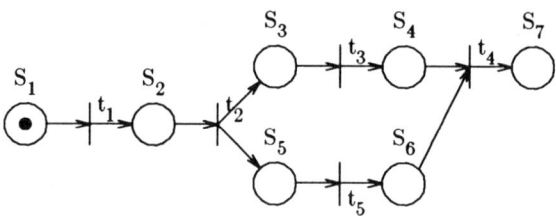

Bild 1.17. Modellierung paralleler Prozesse

Wenn Transition t_2 aktiviert ist und schaltet, dann erhalten die
Ausgangsstellen S_3 und S_5 jeweils eine Marke. Es tritt also eine
Markenverdopplung ein. Umgekehrt wird durch eine Transition t_4 eine
Synchronisation der zuvor asynchron und parallel laufenden Prozesse A und B
bewirkt. Transition t_4 kann nur dann schalten, wenn sowohl S_4 und S_6 jeweils
eine Marke enthalten. Beim Schalten von Transition t_4 werden je eine Marke
aus Stelle S_4 und Stelle S_6 in eine Marke der Ausgangsstelle S_7 vereinigt.

1.7 Übungsaufgaben zu Kapitel 1

1.1   In Ergänzung zu dem in Kapitel 1.3 vorgestellten elementaren Stapelsystem betrachten wir die Arbeitsweise des Kartenlesers. Wie auch der Drucker verfügt der Kartenleser ebenfalls über einen Start/Stop-Schalter. Neben der Stellung dieses Schalters hängt der Zustand des Kartenlesers auch noch davon ab, ob im Eingabemagazin ein Kartenstapel eingelegt ist oder nicht. Eingabekarten werden darüberhinaus nur dann gelesen werden können, wenn der Prozessor entsprechende Eingabeanweisungen erteilt. Wir unterscheiden also drei zustandsbeeinflussende Bedingungen:

> (1) Start ja/nein
> (2) Eingabeanweisung erteilt ja/nein
> (3) Kartenmagazin gefüllt ja/nein

(a)   Wieviele Zustände sind möglich?

(b)   Man gebe die vollständige Zustandstabelle an!

(c)   Die in Beispiel Seite 11 (oben) gebrauchte Anweisung "Lese Auftrag von Eingabe" soll analog zu Beispiel Seite 13 aufgelöst werden. Der für die Eingabe reservierte Hauptspeicherbereich beginne bei Startadresse "sa". reservierten Hauptspeicherplatz für die nächste zu lesende Karte angibt, sei "nk". In dem Zähler "zk" wollen wir ferner die gelesenen Karten zählen. Man formuliere die Reihenfolge der Schritte.

1.2   Man beschreibe fünf wesentliche Tätigkeiten des menschlichen Tagesablaufes (z.B. Schlafen, Waschen, Essen, Arbeiten, Sport) als Zustandsdiagramm und begründe die Zustandsübergänge. Wie ändert sich das Zustandsdiagramm, wenn die Tätigkeit "Essen" tageszeitlich aufgelöst wird in "Frühstück, Mittagessen, Abendessen"?

1.3   Man zähle drei Beispiele menschlichen Mehrprogrammbetriebs auf.

1.4   Bei der Zuteilung von Betriebsmitteln in Mehrprogrammsystemen verwendet man häufig das sog. Listen-Zuteilungs-Verfahren, d.h. wenn ein Prozessor frei ist, wird diesem Prozessor entsprechend der Präzedenz-Vorgabe die Teilaufgabe mit höchster Priorität zugeteilt. Die Priorität einer Teilaufgabe ist umso größer, je kleiner die Ordnungszahl der entsprechenden zu behandelnden Teilaufgabe ist.

Gegeben seien die folgenden gerichteten Graphen (vergl. Bild 1.8 dieses Kapitels):

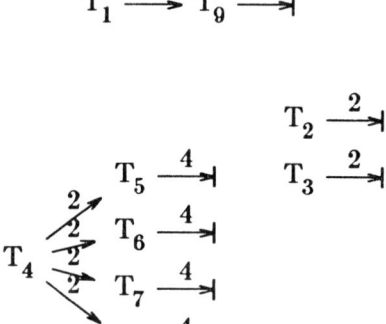

(a) Gesucht ist die optimale Betriebsmittelbelegung bei drei Prozessoren, d.h. die Betriebsmittelvorgabe, die - gegebenenfalls auch ohne Anwendung des Listen-Zuteilungs-Verfahrens - die geringste Gesamtzeit ergibt. Man zeichne das entsprechende Gantt-Diagramm. Wie groß ist die Zahl der Zeiteinheiten, die für den Gesamtablauf benötigt wird?

(b) Wie groß ist die Ausführungszeit bei Anwendung des Listen-Zuteilungs-Verfahrens bei 4 Prozessoren?

(c) Wie ändert sich bei Anwendung des Listen-Zuteilungs-Verfahrens die benötigte Gesamtzeit bei 3 Prozessoren, wenn die Präzedenz-Relationen

$$T_4 < T_5 \text{ und } T_4 < T_6$$

wegfallen?

(d) Kommentieren Sie die Ergebnisse zu (b) und (c) im Vergleich zu (a)!

2. Prozeß-Kommunikation

Die auf einem Rechnersystem gemeinsam ablaufenden Programme müssen die verschiedenen Betriebsmittel der Hard- und Software wechselseitig verteilt benutzen, wenn eine effiziente Ausnutzung der einzelnen Komponenten des Rechnersystems erreicht werden soll. Betrachtet man etwa ein einzelnes Programm, so wird dieses kaum während seiner gesamten Laufzeit ein einzelnes Betriebsmittel exklusiv benutzen. Z.B kann ein Ein-Ausgabe-Kanal die Bedienanforderungen eines einzelnen Programms sehr viel schneller abwickeln, als diese Anforderungen von dem betrachteten Programm generiert werden. Es ist also im Hinblick auf die Auslastung dieses E/A-Kanals zweckmäßig, daß mehrere Programme während eines gewissen Zeitabschnittes diesen Kanal wechselseitig für ihre Ein- bzw. Ausgabe benutzen. Bezüglich der Übertragungskapazität dieses E/A-Kanals wird durch eine solche Aufteilung der Übertragungsvorgänge eine höhere Auslastung erreicht werden.

Die simultane Benutzung von Rechnerkomponenten durch mehrere Programme ist aber nicht auf die Hardware beschränkt. Laufen nämlich zeitlich überlappt mehrere Programme ab, die aus einer höheren Programmiersprache in die Maschinensprache übersetzt werden müssen, so ist es zweckmäßig, wenn nicht jedes der zu übersetzenden Programme eine eigene Kopie des Übersetzerprogramms in seinem eigenen Speicherbereich enthält. Vielmehr ist es wirtschaftlicher in Hinblick auf das Betriebsmittel Speicher, wenn nur eine einzige Kopie des Übersetzerprogramms im Speicher resident gehalten wird und alle den Übersetzungsvorgang simultan ausführenden Programme auf diese eine Kopie des Übersetzungsprogramms zugreifen[1].

Es ist naheliegend, daß bei der wechselseitigen Benutzung von Hard- und Software-Betriebsmitteln, die über einen hinreichend großen Abschnitt betrachtet simultan erscheinen, entsprechende Voraussetzungen erfüllt sein müssen, damit durch eine derartig zeitlich verzahnte Benutzung keine Konflikte hervorgerufen werden. Die Prozesse, die bestimmte Betriebsmittel gleichzeitig benutzen und die Prozesse, die diese zur simultanen Benutzung vorgesehenen Betriebsmittel verwalten, müssen miteinander *kommunizieren*.

---

1. Ein Programm, das mit einer einzigen Kopie im Speicher wechselseitig von mehreren Programmen aufgerufen werden kann, muß gewisse Eigenschaften hinsichtlich seines Aufbaus besitzen. Man nennt solche Programme wiedereintrittsinvariant (reentrant).

Hard- und Software-Betriebsmittel haben bestimmte gemeinsame Eigenschaften. Betrachtet man z.B. eine Datei, die Anforderungen zu einer Zeit nur von einem Prozeß bedienen kann. Obwohl es sich hierbei um ein Software-Betriebsmittel handelt, erfolgt die gemeinsame Benutzung dieses Betriebsmittels in der gleichen Weise wie bei Hardware-Betriebsmitteln. Man unterscheidet daher zur Präzisierung des in Kapitel 1 eingeführten Begriffs *physikalische Betriebsmittel* (Geräte, Hardware-Komponenten) und *logische Betriebsmittel*. Unter logischen Betriebsmitteln verstehen wir jene Teile der Software, die sich verhalten, als seien es physikalische Betriebsmittel. Logische Betriebsmittel existieren also nur in ihrer Inkarnation in der Software. Um etwa mehreren Prozessen die gemeinsame Benutzung einer einzigen physikalischen Platte zu ermöglichen, teilt man das physikalische Laufwerk in mehrere logische Platten auf. Wenn ein Prozeß eine solche logische Platte benutzt, so entsteht der Eindruck, als stehe ihm die gesamte Platte zur Verfügung. Bei der Kommunikation eines Prozesses mit dem das Betriebsmittel verwaltenden Prozeß wird dabei in der Regel nicht unterschieden, ob es sich um ein physikalisches oder logisches Betriebsmittel handelt.

2.1 Konkurrente Prozesse

Konkurrente Prozesse beschreiben die Vorgänge mehrerer simultaner oder paralleler Aktivitäten. Beispiele hierfür sind zeitlich überlappt ausgeführte Ein/Ausgabe-Operationen mit Abläufen von Programmen im Prozessor sowie das gleichzeitige Vorhandensein mehrerer Benutzerprogramme im Hauptspeicher. Die Planung und Steuerung konkurrenter Prozesse führt zu Problemen wie

— die Umschaltung eines Ablaufs auf einen anderen

— die Sicherung einer Aktivität gegen die unerwünschten Einflüsse einer anderen Aktivität

— die Synchronisierung voneinander abhängiger konkurrenter Prozesse

Konkurrente Prozesse erfordern die gemeinsame Benutzung von Betriebsmitteln und Informationen. Hierfür gibt es mehrere Gründe:

— Kosten: es ist unwirtschaftlich, für sämtliche Benutzer eines Rechnersystems separate und exklusive Betriebsmittel vorzusehen;

— gemeinsame Programmteile: es ist nützlich, wenn verschiedene Anwender Programme anderer Benutzer verwenden können;

— gemeinsame Daten: vielfach ist es notwendig, daß für unterschiedliche Anwendungen gemeinsame Datenbasen zur Verfügung stehen;

— Redundanz: eine einzige Kopie eines bestimmten Dienstleistungsprogrammes (z.B. eines Übersetzers oder Datenübertragungsprogramms) sollte vorzugsweise mehreren Anwendern gleichzeitig zugänglich sein (Wiedereintritts-Invarianz).

Ein Betriebsmittel muß *determiniert* sein in dem Sinne, daß unter der Kontrolle dieses Betriebssystems ablaufende Programme jeweils identische Resultate haben sollten, unabhängig davon, in welcher Umgebung (d.h. mit welchen anderen Programmen) diese Programme ablaufen. Andererseits sind die tatsächlichen Vorgänge *nicht-determiniert* insofern, als es möglich sein muß, auf Ereignisse unabhängig von der Reihenfolge ihres Auftretens zu reagieren. Solche Ereignisse sind z.B. Betriebsmittelanforderungen, Laufzeit-Fehler in den Anwenderprogrammen und asynchrone Unterbrechungen, die von E/A-Geräten erzeugt werden. Ein Betriebssystem muß also in der Lage sein, eine beliebige Folge solcher Ereignisse determiniert hinsichtlich ihrer Konsequenzen zu behandeln.

2.1.1 Disjunkte und überlappende Prozesse

Wenn konkurrente Prozesse keine gemeinsamen Daten benutzen, so sind sie *disjunkt* (oder voneinander unabhängig). Disjunkte Prozesse können aber auch auf gewisse Daten gemeinsam zugreifen, Voraussetzung ist jedoch, daß diese Daten während der gesamten Laufzeit dieser konkurrenten Prozesse nicht verändert werden.

Betrachten wir z.B. die folgenden zwei konkurrenten Prozesse

Prozeß 1	*Prozeß 2*
$X1 := \max(a1, b1)$	$X2 := \max(a2, b2)$
$Y1 := \max(c1, d1)$	$Y2 := \max(c2, d2)$
$Z1 := X1 + Y1$	$Z2 := X2 - Y2$

So können diese Prozesse beliebig nebeneinander ablaufen, da sie nur disjunkte Objekte verarbeiten. Die im folgenden Beispiel dargestellten konkurrenten Prozesse werden aber noch immer disjunkt sein, obwohl sie gemeinsam benutzte Daten enthalten:

Prozeß 1	Prozeß 2
X1 := max (a1, b1)	X2 := max (a1, b1)
Y1 := max (a2, b1)	Y2 := min (a2, b2)
Z1 := X1 + Y1	Z2 := X2 - Y2

Da die gemeinsam benutzten Daten a1, b1, a2 und b2 zwar gleichzeitig benutzt, aber von keinem der beiden konkurrenten Prozesse verändert werden, sind die in diesem Beispiel angegebenen Abläufe immer noch disjunkt.

Sehr offenkundig werden die Probleme an folgendem Beispiel sichtbar:

a := 10	
Prozeß 1	Prozeß 2
(1.1) a := a * a	(2.1) a := a / 2
(1.2) PRINT (a)	(2.2) PRINT (a)

Das Ergebnis, das Prozeß 1 bzw. Prozeß 2 ausgibt, hängt offensichtlich von der Reihenfolge der Ausführung der Anweisungen ab. Welches Ergebnis bei welcher Anweisungs-Reihenfolge gedruckt wird, gibt die nachfolgende Tabelle an:

Anweisungs-Reihenfolge	Ergebnis Prozeß 1	Ergebnis Prozeß 2
1.1 - 1.2 - 2.1 - 2.2	100	50
1.1 - 2.1 - 1.2 - 2.2	50	50
1.1 - 2.1 - 2.2 - 1.2		
2.1 - 2.2 - 1.1 - 1.2	25	5
2.1 - 1.1 - 1.2 - 2.2	25	25
2.1 - 1.1 - 2.2 - 2.1		

Die unterschiedlichen Ergebnisse hängen von den relativen Geschwindigkeiten der überlappenden Prozesse ab.

Da Hardware-Prozessoren im allgemeinen die Verarbeitung von Programmen mit nicht präzis definierten Geschwindigkeiten vornehmen, können aus diesem Phänomen für die Steuerungsaufgaben von Betriebssystemen schwierige Probleme entstehen.

Wenn Abläufe konkurrenter Prozesse von der relativen Geschwindigkeit ihrer Ausführung abhängen, nennen wir diese Abläufe *zeitkritisch*.

Die Frage zeitkritischer Abläufe soll an einem weiteren Beispiel illustriert werden. Wir betrachten zwei konkurrente Prozesse, von denen der eine, BEOBACHTER genannt, auftretende Ereignisse beobachten und zählen soll:

```
BEOBACHTER: repeat
              beobachte Ereignis
            ZAEHLER:= ZAEHLER + 1
            until Ende
```

Der andere Prozeß, der BERICHTERSTATTER, druckt periodisch die bis zu diesem Ereignis gezählten Ereignisse

```
BERICHTERSTATTER: repeat
                    PRINT (ZAEHLER)
                  ZAEHLER:= 0
                  until Ende
```

REPORTER und BERICHTERSTATTER sind überlappende Prozesse, da beide die Variable ZAEHLER benutzen. Hierdurch entsteht die Unzulänglichkeit, daß der BERICHTERSTATTER-Prozeß nicht den BEOBACHTER-Prozeß beobachtet, sondern nur die von letzterem gezählten Ereignisse druckt. Diese können um 1 voneinander abweichen. Aber es kann sogar noch der schlimmere Fall eintreten, daß der BEOBACHTER-Prozeß überhaupt nicht dazu kommt, irgendwelche Ereignisse zu zählen, falls nämlich der BERICHTERSTATTER den Zähler immer dann löscht, wenn der BEOBACHTER diesen inkrementieren will.

2.1.2 Kritische Abschnitte und gegenseitiger Ausschluß

Wie die letzten Beispiele des vorausgehenden Abschnitts deutlich gezeigt haben, ist es unzweckmäßig, während der Veränderung gemeinsam benutzter Variablen durch einen Prozeß, anderen Prozessen Zugriff zu diesen Variablen zu erlauben. Das Ergebnis ist unter diesen Umständen nicht determiniert.

In konkurrenten Prozessen werden mehrere Abschnitte unterschieden:

— Abschnitte, in denen nicht auf von mehreren Prozessen gemeinsam benutzte Daten zugegriffen wird *(unkritische Abschnitte)* und

— Abschnitte, die lesend und/oder schreibend gemeinsame Daten, die von mehreren konkurrenten Prozessen benutzt werden, verarbeiten *(kritische Abschnitte)*.

Kritische Prozesse in konkurrenten Prozessen müssen eindeutig gegen die unkritischen Abschnitte abgegrenzt sein. Ein Prozeß kann nacheinander mehrere verschiedene kritische Abschnitte durchlaufen, allerdings dürfen diese nicht ineinander geschachtelt sein.

Damit kritische Abschnitte determinierte Ergebnisse zur Folge haben, müssen solche Abschnitte ohne Störung durch die anderen konkurrenten Prozesse in einer Sequenz ausgeführt werden. Der Ablauf in kritischen Abschnitten erfolgt also exklusiv für den ganzen Abschnitt.

Die Notwendigkeit kritischer Abschnitte in konkurrenten Prozessen ist ein logisches Problem, das immer bei gemeinsam benutzten Daten auftritt. Das Problem läßt sich weder durch zusätzliche Hardware noch durch zusätzliche Software lösen.

Daten in Prozessen sind ebenfalls Betriebsmittel, die von diesen Prozessen benutzt werden. In 2.1.1 hatten wir disjunkte Prozesse betrachtet, die dieses Attribut dadurch erhielten, daß sie keine gemeinsamen Daten benutzten oder gemeinsam benutzte Daten während der gesamten Laufzeit dieser konkurrenten Prozesse nicht verändert wurden. Allgemeiner kann man sagen, daß Betriebsmittel (und damit auch Daten) in *gemeinsam benutzbare (shareable) und nicht gemeinsam benutzbare (non shareable) Betriebsmittel* unterteilt werden können.

Nicht-gemeinsam benutzbare Betriebsmittel können von konkurrenten Prozessen nur in kritischen Abschnitten belegt werden.

Beispiele nicht-gemeinsam benutzbarer Betriebsmittel sind

— die meisten peripheren Geräte sowie

— veränderliche Daten.

Zu den gemeinsam benutzbaren Betriebsmittel gehören

— Prozessoren (CPUs)

— nur lesbare Daten (read-only files)

— Hauptspeicherbereiche.

Damit die Resultate von Abläufen konkurrenter Prozesse determiniert bleiben, müssen deren kritische Abschnitte exklusiv ausgeführt werden, d.h. ein kritischer Abschnitt zu einer Zeit. Die Lösung dieses Problems bezeichnet man als *gegenseitigen Ausschluß (mutual exclusion)*.

Der gegenseitige Ausschluß zwischen zwei konkurrenten Prozessen läßt sich sehr anschaulich mit Hilfe eines Petri-Netzes modellieren (vergl. 1.6):

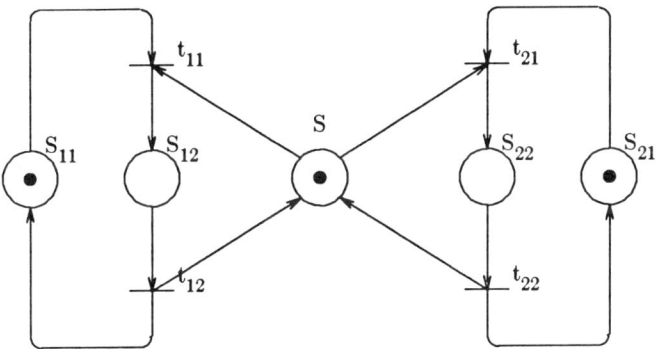

Bild 2.1. Petri-Netz für einen gegenseitigen Ausschluß

Die Stellen S_{12} bzw. S_{22} stellen die kritischen Abschnitte in Prozeß 1 bzw. Prozeß 2 dar, während S_{11} bzw. S_{21} die entsprechenden unkritischen Abschnitte bezeichnen. Über die Stelle S wird der gegenseitige Ausschluß realisiert, da die Transitionen t_{11} bzw. t_{21} nur alternativ einander ausschließend schalten können (S enthält maximal eine Marke).

2.2 Synchronisation

Die Aufgabe der Realisierung des gegenseitigen Ausschlusses ist die zentrale Frage der Synchronisation konkurrenter Prozesse.

Wir betrachten daher im folgenden sequentielle, zyklische Prozesse, die konkurrent zueinander ablaufen und hinsichtlich ihrer kritischen Abschnitte miteinander synchronisiert werden müssen. Zyklisch nennen wir diese Prozesse deshalb, weil sie am Ende ihres Ablaufs die gleiche Aufgabe sofort oder später erneut wieder abwickeln sollen.

Beispiel eines solchen zyklisch sequentiellen Prozesses ist etwa der schreibende Zugriff zu einer gemeinsam genutzten Datei. Sämtliche Aufgaben der Vor- und Nachbereitung des Zugriffs zu dieser Datei im Auftrag mehrerer Auftraggeber können als unkritisch und damit auch als beliebig parallel ausführbar betrachtet werden. Anders verhält es sich jedoch mit dem Vorgang der Veränderung der Datei selbst. Falls nämlich dieser Zugriff gleichzeitig vorgenommen werden würde, wäre der resultierende Zustand der Datei unbestimmt. Es muß also sichergestellt sein, daß zu einer Zeit nur ein Prozeß die Datei verändert.

Betrachten wir zwei Prozesse, die jeder aus einem oder mehreren unkritischen (parallel ausführbaren) Abschnitten sowie jeweils aus genau einem exklusiven Abschnitt bestehen. Der gegenseitige Ausschluß wird über die Synchronisationsvariable s, die mit 1 initialisiert sei, gesteuert.

Eine mögliche Lösung dieser Aufgabe ist die folgende:

$s := 1$

Prozeß 1	*Prozeß 2*
repeat	**repeat**
while $s \neq 2$ **do**	while $s \neq 1$ **do**
Kritischer Abschnitt 1	Kritischer Abschnitt 2
$s := 2$	$s := 1$
unkritischer Abschnitt	unkritischer Abschnitt
od	**od**
until forever[2]	**until** forever

Obwohl die gestellte Synchronisationsaufgabe offensichtlich richtig gelöst ist, wirft sie eine Reihe von Fragen auf:

(1)   die kritischen Abschnitte können nur in der Reihenfolge 1,2,1,2,1,...
       ausgeführt werden, d.h. ein Prozeß kann nicht schneller als der andere
       ablaufen (es ist kein "Überrunden" möglich).

(2)   das Stoppen des einen Prozesses behindert den anderen Prozeß, d.h.
       letzterer wird in seinem Ablauf ad infinitum blockiert (obwohl dies
       offensichtlich gar nicht nötig wäre!).

Eine Abhilfe bezüglich der genannten Restriktionen schafft die folgende
Lösung:

```
                              s1 := s2 := 1


          Prozeß 1                        Prozeß 2

     repeat                          repeat
          s1:= 0                          s2:= 0
          while s2 ≠ 0 do                 while s1 ≠ 0 do
              kritischer Abschnitt 1          kritischer Abschnitt 2
              s1:= 2                          s2:= 1
              unkritischer Abschnitt          unkritischer Abschnitt
          od                              od
     until forever                   until forever
```

Bei dieser Lösung besteht zwar nicht die o.g. Einschränkung (1) und das
Stoppen eines Prozesses behindert den anderen Prozeß auch nur dann, wenn
der gestoppte Prozeß sich gerade in seinem kritischen Abschnitt befand, dafür
birgt aber diese Variante eine andere Gefahr in sich. Wenn nämlich beide
Prozesse gleichzeitig auf die **while**-Anweisung stoßen, dann sind offensichtlich
sowohl s1 als auch s2 gleich Null, und keiner der beiden Prozesse kann (ohne
Eingriff von außen) diese Anweisung jemals wieder verlassen. Diesen Zustand
bezeichnet man als gegenseitige Blockade oder *Systemverklemmung* (*Deadlock*,
siehe Abschnitt 2.3 in diesem Kapitel).

---

2. Die Konstruktion **until** forever gibt an, daß die **repeat**-Schleife unendlich oft
   ausgeführt wird.

Die genannte Schwierigkeit behebt die auf den holländischen Mathematiker Th. J. Dekker [2.3] zurückgehende allgemeine Lösung des vorgenannten Synchronisationsproblems, die insgesamt drei Synchronisationsvariable benutzt. Die beiden Synchronisationsvariablen s1 und s2 sind prozeßbezogen (d.h. si wird nur in Prozeß i verändert), während s eine gemeinsame Synchronisationsvariable ist:

```
                        s := s1 := s2 := 1
```

```
        Prozeß 1                          Prozeß 2

    repeat                            repeat
        a1: s1 := 0                       a2: s2 := 0
        b1: if s2 = 0 then                b2: if s1 = 0 then
               if s = 1 then                     if s = 2 then
                  goto b1³                           goto b2³
               fi                                fi
               s1:= 1                           s2:= 1
               while s = 2 do od                while s = 1 do od
               goto a1                          goto a2
        fi                                fi
        kritischer Abschnitt 1           kritischer Abschnitt 2
        s:= 2                            s:= 1
        s1:= 1                           s2:= 1
        unkritischer Abschnitt 1         unkritischer Abschnitt 2
        goto a1                          goto a2
    until forever                     until forever
```

Diese Lösung erfüllt die folgenden Bedingungen:

(1)   zu einer Zeit befindet sich höchstens ein Prozeß in seinem kritischen Abschnitt;

(2)   falls beide Prozesse gleichzeitig versuchen, den kritischen Abschnitt zu betreten, so wird innerhalb einer endlichen Zeit eine Entscheidung getroffen, welcher Prozeß zuerst in den kritischen Abschnitt eintritt;

---

3. Die Kontrollanweisung **goto** Marke bewirkt eine unbedingte Programmverzweigung zu derjenigen Anweisung, die mit Marke: Anweisung gekennzeichnet ist.

(3)   wenn ein Prozeß außerhalb seines kritischen Abschnittes gestoppt wird, so beeinflußt dies nicht den weiteren Ablauf des anderen Prozesses.

2.2.1 Semaphore

Die bisher beschriebenen Synchronisationsverfahren waren in mancherlei Hinsicht schwerfällig und auch undurchsichtig.

Wenn sich etwa ein Prozeß in seinem kritischen Abschnitt befindet, so sollte nicht der (die) andere(n) Prozeß(e) ständig "nach Erlaubnis zum Eintritt in seinen (ihren) kritischen Bereich fragen". Aus der Sicht der Implementierbarkeit ist dieses Prinzip, das man *aktives Warten (busy wait)* nennt, unwirtschaftlich, da es unproduktive Prozessorzeit benötigt. Vielmehr sollte es möglich sein, daß der (die) wartende(n) Prozeß(e) deaktiviert wird, bis er (sie) mit der Fertigmeldung des seinen kritischen Abschnitt beendenden Prozesses "aufgeweckt" wird.

Die Abwicklung mehrerer sequentieller Prozesse nebeneinander ist durchaus nicht an das Vorhandensein mehrerer Prozessoren gebunden. Makroskopisch simultan ablaufende Prozesse können vielmehr mikroskopisch geschachtelt sequentialisiert auf einem einzigen Prozessor abgewickelt werden.

Die Hauptschwierigkeit der bisher beschriebenen Synchronisationsverfahren bestand darin, den Zugriff zu den Synchronisationsvariablen als unteilbare Operation zu sichern, d.h. zu gewährleisten, daß die für den Zugriff zu den Synchronisationsvariablen erforderliche Folge von Einzelschritten ungestört nacheinander und nicht unterbrochen durch andere Prozesse abläuft. Der Zugriff zu einer Synchronisationsvriablen muß also als eine Einheit betrachtet werden. Andererseits ist der Zugriff zu einer Synchronisationsvariablen ohnehin nur exklusiv vorzunehmen, denn entweder wird eine Synchronisationsvariable gesetzt (d.h. verändert) oder ihr gegenwärtiger Zustand wird abgefragt.

Ein weitaus übersichtlicheres und software-technisch einfacher zu implementierendes Synchronisationsverfahren hat E. W. Dijkstra [2.3] vorgeschlagen. Anstelle expliziter Synshronisationsvariabler werden *Semaphore*[4] benutzt. Zur Manipulation dieser Semaphore werden zwei

---

4. Semaphore (griech. Zeichenträger) werden verwendet zur Signalisierung mittels Flaggen, Leuchtzeichen oder sonstiger Zeichen. Vor Einführung der Telegraphie wurden Semaphore zur Übertragung von Nachrichten zwischen entfernten Punkten benutzt (z.B. im Schiffsverkehr)

Operationen vorgesehen, die als unteilbare Elementaroperationen (d.h., vor
Abschluß dieser Operation sind diese nicht unterbrechbar) betrachtet werden.

**Die P-Operation (holl. Passeer) P(S) angewendet auf den Semaphor S
bedeutet, dass der gegenwärtige Wert des Semaphors um 1 vermindert wird,
sofern S vor Beginn dieser Operation einen Wert > 0 hatte. Galt S=0, so wird
P(S) wirksam, sobald S>0 eintritt.**

**Die V-Operation (holl. Verlaat) V(S) bedeutet, daß der Wert des Semaphors S
um 1 erhöht wird.**

Stellt S die Synchronisationsvariable eines kritischen Abschnitts dar, so wird
P(S) vor Beginn und V(S) nach Abschluß des kritischen Abschnitts ausgeführt.
Initialisiert man S mit 1, so läßt sich das Synchronisationsproblem
folgendermaßen lösen:

$$\textbf{semaphor}^5 \text{ s}$$
$$\text{s} := 1$$

Prozeß 1	*Prozeß 2*
repeat	**repeat**
P(S)	P(S)
kritischer Abschnitt 1	kritischer Abschnitt 2
V(S)	V(S)
unkritischer Abschnitt	unkritischer Abschnitt
until forever	**until** forever

Die Bedeutung der Semaphor-Operationen wird nach einer von L. Presser [2.9]
gegebenen, erweiterten Erklärung deutlicher:

---

5. Der Datentyp **Semaphor** hat als Wertebereich die nicht-negativen ganzen Zahlen und
    als zulässige Operationen ausschließlich die P- und V-Operation.

P(S) : **if** s $\geq$ 1 **then** s:= s - 1
der die P-Operation ausführende Prozeß setzt seinen Ablauf fort
else der die P-Operation ausführende Prozeß wird in seinem Ablauf zunächst gestoppt, in den Wartezustand versetzt und in einer dem Semaphor S zugeordnete Warteliste eingetragen;

V(S):   s:= s + 1
if   Warteliste s nicht leer
then   aus der Warteliste wird ein Prozeß ausgewählt und "aufgeweckt" (d.h. zum weiteren Ablauf angeregt);
der die V-Operation ausführende Prozeß setzt seinen Ablauf fort.

Der Wert, mit dem ein Semaphor initialisiert wird, legt fest, wieviele Prozesse sich gleichzeitig in ihrem kritischen Abschnitt befinden dürfen.

Einige weitere Beispiele sollen den Gebrauch der Semaphor-Operationen noch näher erläutern.

Zwei zyklische Prozesse (*Erzeuger* und *Verbraucher* genannt) produzieren bzw. konsumieren eine Ware. Zwischen Erzeuger und Verbraucher ist eine Einweg-Kommunikation vorgesehen, wobei der Austausch der Ware über einen Puffer stattfindet. Die vom Erzeuger produzierte Ware wird in dem Puffer abgelegt und von dem Verbraucherprozeß dort abgeholt (dieses Vorgehen ist für viele Vorgänge in Betriebssystemen charakteristisch, z.B. Ein-Ausgabe-Vorgänge, Verwaltung von Warteschlangen).

Der einfachste Fall dieser Aufgabenstellung geht von einem unbegrenzt großen Puffer aus. Der Semaphor 'inhalt' der mit 0 initialisiert wird, beschreibt den Füllzustand des Puffers.

---

semaphor inhalt
inhalt := 0

Erzeuger-Prozeß	*Verbraucher-Prozeß*
repeat	**repeat**
Erzeuge Ware	P(inhalt)
Bringe Ware nach Puffer	Hole Ware aus Puffer
V(inhalt)	Verbrauche Ware
until forever	**until** forever

Der Verbraucher kann also Ware nur dann aus dem Puffer entnehmen, wenn dieser nicht leer ist. Allerdings kann der gleichzeitige Zugriff von Erzeuger und Verbraucher zum Puffer zu Störungen führen. Über den zusätzlichen Semaphor 'zustand' wird der Zugriff zum Puffer zum kritischen Abschnitt erklärt. Der Wert 1 des Semaphors 'zustand' zeigt an, daß keiner der beiden Prozesse zum Puffer zugreift.

---

semaphor inhalt, zustand
inhalt := 0
zustand := 1

Erzeuger-Prozeß	*Verbraucher-Prozeß*
repeat	**repeat**
Erzeuge Ware	P(inhalt)
P(zustand)	P(zustand)
Bringe Ware nach Puffer	Hole Ware aus Puffer
V(zustand)	V(zustand)
V(inhalt)	Verbrauche Ware
until forever	**until** forever

Können die beiden V-Operationen im Erzeuger-Prozeß bzw. die beiden P-Operationen im Verbraucher-Prozeß vertauscht werden?

Die Vertauschung der V-Operationen im Erzeuger-Prozeß ist für den Ablauf ohne Bedeutung, jedoch führt die Vertauschung der beiden P-Operationen im Verbraucher-Prozeß zur gegenseitigen Blockade.

Semaphore, die nur die Werte 0 und 1 annehmen, bezeichnet man als *binäre Semaphore*, wohingegen Semaphore deren Werte auch alle natürlichen Zahlen sein können, *allgemeine Semaphore* genannt werden.

Man kann nun im vorangegangenen Beispiel den Semaphor 'inhalt' durch den binären Semaphor 'verzögern' ersetzen, indem der Verbraucher-Prozeß nur dann Ware aus dem Puffer entnehmen darf, wenn 'verzögern' den Wert 1 hat, der Puffer sich also nicht in einem kritischen Abschnitt (leer) befindet ('anzahl' zählt die Füllung des Puffers):

---

semaphor zustand, verzögern
zustand := 1
verzögern := 0
anzahl := 0

Erzeuger-Prozeß

    repeat
        Erzeuge Ware
        P(zustand)
        Bringe Ware nach Puffer
        anzahl := anzahl + 1
        if anzahl = 1 **then** V(verzögern) **fi**
        V(zustand)
    until forever

Verbraucher-Prozeß

    repeat
        P(verzögern)
        repeat
            P(zustand)
            Hole Ware aus Puffer
            anzahl := anzahl - 1
            alt := anzahl
            V(zustand)
            Verbrauche Ware
        until alt = 0
    until forever

Solange der Puffer nicht leer ist, kann der Verbraucher mit beliebiger

Geschwindigkeit verbrauchen.

Für praktische Anwendungen ist der realistische Fall eines in seiner Kapazität beschränkten Puffers interessant (vergl. Übungsaufgabe 1 in diesem Kapitel).

Bereits in den Beispielen mit expliziten Synchronisationsvariablen war unterschieden worden, ob die Synchronisationsvariablen nur von einem Prozeß verändert wurden, oder ob mehrere Prozesse diese Synchronisationsvariablen manipulieren konnten. In Hinblick auf die Synchronisation mittels Semaphore soll nun dieser Unterschied noch deutlicher herausgestellt werden.

Wir betrachten hier das ebenfalls auf Dijkstra zurückgehende Problem der *"dinierenden Philosophen"*. n ($\geq$ 5) Philosophen sitzen an einem runden Tisch. Jeder dieser n Philosophen durchläuft zyklisch die drei Zustände "Denken" (0), "Hungrig" (1) und "Essen" (2). Um essen zu können, braucht jeder Philosoph gleichzeitig eine links und eine rechts vom Teller liegende Gabel. Den n Philosophen stehen aber insgesamt nur n Gabeln zur Verfügung (zwei an dem runden Tisch aneinander angrenzende Teller sind durch genau eine Gabel getrennt). Wenn also zwei benachbarte Philosophen gleichzeitig hungrig werden, um dann essen zu wollen, so wird es Schwierigkeiten geben. Betrachten wir jeden Philosophen als zyklisch sequentiellen Prozeß, so wird es gerade darauf ankommen, das gleichzeitige Essen zweier benachbarter Philosophen (oder auch nur den Versuch dazu) zu vermeiden.

Die einfachste Form einer Lösung dieses Problems wäre die Einführung von Semaphoren für jede Gabel. Jeder Philosoph hätte dann genau einen Semaphor 'links' und einen weiteren 'rechts'. Numeriert man die Philosophen im Gegenuhrzeigersinn von 1 bis n durch, so entspricht offensichtlich der Gabel 'rechts_i' die Gabel 'links_i (mod n)' des rechten Nachbarn. Für den i-ten Philosoph könnte eine Lösung lauten

---

$$\textit{Philosoph i - Prozeß}$$

semaphor rechts_i, links_i
rechts_i := links_i := 1
repeat
    denken
    hungrig
    P(links_i)
    P(rechts_i)
    essen
    V(rechts_i)
    V(links_i)
until forever

Bei dieser Variante ist allerdings die Gefahr der gegenseitigen Blockade nicht ausgeschlossen, falls alle Philosophen gleichzeitig essen wollen und jeder seine linke Gabel nimmt, aber die rechte Gabel nie erhalten kann, da ja sein rechter Nachbar ebenfalls auf seine rechte Gabel wartet usw.

Um dieser Gefahr zu entgehen, führen wir für jeden Philosophen eine Statusvariable c ein, die die Werte 0, 1 oder 2 annimmt. Dann muß für $i = 1, \cdots, n$ offensichtlich verhindert werden daß

$$c_i = 2 \quad \text{und} \quad c_{(i+1)\bmod n} = 1$$

oder

$$c_i = 2 \quad \text{und} \quad c_{(i-1)\bmod n} = 1$$

gleichzeitig gilt. Damit also der Übergang von $c_i{=}1$ nach 2 vollzogen werden kann, muß gleichzeitig

$$c_i = 1 \quad \text{und} \quad c_{(i+1)\bmod n} \neq 2 \quad \text{und} \quad c_{(i-1)\bmod n} \neq 2$$

erfüllt sein.

Zur allgemeinen Lösung benutzt man zwei Arten von Variablen und n Statusvariable

  — den *gemeinsamen Semaphor* 'ausschluß'

  — die n *privaten Semaphor* 'privat_i' und

  — den Statusvektor c.

Die Funktion TEST prüft dabei genau die oben angegebene Bedingung, die zwischen den benachbarten Elementen des Statusvektors c erfüllt sein muß, setzt das betreffende Element c auf 2 (Zustand "Essen") und führt auf den entsprechenden privaten Semaphor 'privat_i' eine V-Operation aus, wenn die Testbedingung erfüllt war.

```
                    Philosoph i - Prozeß

        semaphor ausschluß, privat_i
        array c [1:n]
        ausschluß := 1
        for k in [1:n] do c[i] := 0 od
        repeat
                denken
                hungrig
                P(ausschluß)
                c[i] := 1
                TEST(i)
                V(ausschluß)
                P(privat_i)
                essen
                P(ausschluß)
                c[i] := 0
                TEST((i+1)mod n)
                TEST((i-1)mod n)
                V(ausschluß)
        until forever
```

Dieses Beispiel benutzt den gemeinsamen Semaphor 'ausschluß', um sicherzustellen, daß die erwähnte Testfunktion tatsächlich exklusiv benutzt worden war. Die privaten Semaphore 'privat_i' sichern in Verbindung mit der Testfunktion den Übergang zum Zustand "Essen" nur zu einem solchen Zeitpunkt, zu dem eine gegenseitige Blockade aufgrund des Zustands des Nachbars nicht möglich war.

Die Unterscheidung in private und gemeinsame Semaphore hilft häufig, eine Aufgabe hinsichtlich der erforderlichen Synchronisation durchsichtiger zu machen.

Obwohl die bisher eingeführten Semaphor-Operationen den expliziten Synchronisationsvariablen deutlich überlegen sind, gibt es trotzdem noch eine Reihe von Aufgaben, bei denen die bislang benutzten Semaphor-Operationen eine nur recht schwerfällige (wenn überhaupt eine) Lösung ermöglichen.

Die Beschränkung der Anwendbarkeit der bisher benutzten P- und V-Operationen ist auf folgende Eigenschaften zurückzuführen:

(a)   P- und V-Operationen werden nur auf einem Semaphor ausgeführt (zwei oder mehrere einander berührende Ereignisse können also nicht synchronisiert werden);

(b)   Die P-Operation hat einen festen Testwert von 1 (d.h. der betreffende Prozeß setzt in jedem Fall seinen Ablauf fort, wenn $P \geq 1$);

(c)   Dekrement bzw. Inkrement der P- bzw. V-Operation sind konstant 1, andere Veränderung des oder der Semaphore sind nicht möglich.

Ein Beispiel soll die Bedeutung dieser Einschränkungen erläutern:

Drei Prozesse benutzen nacheinander je zwei von drei Betriebsmitteln (z.B. einen Leser, einen Stanzer und einen Drucker). Jeder dieser Prozesse muß jeweils exklusiven Zugriff zu dem von ihm angeforderten Betriebsmittel haben. Weiter nehmen wir an, daß ein einmal zugeordnetes Betriebsmittel erst am Ende des Prozesses wieder freigegeben werden kann.

semaphor leser, stanzer, drucker leser := stanzer := drucker := 1		
Prozeß 1	*Prozeß 2*	*Prozeß 3*
begin	**begin**	**begin**
P(leser)	P(stanzer)	P(drucker)
Belege Leser	Belege Stanzer	Belege Drucker
P(stanzer)	P(drucker)	P(leser)
Belege Stanzer	Belege Drucker	Belege Leser
Freigabe	Freigabe	Freigabe
Leser,	Stanzer,	Drucker,
Stanzer	Drucker	Leser
V(leser)	V(stanzer)	V(drucker)
V(stanzer)	V(drucker)	V(leser)
end	**end**	**end**

Bei dieser Lösung besteht offenbar die Gefahr der gegenseitigen Blockade aller drei Prozesse. Diese Gefahr wäre nur dadurch zu beseitigen, wenn die von einem Prozeß nacheinander angeforderten Betriebsmittel gleichzeitig in einem unteilbaren Vorgang belegt würden. Genau dies ist aber mit den bisherigen Semaphor-Konstruktionen nicht möglich.

Patil und Presser ([2.8], [2.9]) schlagen daher eine Erweiterung vor, die die P-
und V-Operationen auf eine Liste von Semaphoren anzuwenden erlaubt. Seien
$s_1, \cdots, s_n$ Semaphore, dann lauten diese erweiterten Operationen:

$P(s_1, \cdots, s_n)$: **if** für alle $i=1, \cdots, n$ gilt $s_i \geq 1$

then für alle $i=1, \cdots, n$ sei $s_i := s_i - 1$ und der die
P-Operation ausführende Prozeß setzt seinen
Ablauf fort

else der die P-Operation ausführende Prozeß wird
zunächst in seinem Ablauf gestoppt und in die
Warteliste des Semaphors s_k eingetragen, für
den $s_k < 1$ (k minimal) gilt;

$V(s_1, \cdots, s_n)$:   für alle $i=1, \cdots, n$ sei $s_i := s_i + 1$

if   nicht alle Wartelisten der Semaphore
$s_1, \cdots, s_n$ sind leer

then aus jeder nichtleeren Warteliste wird genau ein
Prozeß "aufgeweckt" und zum weiteren Ablauf
freigegeben, d.h. die korrespondierenden P-
Operationen werden noch einmal ausgeführt,
denn die anderen in den jeweiligen Listen
enthaltenen Semaphore könnten inzwischen
belegt worden sein; der die V-Operation
ausführende Prozeß setzt seinen Ablauf fort.

Mit diesen erweiterten Semaphor-Operationen läßt sich das letzte Beispiel
korrekt, d.h. ohne die Gefahr der gegenseitigen Blockade, wie folgt
formulieren:

semaphor leser, stanzer, drucker
leser := stanzer := drucker := 1

Prozeß 1	*Prozeß 2*	*Prozeß 3*
begin	**begin**	**begin**
P(leser,stanzer)	P(stanzer,drucker)	P(drucker,leser)
Belege Leser	Belege Stanzer	Belege Drucker
Belege Stanzer	Belege Drucker	Belege Leser
Freigabe	Freigabe	Freigabe
Leser,	Stanzer,	Drucker,
Stanzer	Drucker	Leser
V(leser,stanzer)	V(stanzer,drucker)	V(drucker,leser)
end	**end**	**end**

Weiterführende Erweiterungen der bisher eingeführten Semaphor-Operationen sehen noch die Parametrisierung der Dekrement/Inkrement-Vorgänge und des Tests in der P-Operation vor (vergl. [2.9]). Damit können dann auch die oben genannten Einschränkungen (b) und (c) beseitigt werden.

2.2.2 Nachrichtenaustausch

Bei den bisher betrachteten Verfahren wurde die Synchronisation durch Zugriff auf gemeinsame Daten (Synchronisationsvariable, Semaphore) geregelt.

Eine andere Koordinationsmöglichkeit besteht in dem Austausch von Nachrichten. Ein Prozeß (genannt *Sender*) erzeugt Nachrichten fester Länge, die ein zweiter Prozeß (genannt *Empfänger*) konsumiert. Der Austausch dieser Nachrichten erfolgt über einen Puffer der Länge K (der Puffer kann K Nachrichten aufnehmen). Die Größe des Puffers bestimmt, wie weit der Sender dem Empfänger vorauseilen darf. Bezeichnet s die Zahl der vom Sender gesendeten Nachrichten und e die Zahl der vom Empfänger empfangenen Nachrichten, so gilt:

(1) $\quad 0 \leq e \leq s$
(2) $\quad 0 \leq e - s \leq K$
(3) $\quad 0 \leq e \leq s \leq e + K$

Der Nachrichtenaustausch beschreibt in äquivalenter Weise das bereits bisher beschriebene Synchronisationsproblem. Der Empfänger kann an einer bestimmten Stelle seines Ablaufs - etwa dort, wo die empfangene Nachricht verarbeitet werden soll - nicht fortfahren, wenn die Nachricht noch nicht im Puffer abgelegt worden ist. Er wird also warten müssen, bis der Sender durch ein Signal dem Empfänger mitteilt, daß die Nachricht zur Verfügung steht. Die *Warte-Operation* des Empfänger-Prozesses ist mit der P-Operation vergleichbar, wie das *Signal* der V-Operation bei Semaphoren entspricht. Da der Senderprozeß dem Empfängerprozeß um bis zu K Nachrichten vorauseilen darf, kann der Empfängerprozeß an der fraglichen Stelle seines Ablaufs dann fortfahren ohne zu warten, wenn die zu empfangende Nachricht bereits eingetroffen ist.

Man kann aber umgekehrt auch dem Empfängerprozeß eine Vorgabe $L \geq 0$ einräumen (in dem z.B. das betrachtete System mit gefülltem Puffer gestartet wird), die es dem Empfängerprozeß erlaubt, bis zu L-mal ohne Warten seinen Ablauf fortzusetzen. Zur genaueren Untersuchung dieses Nachrichtenaustauschs führen wir für die folgenden drei Operationen Zähler ein:

w   gibt an, wie oft der Empfängerprozeß vor Beginn einer Nachricht warten mußte;

s   zählt die Anzahl der Signale, die der Senderprozeß beim Senden einer Nachricht an den Empfänger übermittelt hat und

f   registriert die Anzahl der Warteoperationen, die beim Empfängerprozeß keine Verzögerung verursachten, weil der Empfängerprozeß seine Vorgabe noch nicht aufgebraucht hatte.

Die Ausführung einer Warteoperation hat auf diese Zähler die folgende Wirkung

$$w := w + 1$$
$$\textbf{if } w \leq L + s \textbf{ then } f := f + 1 \textbf{ fi}$$

Die Auswirkung einer Signal-Operation auf die eingeführten Zähler wird beschrieben durch

$$\textbf{if } w > L + s \textbf{ then } f := f + 1 \textbf{ fi}$$
$$s := s + 1$$

Habermann [2.6] hat für diese Synchronisation vermittels Nachrichtenaustausch das folgende Ergebnis bewiesen:

Die Ausführung von Warte- und Signal-Operationen im oben beschriebenen Sinn ist invariant bezüglich der Beziehung

$$f = \min (w, L + s).$$

Ein Beispiel für die Anwendung des Nachrichtenaustausches in der Praxis ist der sog. *Ringpuffer*, dessen "letzter" Platz dem "ersten" vorausgeht (Bild 2.2).

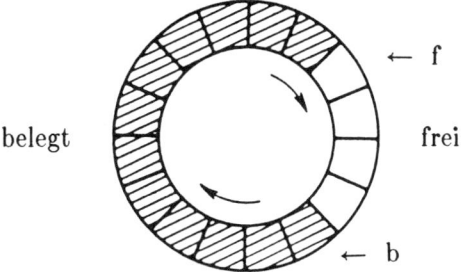

belegt   frei

Bild 2.2. Ringpuffer

Der Puffer wird in einer festgelegten Richtung belegt und nach Entnahme der Nachrichten wieder freigegeben. Der Zeiger f markiert den ersten freien Platz und b bezeichnet den Beginn des belegten Bereichs. Der Ringpuffer habe K Plätze, die mit $0, 1, \cdots, K\text{-}1$ numeriert seien. Zur Implementation der Kommunikationsaufgabe werden drei Synchronisationsvariable benutzt:

f   erster freier Platz
b   erster belegter Platz
g   Anzahl der belegten Plätze

Sender- und Empfängerprozeß können dann folgendermaßen beschrieben werden:

---

array puffer [0:K-1]
$f := g := b := 0$

Sender-Prozeß	*Empfänger-Prozeß*
repeat	**repeat**
if g < K **then**	**if** g $\neq$ 0 **then**
puffer[f] :=	empfangene Nachricht :=
gesendete Nachricht	puffer[b]
f := (f+1) mod K	b := (b+1) mod K
g := g + 1	g := g - 1
Erzeuge Nachricht	Verbrauche Nachricht
fi	**fi**
until forever	**until** forever

Um dieses Beispiel zu vervollständigen, müßte eigentlich noch der Zugriff zur gemeinsamen Synchronisationsvariablen g jeweils in einen kritischen Abschnitt eingebettet werden.

Eine verallgemeinerte Aufgabe der Kommunikation (und damit auch der Synchronisation) von Prozessen mittels Nachrichtenaustausch ist das sog. *Briefkasten-Prinzip (mailbox-system)*. Wenn Prozeß A mit Prozeß B kommunizieren will, so wird ein Briefkasten eingerichtet, der die beiden Prozesse miteinander verbindet und zum Nachrichtenaustausch benutzt werden kann. Prozeß A legt im Briefkasten seine Nachrichten ab, die Prozeß B zu einem späteren Zeitpunkt, der ausschließlich von B bestimmt wird, abholt. Man unterscheidet *Einweg-Kommunikation* (Prozeß A erzeugt nur Nachrichten und Prozeß B verbraucht nur Nachrichten) und *Zweiweg-Kommunikation*. Bei letzterer wird vom Senderprozeß A eine Bestätigung (acknowledgment) durch den Empfängerprozeß B erwartet, daß dieser auch die gesendete(n) Nachricht(en) korrekt und vollständig empfangen hat. Um Probleme - bei insbesondere mehreren aufeinanderfolgenden Nachrichten - zu vermeiden, wird in der Regel der gleiche Briefkasten sowohl für die Nachricht als auch für die Bestätigung derselben verwendet. Wenn eine Nachricht gesendet wurde, so wird der dafür verwendete Briefkasten so lange reserviert, bis die entsprechende Bestätigung empfangen wurde.

2.2.3 Monitore

Obwohl Nachrichtenpuffer (bzw. Briefkästen) eine übersichtliche Form für die Kommunikation zwischen Prozessen darstellen, ist jedoch die Implementierung kritischer Abschnitte mit diesem Prinzip nicht ganz einfach. Synchronisation kann aber herbeigeführt werden, indem ein spezieller Prozeß damit beauftragt wird, den Zutritt zu kritischen Abschnitten zu kontrollieren. Ein Prozeß, der einen kritischen Abschnitt zu betreten wünscht, sendet eine Nachricht an den genannten speziellen Prozeß und wartet auf dessen Bestätigung zur Erlaubnis, den gewünschten kritischen Abschnitt auch ausführen zu dürfen. Der spezielle Prozeß achtet darauf, daß diese Erlaubnis nur einem Anforderer zu einer Zeit gewährt wird. Diese Überlegung führt zu dem Konzept des Monitors ([2.4], [2.7]).

Unter einem Monitor versteht man eine Menge von Prozeduren und Datenstrukturen, die als Betriebsmittel betrachtet mehreren Prozessen zugänglich sind, aber nur von einem Prozeß zu einer Zeit benutzt werden können.

Das Konzept eines Monitors ist vergleichbar mit einem Raum, zu dem es nur einen einzigen Schlüssel gibt. Wenn ein Prozeß diesen Raum zu betreten wünscht und der Schlüssel am Eingang zu diesem Raum hängt, so betritt dieser Prozeß den Raum und verschließt die Tür von innen. Ein in dieser Zeit neu ankommender Prozeß wird für die verschlossene Tür keinen Schlüssel vorfinden und muß daher warten, bis der gegenwärtig im Raum befindliche Prozeß diesen wieder verlassen und den Schlüssel zum Eingang wieder zur Verfügung gestellt hat.

Wenn ein Monitor einen Prozeß mit einer Warte-Operation blockiert, so muß gleichzeitig die Bedingung (z.B. nicht_belegt) angegeben werden, die die Fortsetzung des Prozeßablaufs bestimmt. Sobald die Bedingung erfüllt ist, sendet der Monitor-Prozeß eine entsprechende Signal-Operation. Wenn nun ein oder mehrere Prozesse genau auf das Eintreten dieser Bedingung warten, so wird einer von diesen Prozessen "aufgeweckt" und die Fortsetzung seines Ablaufs initiiert. Wenn keine Prozesse auf diese Bedingung warten, dann bleibt die Signal-Operation ohne Auswirkung.

Als einfaches Beispiel für einen Monitor wählen wir einen Zuteilungsvorgang eines bestimmten Betriebsmittels, das dynamisch einer Reihe von sich um das Betriebsmittel bewerbenden Prozessen nacheinander zugeordnet und freigegeben wird. Zuordnung und Freigabe werden durch den Aufruf von Prozeduren

procedure Zuordnung[6]

procedure Freigabe

realisiert. Eine Variable

boolean belegt[6]

bestimmt, ob das Betriebsmittel verfügbar oder nicht verfügbar ist. Wird versucht, das Betriebsmittel anzufordern während es belegt ist, so muß der anfordernde Prozeß blockiert werden, bis die Bedingung

condition nicht_belegt[6]

erfüllt ist und durch eine Signal-Operation dem anfordernden Prozeß mitgeteilt wird. Der Monitor kann dann folgendermaßen formuliert werden

---

6. **monitor, procedure, boolean** und **condition** benutzen wir als weitere Kontrollstruktur-Anweisungen bzw. Datenstruktur-Vereinbarungen zu unserer in Kapitel 1 (Abschnitt 1.1) rudimentär eingeführten Sprache.

```
Betriebsmittel: monitor
boolean belegt
condition nicht_belegt
begin
    belegt := false
    procedure Belegen
    begin
        if belegt then nicht_belegt.warten fi
        belegt := true
    end
    procedure Freigeben
    begin
        belegt := false
        nicht_belegt.signal
    end
end
```

Die Implementierung der P- und V-Operationen aus 2.2.1 läßt sich mit Hilfe eines Monitors in folgender Weise schreiben:

```
Binärer_Semaphor: monitor
condition sem_positiv
begin
    s := 1
    procedure P
    begin
        if s<1 then nicht_belegt.warten fi
        s := s-1
    end
    procedure V
    begin
        s := s+1
        if s=1 then sem_positiv.signal fi
    end
end
```

Dieses Monitor-Beispiel könnte auch leicht so erweitert werden, daß die in 2.2.1 eingeführten verallgemeinerten Semaphor-Operationen (eine Liste von Semaphor-Variablen) mittels eines Monitors modelliert werden (vergl. Übungsaufgabe 3).

In den letzten Jahren sind weitere insbesondere sprachliche Konzepte, wie z.B. *Guarded Commands* und *Guarded Regions*, eingeführt worden ([2.1], [2.5]), die die Formulierung von Kommunikations- und Synchronisationsaufgaben erleichtern. Guarded Commands versetzen eine Prozeß in die Lage, eine beliebige Wahl zur Ausführung des zeitlich nächsten Ablaufs zu treffen. Diese Auswahl wird lediglich durch eine Inspektion der Zustandsvariablen für die alternativen Ablaufteile bestimmt. Während eine Guarded Region (ähnlich wie ein Monitor) einen Prozeßablauf blockieren kann, ist dies jedoch bei Guarded Commands nicht möglich. Für weitere Einzelheiten sei an dieser Stelle auf die zu diesem Kapitel angegebene Originalliteratur verwiesen.

2.3 Deadlocks (Systemverklemmungen)

In modernen Betriebssystemen treten zahlreiche konkurrent ablaufende Aufgaben auf, die sich in vielfältiger Weise gegenseitig beeinflussen. Z.B. bewerben sich zeitlich verzahnt mehrere Prozesse um verschiedene Betriebsmittel (Prozessor, Hauptspeicher, E/A-Einheiten, Dateien, Übersetzerprogramme usw.), die, nach der Reihenfolge der Anforderung zugeteilt, häufig zu Zuständen des Gesamtsystems führen können, so daß alle bzw. ein Teil der am System beteiligten Prozesse sich gegenseitig blockieren.

Ein Prozeß muß manchmal auf ein gewisses Ereignis warten. Wenn das Ereignis auftritt, dann kann der Prozeß seinen Ablauf fortsetzen. Wenn jedoch das Ereignis nicht auftritt, dann ist der Prozeß unter Umständen beliebig lange blockiert.

Wir bezeichnen solche Zustände des Systems als inkonsistent - das System ist verklemmt (es befindet sich in einem *Deadlock* oder *Interlock*).

Deadlocks treten nicht nur in Rechnersystemen sondern ganz allgemein in dynamischen Systemen auf. Zwei weitere Beispiele sollen zur Verdeutlichung dienen:

(1)   **Verkehrsstau:** Die Vorfahrtsregelung in einem Kreisverkehr sehe die Regelung "Rechts vor Links" vor. Durch diese Regelung können beliebig viele Fahrzeuge in den Kreisverkehr einfahren.

Das wird allerdings nur solange möglich sein, als auch entsprechend viele Fahrzeuge den Kreisverkehr wieder verlassen. Geschieht dies nicht, so kommt es zu einem Verkehrsstau (Bild 2.3), der nur durch eine Umkehr der oben angegebenen Regel wieder aufgelöst werden kann.

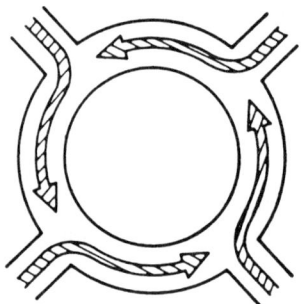

Bild 2.3. Verkehrsstau

(2)   **Buchausleihe:** Zwei Studenten A und B haben je ein Buch a bzw. b entliehen. Beide Studenten finden beim Studium ihrer Bücher a bzw. b Referenzen auf die Bücher b bzw. a. Jeder behält das ursprünglich entliehene Buch, um darauf zu warten, zunächst die angegebene Referenz einsehen zu können und dann in seinem zuerst entliehenen Buch weiterlesen zu können.

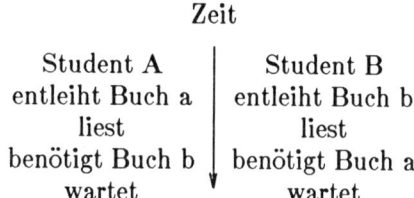

Beide Beispiele sind charakteristisch für den Umstand, daß die bestehende Inkonsistenz ohne einen radikalen Eingriff von außen nicht aufgelöst werden kann.

Bei den angegebenen Beispielen - und auch den bereits früher angeführten Fällen - konnte es zu einer Systemverklemmung nur deshalb kommen, weil gleichzeitig jede der folgenden *vier Bedingungen* erfüllt war:

(d1)   Die Prozesse fordern und erhalten exklusive Kontrolle über die benötigten Betriebsmittel **(Bedingung des gegenseitigen Ausschlusses)**;

(d2)   *die Betriebsmittel können temporär nicht zurückgegeben werden, sondern bleiben dem Prozeß bis zum Ende der Anforderung zugeordnet* (**Bedingung der Nichtunterbrechbarkeit - no preemption**);

(d3)   *die Prozesse belegen (exklusiv) bereits zugewiesene Betriebsmittel, während sie noch auf zusätzliche Betriebsmittel warten* (**Warte-Bedingung**);

(d4)   *es besteht eine geschlossene Kette von Prozessen zwischen den von ihnen belegten bzw. angeforderten Betriebsmitteln in der Weise, daß jeder Prozeß ein oder mehrere Betriebsmittel belegt, die vom nächsten Prozeß in der Kette benötigt werden* (**Bedingung der geschlossenen Kette - circular wait**).

Diese vier Bedingungen sollen am Beispiel des Verkehrsstaus illustriert werden. Betriebsmittel ist der Platz, den ein Fahrzeug im Kreis belegt. (d1) gilt, weil zu einer Zeit nur ein Fahrzeug an einer Stelle stehen (fahren) kann. Ein belegtes Straßenstück kann nicht vorübergehend einem anderen Fahrzeug zur Verfügung gestellt werden, ohne daß das auf diesem Stück stehende Fahrzeug weiterfahren kann (d2). Solange ein Auto nicht freie Fahrt erhält, wird das nachfolgende (oder in den Kreis zufahrende) Fahrzeug warten müssen (d3). Die Bedingung (d4) ergibt sich schließlich aus der zyklischen Anordnung des Kreisverkehrs.

Deadlocks können auch anhand von Petri-Netzen sehr anschaulich demonstriert werden. Betrachten wir etwa das Netz in Bild 2.4. In dem in diesem Bild angegebenen Zustand können entweder t_1 oder t_2 schalten:

$$t_1 \text{ schaltet: } M_1(S_1)=1, M_1(S_2)=1, M_1(S_3)=0$$
$$t_2 \text{ schaltet: } M_2(S_1)=1, M_2(S_2)=0, M_2(S_3)=1$$

Jeder der resultierenden Zustände ist von der Art, daß danach wieder t_3 bzw. t_4 schalten können.

Wenn jedoch t_1 und t_2 gleichzeitig schalten, d.h.

$$M_3(S_1)=0, \quad M_3(S_2)=1, \quad M_3(S_3)=1,$$

dann liegt offensichtlich ein Deadlock vor.

Bei der Analyse inkonsistenter Systemzustände werden zwei prinzipiell verschiedene Vorgehensweisen angewendet:

(1)   **Erkennung und Beseitigung von Systemverklemmungen (detection):** Die benutzten Methoden versuchen möglicherweise auftretende Deadlocks festzustellen und dann durch einen Eingriff in das

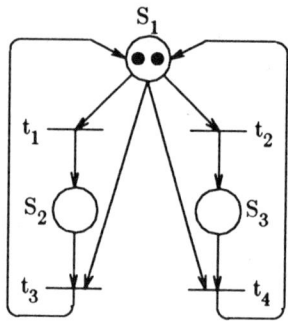

Bild 2.4. Petri-Netz mit einem Deadlock

System aufzulösen. Zunächst sucht man die an einem Deadlock beteiligten Prozesse und Betriebsmittel herauszufinden, dann werden die Prozesse abgebrochen und die zur Beseitigung des Deadlocks erforderlichen Betriebsmittel freigegeben. Der Nachteil dieser Vorgehensweise ist der vorzeitige Abbruch einzelner Prozesse, die später auch nicht mehr an der abgebrochenen Stelle fortgesetzt werden können.

(2) **Vermeidung von Systemverklemmungen (prevention, avoidance):** Die mit diesem Ziel arbeitenden Verfahren benutzen Informationen über zukünftige Betriebsmittelanforderungen und versuchen nur solche Betriebsmittelvergaben zuzulassen, bei denen nicht die Gefahr einer späteren Systemverklemmung besteht.

Natürlich sind die Verfahren nach (2) eindeutig den Verfahren nach (1) überlegen, allerdings ist es in der Praxis oft schwierig, die für die Vermeidung von Systemverklemmungen erforderliche a-priori-Informationen über zukünftige Betriebsmittelanforderung verläßlich zur Verfügung zu stellen. Häufig wird man sich also mit den Erkennungsmethoden nach (1) zufrieden stellen müssen, wenn man nicht zur Umgehung von Bedingung (d3) sämtliche während des Ablaufs eines Prozesses nacheinander angeforderten Betriebsmittel unmittelbar beim Start des Prozesses bereits belegen will.

2.3.1 Erkennung und Beseitigung von Deadlocks

Deadlock-Erkennungs-Algorithmen suchen den Nachweis für einen im System vorhandenen Deadlock durch das Erfülltsein der Bedingung (d4), der geschlossenen Kette (circular wait), zu erbringen. Existiert jedes Betriebsmittel genau einmal, so wird ein Deadlock dann und nur dann vorliegen, wenn der Zustandsgraph[7] Zyklen enthält. Für den Fall mehrerer Betriebsmittel jedes Betriebsmitteltyps (z.B. 3 Drucker, 4 Magnetbänder usw.) reicht dies für die Deadlock-Erkennungs-Analyse nicht mehr aus. Zyklen im Zustandsgraphen sind dann nur eine *notwendige Bedingung* für eine Systemverklemmung. Es seien für die m verschiedenen Betriebsmitteltypen $b_1, b_2, \cdots, b_m$ jeweils $v_1, v_2, \cdots, v_m$ Stück im System vorhanden. Bei n zu betrachtenden Prozessen P_i bezeichne zu einem beliebigen Zeitpunkt t

$$Z = (z_{ij})$$

die Anzahl der Betriebsmittel vom Typ b_j, die dem Prozeß P_i zugewiesen sind. Weiterhin gebe

$$A = (a_{ij})$$

die Anzahl der zum Zeitpunkt t vom Prozeß P_i zusätzlich angeforderten Betriebsmittel des Typs b_j an. Z bzw. A nennen wir die *Zuweisungs-* bzw. *Anforderungsmatrix* zum Zeitpunkt t. Dann sind die Zeilenvektoren Z_i bzw. A_i die vom Prozeß P_i bereits belegten bzw. angeforderten Betriebsmittel zum Zeitpunkt t. Der Vektor $R = (r_1, \cdots, r_m)$ bezeichnet die gegenwärtig noch verfügbaren, d.h. noch nicht den Prozessen zugewiesenen Betriebsmittel. Es gilt dann

$$r_j \leq v_j \quad \text{für} \quad j = 1, \cdots, m \tag{1}$$

$$r_j = v_j - \sum_{i=1}^{n} z_{ij} \quad \text{für} \quad j = 1, \cdots, m. \tag{2}$$

D.h., die Summe der zugewiesenen und der gegenwärtig noch verfügbaren Betriebsmittel muß für jeden Betriebsmitteltyp der Anzahl der im System

---

7. Der Zustandsgraph enthält als Knoten die Betriebsmittel und die Kanten zwischen zwei Knoten charakterisieren die durch die Anforderung der Betriebsmittel gegebene Abhängigkeit. Der Ausgangsknoten einer gerichteten Kante beschreibt das Betriebsmittel, das ein Prozeß belegt. Der Endknoten gibt das von diesem Prozeß angeforderte Betriebsmittel an.

vorhandenen entsprechen.

Der folgende, auf Coffman [2.2] zurückgehende Algorithmus versucht einen Deadlock dadurch zu erkennen, daß er alle möglichen Reihenfolgen der Prozesse, die noch nicht abgeschlossen sind, untersucht.

Gegeben sei also zum Zeitpunkt t das System durch die Matrizen Z und A und den Vektor R.

Deadlock-Erkennungs-Algorithmus:

```
array z[1:n,1:m], a[1:n,1:m], r[1:m], v[1:m]
for j in [1:m] do v[j] := r[j] od
for i in [1:n] do
    if all j in [1:m] which z[i,j] = 0 then
        markiere Zeile i
    fi
od
for i in [1:n] do
    if Zeile i unmarkiert and
        all j in [1:m] which a[i,j] ≤ v[j] then
        for j in [1:m] do
            v[j] := v[j] + z[i,j]
        od
        Zeile i markieren
    fi
od
```

Bei diesem Algorithmus wird davon ausgegangen, daß zu Beginn alle Zeilen unmarkiert sind. Existieren nach Durchlauf dieses Algorithmus noch unmarkierte Zeilen, so ist dies eine notwendige und hinreichende Bedingung für einen Deadlock. Weiterhin gibt die Menge der unmarkierten Zeilen gerade jene Prozesse an, die an dem Deadlock beteiligt sind.

2.3.2 Vermeidung von Deadlocks

Wir betrachten das Rechnersystem, in dem sich Prozesse um Betriebsmittel bewerben, als eine Menge von Zuständen und eine Menge von Prozessen. Jeder Prozeß ist eine Funktion, die Zustände in Zustände abbildet. Ein Prozeß ist in einem Zustand blockiert, wenn er in diesem Zustand seinen Ablauf nicht fortsetzen kann.

Ein Prozeß befindet sich in einem *Deadlock-Zustand,* wenn er in diesem Zustand und auch in allen erreichbaren Folgezuständen blockiert ist. Ein Zustand heißt *sicher*, wenn es keinen Prozeß gibt, der diesen Zustand für irgendeinen Prozeß in einen Deadlock-Zustand abbilden kann. Alle anderen Zustände heißen *unsicher*.

Die Vermeidung von Deadlocks besteht in der Aufgabe, unsichere Zustände zu erkennen und nicht zuzulassen. Wenn daher ein Prozeß eine Betriebsmittelanforderung stellt, die zu einem Deadlock führen kann, so sucht das Betriebssystem diesen unsicheren Zustand auf eine der beiden folgenden Weisen zu vermeiden:

— die Anforderung wird nicht erfüllt oder

— das angeforderte Betriebsmittel wird temporär einem anderen Prozeß weggenommen.

Der Vorteil dieser Methode besteht darin, daß Deadlocks gar nicht erst auftreten können. Andererseits müssen Betriebsmittel - um unsichere Zustände zu vermeiden - häufig unbenutzt bleiben, da Anforderungen zur Vermeidung potentiell unsicherer Zustände zurückgewiesen werden müssen. Außerdem verursacht ein Vermeidungs-Algorithmus auch - er muß bei jeder neuen Betriebsmittel-Anforderung durchlaufen werden - einen nicht vernachlässigbaren Anteil an unproduktiver System-Verwaltungszeit.

Ein Deadlock-Vermeidungs-Algorithmus [2.3] (der sogen. *Banker's Algorithm*) arbeitet nach dem Prinzip, daß ein neuer Zustand dann und nur dann sicher ist, wenn jeder Prozeß ohne Gefahr eines Deadlocks zum Abschluß kommen kann. Der Algorithmus verläuft ähnlich der Entscheidung, die einer Kredit-Gewährung ohne Risiko für die Bank vorausgeht.

Für jeden Prozeß i $(1 \leq i \leq n)$ sei die maximale Anforderung an Betriebsmitteln bekannt (max_anf[i]). Ferner bezeichne belegt[i] die Anzahl der zur Zeit belegten Betriebsmittel und rest_anf[i] den noch verbleibenden Rest. Der Indikator ind[i] zeigt an, daß der Prozeß i möglicherweise infolge unsicherer Zustände nicht zum Abschluß kommen kann (d.h. ind[i] := true). Zu Beginn des Vermeidungs-Algorithmus müssen alle Prozesse daher ind[i] = true haben. Außerdem gibt es noch eine globale Variable (gesamt), die die Anzahl der insgesamt im System verfügbaren Betriebsmittel angibt.

Immer wenn eine Anforderung von einem Prozeß neu gestellt wird, wird geprüft, ob diese Anforderung von den noch verfügbaren Betriebsmitteln befriedigt werden kann. Ist dies möglich, so wird diese Betriebsmittelanforderung erfüllt und es wird angenommen, daß der Prozeß bis zu seinem Abschluß ausgeführt werden kann. Anschließend können alle von diesem Prozeß belegten Betriebsmittel freigegeben werden. Gilt diese Annahme - nach Freigabe der Betriebsmittel des gerade beendeten Prozesses kann auch ein weiterer Prozeß seine Betriebsmittelanforderungen befriedigen und zum Ende kommen - schließlich für alle Prozesse, dann ist der durch die diesen Algorithmus auslösende Betriebsmittelanforderung resultierende Zustand sicher. Die Betriebsmittelanforderung kann also ohne Gefahr erfüllt werden.

Der Algorithmus lautet dann:

```
Deadlock-Vermeidungs-Algorithmus
    array belegt[1:n], rest_anf[1:n], max_anf[1:n]
    unbenutzt := gesamt
    for i in [1:n] do
        unbenutzt := unbenutzt - belegt[i]
        ind[i] := true
        rest_anf[i] := max_anf[i] - belegt[i]
    od
    r := true
    while r do
        r := false
        for i in [1:n] do
            if ind[i] and rest_anf[i] ≤ unbenutzt then
                ind[i] := false
                unbenutzt := unbenutzt + belegt [i]
                r := true
            fi
        od
    od
    if unbenutzt = gesamt then Zustand ist sicher
                          else Zustand ist unsicher
    fi
```

Zu bemerken ist, daß dieser Algorithmus nur einen Betriebsmitteltyp behandelt. Sollen mehrere verschiedene Betriebsmittelarten in unterschiedlicher Anzahl in die Vermeidungsanalyse einbezogen werden, so sind die Verhältnisse ungleich komplizierter (vergl. hierzu den in [0.3] beschriebenen Algorithmus von Habermann).

2.4 Übungsaufgaben zu Kapitel 2

2.1   Man erweitere die Lösung des Erzeuger-Verbraucher-Problems des Beispiels aus Abschnitt 2.2 in der Weise, daß die Kapazität des Puffers auf n Elemente beschränkt ist. Zur Lösung verwende man die beiden allgemeinen Semaphore

   (a)   Man gebe die vollständige algorithmische Beschreibung für den Erzeuger- und für den Verbraucher-Prozeß an!

   (b)   In welchem Sinne ist die erhaltene Lösung symmetrisch?

2.2   Eine Straße, die in beiden Richtungen befahren wird, kreuzt eine Brücke. Die Brücke hat jedoch nur eine Fahrbahn und so können zu einer Zeit sich immer nur ein oder mehrere Fahrzeuge, die in der gleichen Richtung fahren, auf der Brücke befinden. Man gebe je einen Algorithmus für die in West-Richtung bzw. in Ost-Richtung fahrenden Fahrzeuge an, so daß der gegenseitige Ausschluß auf der Brücke gewährleistet ist. Es gebe keine Vorrangregel für die westwärts bzw. ostwärts fahrenden Wagen.

2.3   Man gebe für die erweiterten Semaphor-Operationen (Liste von Semaphoren) $P(s_1, \cdots, s_n)$ bzw. $V(s_1, \cdots, s_n)$ einen Monitor an. Es ist zu beachten, daß man dafür nicht nur eine einzige Bedingung sondern ein Feld von Bedingungen

   condition array b [1:n]

benötigt.

2.4

   (a)   Man schreibe einen Algorithmus, der simultan Eingabe, Verarbeitung und Ausgabe einer Datenmenge t unter Benutzung dreier Puffer A, B und C wie folgt realisiert:

Schritt 1:   Eingabe (A)
Schritt 2:   Verarbeitung (A), Eingabe (B)
Schritt 3:   Ausgabe (A), Verarbeitung (B), Eingabe (C)
Schritt 4:   Ausgabe (B), Verarbeitung (C), Eingabe (A)
usw.

Überlappende   Eingabe,   Verarbeitung   und   Ausgabe   der
entsprechenden Puffer soll durch die Anweisung

Eingabe (A) // Verarbeitung (B) // Ausgabe (C)

ausgedrückt werden. Die Boole'sche Variable "weiter" ist wahr,
wenn   die   Datenmenge   noch   weitere   Elemente   enthält.   Die
anzugebende Lösung sollte auch für den Fall brauchbar sein, daß
die Datenmenge t nur 0, 1 oder 2 Elemente enthält.

(b)   Um welchen maximalen Faktor G kann die Ausführungszeit bei
dieser dreifachen Pufferung reduziert werden, wenn man sie mit
dem sequentiellen Ablauf vergleicht? (Zusätzlicher Aufwand zur
Verwaltung des dreifachen Puffers bleibe außer Betracht).

3. Speicherverwaltung

Programme benötigen, um ausgeführt zu werden, sowohl für die Anweisungen als auch für die Daten Speicher. Da die in den Rechnersystemen zur Verfügung stehenden Speicher immer eine recht begrenzte Kapazität haben und im Mehrprogrammbetrieb (Multiprogramming) sich zudem noch verschiedene Programme in diesen begrenzten Speicher teilen müssen, besteht eine zentrale Aufgabe von Betriebssystemen in der Verwaltung des oder der Speicher.

Diese Speicherverwaltung kann auf eine der zwei folgenden Weisen vorgenommen werden:

Die *statische Speicherverwaltung* plant die Einteilung und Zuordnung des Speichers für einen gewissen Zeitabschnitt fest voraus. Man geht hierbei davon aus, daß das Betriebsmittel Speicher für die einzelnen am Mehrprogrammbetrieb beteiligten Programme hinsichtlich der zu erwartenden Anforderungen a priori hinreichend genau abgeschätzt werden kann. Ebenfalls nimmt man an, daß die Folge der nacheinander auftretenden Speicherreferenzen (gegebenfalls durch Vorverarbeitung bestimmt) bekannt sei.

Im Gegensatz dazu werden bei der *dynamischen Speicherverwaltung* derartige Annahmen nicht gemacht. Die Zuordnung des Speichers erfolgt vielmehr kurzzeitig adaptiv in Abhängigkeit von den aktuellen Anforderungen.

Da die dynamische Speicherverwaltung offensichtlich den Realitäten weit besser gerecht wird (nur in Ausnahmefällen steht die für eine statische Speicherplanung benötigte Information tatsächlich zur Verfügung), werden wir uns in diesem Kapitel nahezu ausschließlich mit den Problemen der dynamischen Speicherverwaltung beschäftigen.

Es wäre wünschenswert, Speicher mit sehr großer Kapazität und kurzer Zugriffszeit bei geringen Kosten je Speichereinheit zur Verfügung zu haben. Leider sind bei den heute erhältlichen Rechnersystemen die Zugriffszeiten umso größer, je größer die Speicherkapazitäten sind, und auch die Kosten pro Speichereinheit wachsen, wenn die Zugriffszeiten reduziert werden. Der Ausweg aus diesem Dilemma ist die Verwendung von mehrstufigen, hierarchischen Speichersystemen in allen heutigen Rechnern. Da die Ausführung von Programmen nur über den Hauptspeicher (und in manchen Systemen auch Pufferspeicher) erfolgt, ergeben sich für die Verwaltung einer solchen mehrstufigen *Speicherhierarchie* eine Reihe von zusätzlichen Problemen.

Im Mittelpunkt dieser Aufgaben steht die Frage, wann ein gewisser Speicherinhalt einer Hierarchiestufe an die nächstniedere Stufe weitergereicht werden soll (Migration). Das Aufsteigen zur nächsthöheren Stufe ist dabei in der Regel unproblematischer, da dies üblicherweise auf Anforderung (on demand) geschieht. Da die logische Organisation innerhalb der einzelnen Speicherstufen nicht identisch zu sein braucht, sondern zweckmäßigerweise den physikalischen Charakteristika der verwendeten Speicher angepaßt wird, ergeben sich weitere Fragestellungen, die in diesem Zusammenhang zu untersuchen sind.

3.1 Funktionen der Speicherverwaltung

Programme verarbeiten während ihres Ablaufs Daten, die durch die Programme eindeutig identifizierbar sein müssen. Um diese Daten oder Objekte (z.B. Operanden, Instruktionen, Programme, Dateien) referieren zu können, gibt man ihnen einen *Namen*.

Die Menge aller Objekte, die durch Namen eindeutig gekennzeichnet sind, bilden einen Namensraum.

Jedem in einem Speicher (oder auf einer bestimmten Stufe einer Speicherhierarchie) residierenden Objekt ordnet man eine *Adresse* zu.

Die Menge aller in einem Speicher oder in einer Speicherhierarchie angeordneten Objekte bezeichnet man als Adreßraum **A**.

Die Menge aller zu einem Zeitpunkt im Hauptspeicher (bzw. Pufferspeicher) abgelegten Objekte bilden den Speicherraum **S**.

Zentrale Aufgabe der Speicherverwaltung wird es also sein, Korrespondenz und Zuordnung zwischen Namensraum, Adreßraum und Speicherraum herzustellen. In den folgenden Ausführungen werden wir uns überwiegend auf den Verkehr zwischen Adreßraum und Speicherraum beschränken.

Nur in den frühen Rechnersystemen der 50er Jahre konnten Adreß- und Speicherraum als identisch betrachtet werden. Fehlende Programmier- und Betriebssystemhilfen erlaubten nur einen direkten Bezug zwischen Programm- und Speicherabbildung. In allen folgenden Systemen ist diese Trennung zwischen Adreß- und Speicherraum klar vollzogen. Damit wurde die Realisierung zweier wichtiger Forderungen beträchtlich erleichtert:

1.   *Unabhängigkeit vom Rechnersystem.* Die Anwendungsprogrammierung kann unabhängig von der Betriebsmittelverwaltung erfolgen, da noch

nicht bereits beim Konzipieren der Programme die explizite Zuordnung der Betriebsmittel (hier besonders des Speichers) vorgenommen werden muß. Dadurch wird auch der Einfluß eventueller Rekonfiguration der Rechnersysteme auf die Anwenderprogramme wesentlich herabgesetzt - das Programm kann auf (in gewissen Grenzen) verschiedenen Rechnersystemen ablaufen.

2. *Strukturierung und Modularität von Programmen.* Die nicht bereits zum Zeitpunkt des Entwurfs vollständig festgelegte Speicherverwaltung erleichtert die modulare Entwicklung von Programmen und damit die Möglichkeit der Arbeitsteilung bei der Programmierung. Nur durch die Trennung von Adreß- und Speicherraum können Programmteile uneingeschränkt wiederverwendet werden (Unterprogramme in Programmbibliotheken).

Nach Denning et.al. [3.3] können die Aufgaben der Speicherverwaltung im wesentlichen durch die folgenden drei Funktionen beschrieben werden:

(a)   Die *Namensfunktion* N bildet jeden anwenderdefinierten Namen eindeutig auf einen Bezeichner ab, der das Objekt identifiziert, dessen Information referiert wird.

(b)   Die *Speicherfunktion* M bildet eindeutige Bezeichner (d.h. Programmadressen) in die realen Speicherplätze (d.h. Speicheradressen) ab, in denen die Objekte gespeichert sind.

(c)   Die *Inhaltsfunktion* C ordnet schließlich jeder Speicheradresse den Wert zu, der in ihr gespeichert ist.

$$\text{anwenderdefinierte Namen} \xrightarrow{\ N\ } \text{Bezeichner} \xrightarrow{\ M\ } \text{Speicherplätze} \xrightarrow{\ C\ } \text{Werte}$$

Jede dieser drei Funktionen ist zeitabhängig, d.h. sie wechseln während der gesamten Lebenszeit eines Programms bzw. dessen Objekte.

Die Festlegung einer der drei Funktionen bezeichnet man als *Bindevorgang* des betreffenden Programms. Den Zeitpunkt, zu dem diese Festlegung erfolgt, nennt man Binde-Zeitpunkt (linkage time). Der Binde-Zeitpunkt von N ist üblicherweise die Kodierung des Programms. Offensichtlich stellt die Speicherfunktion M genau jene Abbildung des Adreßraums in den Speicherraum dar, die - aus Gründen der Flexibilität der Speicherverwaltung - möglichst spät gebunden werden sollte. Der Binde-Zeitpunkt von M ist in erheblichem Maße von den Struktur-Eigenschaften des Systems (Adressierungsformen) abhängig, auf dem das betreffende Programm ablaufen soll. In der Regel kann man davon ausgehen, daß der Aufwand zur Implementierung von M umso größer ist, je später der Bindevorgang erfolgen soll. Wir unterscheiden für das Binden von M die drei nacheinanderliegenden Zeitpunkte:

— *Übersetzungszeit* (das Programm wird aus einer - höheren - Programmiersprache in die Maschinensprache übersetzt)

— *Ladezeit* (das Programm wird vollständig oder auch nur in Teilen in den Speicherraum geladen)

— *Ausführungszeit* (das geladene Programm läuft als Prozeß ab).

3.2 Mehrstufige Speichersysteme

Im folgenden werden wir ausschließlich von einer mindestens zweistufigen Aufteilung des Speichersystems ausgehen, d.h. logisch von einer Trennung in Speicherraum und Adreßraum und physikalisch von einem Primärspeicher (Hauptspeicher, Pufferspeicher) und von einem oder mehreren Sekundärspeichern (Hintergrundspeicher). Ablaufende Prozesse können ihre Objekte nur im Primärspeicher referieren, letztere sind daher heute ausnahmslos mit wahlfreiem Zugriff ausgestattet. Die außerhalb des Aktivitätszentrums eines ablaufenden Prozesses liegenden Objekte (vergl. Definition aus Kapitel 1) werden in der Regel im Hintergrundspeicher untergebracht sein, der üblicherweise über zyklischen Zugriff (rotierende Speicher, z.B. Magnetplatten) und in gewissen Fällen auch über sequentiellen Zugriff erreichbar ist.

Neben der üblichen zweistufigen Aufspaltung einer Speicherverwaltung (in Speicher- und Adreßraum) ist es bei manchen Systemen zweckmäßig, eine feinere Aufteilung in mehrere Zwischenstufen vorzunehmen. Dies ist insbesondere dann der Fall, wenn Speicher- und Adreßraum in Größe und Zugriffsgeschwindigkeit sehr stark voneinander abweichen. Um nämlich den Austausch zwischen Speicher- und Adreßraum ökonomisch vorzunehmen, d.h., das Nachladen aktuell referierter Adreßraumteile und das Verdrängen nicht mehr benötigter Speicherraumteile nicht allzu zeitaufwendig durchzuführen, bedient man sich mehrerer Stufen, die bezogen auf die benachbarten Stufen kein allzu großes Gefälle ihrer physikalischen Charakteristika (Speicherkapazität, Zugriffsgeschwindigkeit) aufweisen.

3.2.1 Speicherauslagerung und -verschiebung

Beim Mehrprogrammbetrieb befinden sich mehrere Programme simultan in der Phase der Ausführung. Während einige dieser Programme (Prozesse) sich im Zustand bereit (vergl. Kapitel 1) befinden, sind andere blockiert, da sie z.B. auf den Abschluß gewisser Datenübertragungen (E/A) warten. Es ist unökonomisch, wenn Programme und Daten der wartenden Prozesse sich vollständig im Speicherraum befinden. Vorzugsweise sollte der Speicherraum nur Prozesse enthalten, die sich im Zustand bereit befinden. Dieses Ziel kann auf verschiedene Weisen erreicht werden.

Eine Möglichkeit besteht darin, einen vollständigen Prozeß nach dem initialen Laden vollständig aus dem Speicherraum *auszulagern*, wenn er blockiert ist, und ihn zu einem späteren Zeitpunkt wieder *einzulagern* (Swapping, Roll-out, Roll-in). Falls M bereits während der Übersetzungszeit gebunden wurde, kann für dieses während des Prozeßablaufs wechselnde Aus- bzw. Einlagern jeweils nur der durch die Bindung fixierte identische Speicherbereich verwendet werden. Es bedarf keiner weiteren Erläuterung, daß dieses Prinzip im Sinne einer dynamischen Speicherverwaltung eine außerordentlich starke Einschränkung darstellt.

Abhilfe schafft hier die Verzögerung des Bindezeitpunkts von M auf die Ladezeit. Jedes erneute Einlagern (Swap-in, Roll-in) kann nämlich als Wiederholung des Ladevorgangs aufgefaßt werden. Implementierungstechnisch läuft dies darauf hinaus, sämtliche Objekte eines Prozesses durch *verschiebliche Adressierung* (relocatable addressing) zu identifizieren. Die Objekte in einem Programm werden relativ zum Anfang des Programms adressiert, d.h. relativ zu Null. Über den Inhalt eines sogen. *Verschieberegisters* (relocation register) wird dann zur Ausführungszeit jeweils bei Referenz eines Objektes dessen absolute Adresse neu gebildet:

absolute Adresse = Inhalt des Verschieberegisters
+ relative Adresse zum Programmanfang

Wenn verschiebliche Adressierung in Verbindung mit dynamischer Ein- und Auslagerung zu jedem Zeitpunkt korrekte Referenzen aller im Programm angesprochenen Objekte erlauben soll, ist es notwendig, daß auch nach dem initialen Laden Referenzen zu Objekten von ihren Werten unterscheidbar sein müssen. Während nämlich Referenzen zu Objekten (Adressen) vor Zugriff zu dem Objekt noch der oben beschriebenen Verschiebung bedürfen, muß diese für die Objekte, die bereits Werte darstellen, unterbleiben. Die Adressierungsstruktur des Rechnersystems muß diese Unterscheidung ermöglichen. Das ist durchaus nicht bei allen Rechnersystemen der Fall (z.B. IBM/360-Serie).

Die Aus- und Einlagerung von Programmen impliziert eine beträchtliche unproduktive Verwaltungszeit (overhead), die allerdings dadurch reduziert werden kann, daß von mehreren unabhängigen Programmen benutzte identische Unterprogramme in nur einer Kopie zur wechselseitigen Benutzung im Speicherraum abgelegt werden (reentrant code, vergl. Fußnote in Abschnitt 2.2.).

3.2.1.1 Belegungsregeln

Für das Einlagern zuvor ausgelagerter Programme und auch für das initiale Laden entsteht die Frage, in welchen Bereich das einzulagernde Programm in den Speicherraum gebracht werden soll. Die *Belegungsregel* legt fest, an welche Stelle des Speicherraums das einzulagernde Programm abgebildet wird.

Der nichtbelegte Teil des Speicherraums zerfällt in Blöcke unterschiedlicher Größe. Jeder freie Block kann durch ein Zahlenpaar (a, x) beschrieben werden, wobei a die Startadresse des Blocks und x die Anzahl der Speichereinheiten (Bytes, Worte etc.), die zum Block gehören, bedeuten.

Die Menge aller freien Blöcke

$$H = \{(a_i, x_i) \mid i = 1, \cdots, M\}$$

kann auf folgende Weise geordnet werden:

1. nach wachsenden Startadressen $a_{i_1} < a_{i_2} < \cdots < a_{i_M}$,

2. nach wachsenden Blockgrößen $x_{k_1} \leq x_{k_2} \leq \cdots \leq x_{k_M}$.

Wenn unter diesen Voraussetzungen ein neuer Block mit g Speichereinheiten angefordert wird, dann kann man folgendermaßen verfahren:

a. man bestimmt in der Anordnung nach 1 das kleinste i so, daß $g \leq x_i$ gilt *(first-fit-Verfahren)*,

b. man bestimmt in der Anordnung nach 2 das kleinste k so, daß $g \leq x_k$ gilt *(best-fit-Verfahren)*.

Das best-fit-Verfahren scheint eine geringere Fragmentierung zu fördern und damit dem in der Abwicklung mit in der Regel geringeren Aufwand möglichen first-fit-Verfahren überlegen zu sein. Wie das untenstehende Beispiel zeigt, kann aber das best-fit-Verfahren in gewissen Fällen versagen, in denen das first-fit-Verfahren noch eine Zuordnung von Speicheranforderungen erlaubt.

Bei Anwendung des first-fit-Verfahrens kann man beobachten, daß sich nach längerer Zeit der Zuordnung nach diesem Verfahren zum Anfang des Speicherraums hin Blöcke sehr kleiner Größe häufen. Um die dadurch

Anforderung g	Anzahl und Größe freier Blöcke	
	first-fit-Verfahren	best-fit-Verfahren
-	800,500,300	800,500,300
200	600,500,300	800,500,100
300	300,500,300	800,200,100
400	300,100,300	400,200,100
250	50,100,300	150,200,100
250	50,100, 50	nicht möglich!

Bild 3.1. Beispiel first-fit/best-fit-Verfahren

verursachte wachsende Suchzeit zur Bestimmung eines Blocks geeigneter Größe zu umgehen, kann man am first-fit-Verfahren die folgende Modifikation anbringen:

Die nach aufsteigenden a_i sortierte Menge aller freien Blöcke wird als zirkulare Liste angelegt. Bei Vergabe des Blockes (a_i, x_i) wird die nächste Anforderung von Block (a_{i+1}, x_{i+1}) aus nach dem first-fit-Verfahren zuzuweisen versucht. Da die nach aufsteigenden Startadressen geordneten Blöcke des freien Speichers nach dem "letzten" Block wieder mit dem "ersten" Block beginnen, spricht man bei diesem Verfahren vom *rotating-first-fit-Verfahren*.

Als Übungsbeispiel betrachten wir die folgende Aufgabenstellung:
Der Speicherraum enthalte nach aufsteigenden Adressen geordnet die folgenden vier Blöcke der Größe 200, 300, 500 und 900. Nacheinander werden Blöcke der Größe $g = 400, 100, 150, 200$ und 300 angefordert. Man vergleiche das first-fit-Verfahren mit dem rotating-first-fit-Verfahren und zähle insbesondere die Anzahl der notwendigen Suchschritte.

Anforderung g	Anzahl und Größe freier Blöcke			
	first-fit-Verfahren	Such-schritte	rotating-first-fit-Verfahren	Such-schritte
-	**200,300,500,900**	-	**200,300,500,900**	-
400	**200,300,100,900**	3	**200,300,100,900**	3
100	**100,300,100,900**	1	**200,300,100,800**	1
150	**100,150,100,900**	2	**50,300,100,800**	1
200	**100,150,100,700**	4	**50,100,100,800**	1
300	**100,150,100,400**	4	**50,100,100,500**	2
.		.		.
.	**100,...**	.	**50,...**	.

Bild 3.2. Übungsbeispiel

Die fett gedruckten Blocknummern kennzeichnen die jeweilige Position des Suchzeigers, mit der die Verfahren bei der folgenden Anforderung beginnen.

3.2.1.2 Beziehungen zwischen freiem und belegtem Speicher

Der Speicherraum S sei in freie und belegte Blöcke aufgeteilt (Bild 3.3). Wir gehen davon aus, daß

a) mehrere freie benachbarte Blöcke zu einem Block zusammengefaßt werden und

b) die Vergabe von freien Blöcken immer von deren linken bzw. rechten Ende aus erfolgt, d.h., daß bei Belegung eines freien Blockes höchstens ein Reststück unbelegt bleibt.

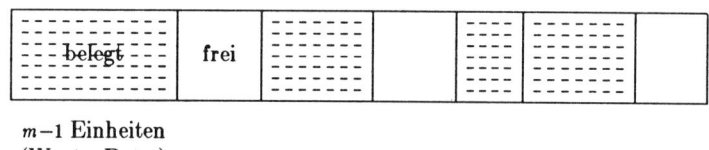

$m-1$ Einheiten
(Worte, Bytes)

Bild 3.3. Aufteilung des Speichers in freie und belegte Blöcke

Es bezeichne nun

N die Anzahl der belegten Blöcke und

M die Anzahl der freien Blöcke

Die belegten Blöcke lassen sich weiter unterscheiden. Wir bezeichnen daher mit

A die Anzahl der belegten Blöcke, die bei Freigabe M erniedrigen

B die Anzahl der belegten Blöcke, die bei Freigabe M konstant lassen

C die Anzahl der belegten Blöcke, die bei Freigabe M erhöhen.

Bei den Blöcken A handelt es sich also um solche, die bei ihrer Freigabe rechts und links je einen freien Block haben und wegen der oben angegebenen Voraussetzung mit diesen beiden freien Blöcken vereinigt werden. Die Blöcke B besitzen genau einen freien Nachbarn und die Blöcke C sind bei ihrer Freigabe von belegten Blöcken eingeschlossen.

Bild 3.4 charakterisiert, welcher der drei Klassen jeder der belegten Blöcke zuzurechnen ist.

Es beschreibe ϵ die Anzahl der freien Randbereiche des Speicherraums, d.h., bei $\epsilon = 0$ sind beide Ränder belegt, bei $\epsilon = 1$ ist nur einer der beiden Ränder belegt, und bei $\epsilon = 2$ ist der Rand von S nach beiden Seiten nicht belegt.

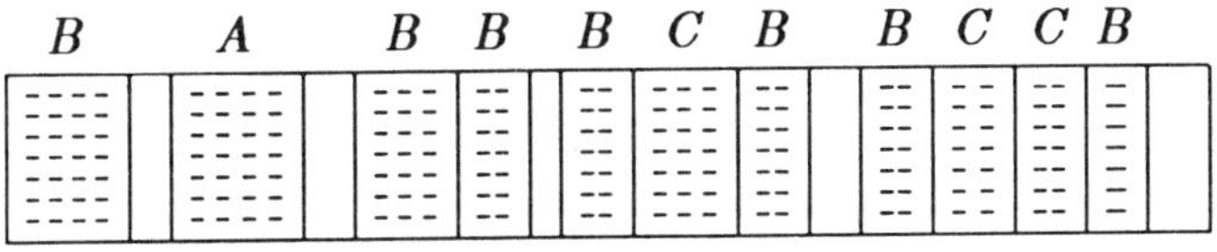

Bild 3.4. Unterscheidung verschiedener Belegt-Blöcke

Die eingeführten Bezeichnungen führen dann sofort zu den beiden Beziehungen

$$N = A + B + C \quad \text{und} \quad M = \frac{1}{2} \left(2A + B + \epsilon \right).$$

Wenn sich das System im Gleichgewicht befindet, d.h., die Anforderungen auf freie Blöcke und die Rückgabe belegter Blöcke in etwa gleicher Häufigkeit auftreten, dann ist auch die Wahrscheinlichkeit, daß bei Freigabe eines belegten Blockes M um 1 wächst gleich der Wahrscheinlichkeit, daß bei Freigabe eines belegten Blockes M um 1 verringert wird. Unter dieser Voraussetzung ergibt sich also

$$A \approx C.$$

Geht man ferner von beidseitig belegten Randbereichen ($\epsilon = 0$) aus, so erhält man damit und mit Hilfe der oben angegebenen Beziehung die Aussage

$$M = \frac{1}{2} N$$

(Knuths 50%-Regel) [3.4], d.h., unter den genannten Voraussetzungen ist die Anzahl der freien Blöcke im Mittel halb so groß wie die Anzahl der belegten Blöcke. Für die in 3.2.1.1 erläuterten Belegungsregeln gilt die angeführte 50%-Regel.

3.2.2 Segmentierung

Der Hauptnachteil bei der Speicherauslagerung besteht darin, daß ein Programm zu einem Zeitpunkt entweder vollständig oder überhaupt nicht im Hauptspeicher (Speicherraum) steht. Betrachtet man Speicherauslagerung als eine Methode, um gewisse Blöcke des Speicherraums für aktuell benötigte andere Programme freizustellen, so wird durch die Auslagerung eines ganzes Programmes häufig ein größerer Bereich auf den Hintergrundspeicher geschrieben, als es unbedingt notwendig wäre. Eine bessere Lösung ist die Kombination der dynamischen Auslagerung mit der Möglichkeit, nur einen Teil eines Programms zu einer Zeit auszulagern.

Die meisten Programme bestehen aus einer Anzahl logischer Einheiten wie Prozeduren, Datenbereiche und Programmblöcke. Unter *Segmentierung* versteht man daher eine Methode, die in ihrer Adressierungsstruktur die logische Programmaufteilung berücksichtigt. Bei der Segmentierung wird der Adreßraum in eine Anzahl von Blöcken variabler Größe, den *Segmenten*, aufgeteilt, die der logischen Partitionierung des Programms entsprechen.

Ein Objekt in einem Programm wird identifiziert durch eine zweiteilige Adresse, die den Namen des Segmentes u und den Platz des Objektes innerhalb des Segmentes, den sogen. *Verschiebeanteil v* (displacement) angibt, d.h. durch das Paar (u, v).

Jedem Prozeß ist eine im Speicherraum ständig residente *Segment-Tabelle* zugeordnet, die für jedes Segment dieses Prozesses genau einen Eintrag enthält. Die Segment-Tabelle wird benutzt, um bei Referenz eines Objektes der Programmadresse eine reale Speicheradresse (Speicherfunktion M) zuzuordnen. Ein Hardware-Register, das sogen. *Segment-Tabellen-Register*, enthält einen Zeiger auf die für den aktiven Prozeß zuständige Segment-Tabelle. Der i-te Eintrag der Segment-Tabelle besteht aus folgenden Angaben:

— einem *Indikator* (Flag-Bit), der anzeigt, ob sich das i-te Segment gegenwärtig im Speicherraum befindet

— der *Start-Adresse* des i-ten Segmentes im Speicherraum (falls dieses zum Betrachtungs-Zeitpunkt in S ist)

— der *Länge* (in Worten, Bytes) des i-ten Segments und gegebenenfalls

— Angaben über *Zugriffsrechte* zu den Objekten dieses Segmentes (vergl. für Details Kapitel 6).

Soll auf ein Objekt (u, v) zugegriffen werden, so wird über das hardware-unterstützte Segment-Tabellen-Register die für den laufenden Prozeß zuständige Segment-Tabelle lokalisiert, unter dem u-ten Eintrag - falls sich das Objekt im Speicherraum befindet - das referierte Segment mit seiner Startadresse festgestellt und auf den v-ten Eintrag des u-ten Segmentes zugegriffen. Gleichzeitig wird geprüft, ob für die Längenangabe des u-ten Segmentes die Bedingung Länge $(u) \leq v$ erfüllt ist.

Bevor die vollständige Adreßrechnung durchgeführt wird, muß - wie schon erwähnt, geprüft werden, ob sich das referierte Segment zum gegenwärtigen Zeitpunkt im Speicherraum befindet. Ist dies nicht der Fall, so erzeugt die Hardware einen *"Segment-Fehler"* in Form einer asynchronen Unterbrechung, die vom Betriebssystem als die Aufforderung zum Einlagern des referierten Segmentes interpretiert wird. Falls der zum Einlagern des neuen Segmentes erforderliche Platz im Speicherraum nicht vorhanden ist, muß das Betriebssystem zunächst ein zum Betrachtungszeitpunkt im Speicherraum befindliches Segment des gleichen oder eines anderen Prozesses von gleicher oder größerer Länge als das einzulagernde Segment auslagern.

Das in Bild 3.5 angegebene Beispiel illustriert den Ablauf im einzelnen. Alle Zahlen- und Adreßangaben sind dabei in Hexadezimal-Darstellung (Zahlenbasis 16) angegeben.

Einlagerung vom Adreß- in den Speicherraum bzw. Auslagerung aus dem Speicher- in den Adreßraum finden bei der Segment-Organisation nur noch für die (logisch und physikalisch zusammenhängenden) Teile des Programms statt, die zum Betrachtungszeitpunkt benötigt werden bzw. überflüssig sind. Der Aufwand ist deutlich geringer als bei der vollständigen Auslagerung des gesamten Programms. Außerdem werden die Objekte durch die Speicherfunktion M erst zum Zeitpunkt der Ausführung gebunden.

3.2.3 Seitenverwaltung

Bei dem in 3.2.2 erläuterten Segmentierungs-Verfahren kann es bei dem Einlagern bzw. Auslagern von Segmenten zu gewissen Problemen kommen, da die verschiedenen Segmente unterschiedliche Längen haben. Ein einzulagerndes Segment kann vielleicht "gerade etwas zu groß" sein, um in einem freien Block des Speicherraums untergebracht werden zu können.

Diese Schwierigkeit wird durch die sogen. Seitenverwaltung von Speicher- und Adreßraum beseitigt.

Der Adreßraum wird in logische Blöcke gleicher Größe, die Seiten, aufgeteilt und ebenso wird der Speicherraum in physikalische Blöcke gleicher Größen, die Seitenrahmen, zerlegt.

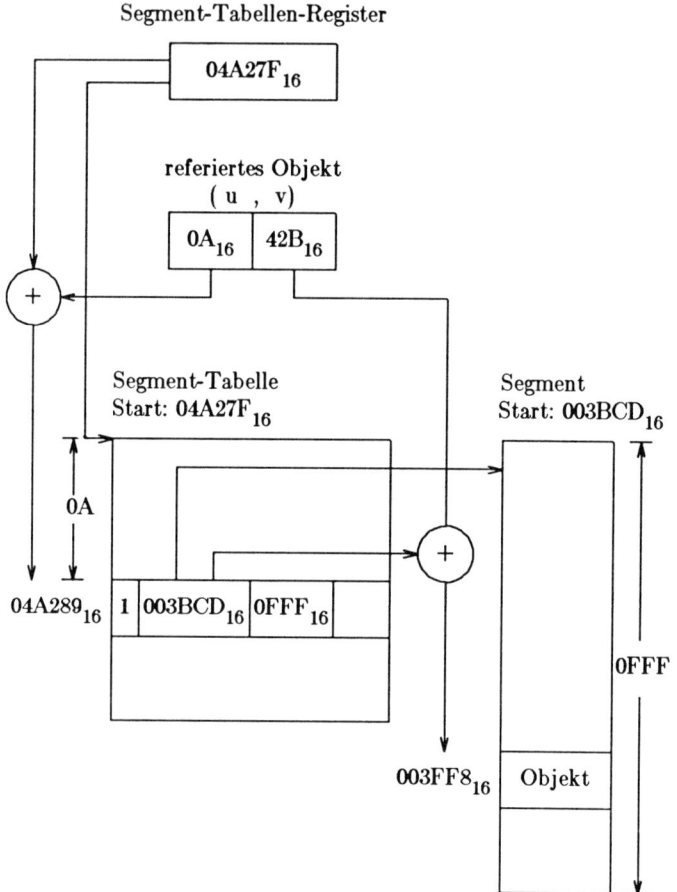

Bild 3.5. Segment-Abbildung

Jede Seite paßt also in jeden Seitenrahmen.

Referenzen zu Objekten in seitenverwalteten Speichersystemen laufen ganz ähnlich wie bei der Segmentverwaltung ab. Jedes Objekt wird durch das Paar (u, v) referiert, wobei u die *Seitennummer* im Adreßraum und v der *Verschiebeanteil* innerhalb der Seite ist.

Jedem Prozeß ist eine *Seitentabelle* zugeordnet, die die Menge aller im Adreßraum dieses Prozesses vorhandenen Seiten enthält. Die Seitentabelle des gegenwärtig aktiven Prozesses wird durch den Inhalt eines Seiten-Tabellen-Registers angegeben. Mit Ausnahme der Längenangabe (die infolge identischer Seitengrößen überflüssig ist) enthält jeder Eintrag der Seitentabelle äquivalente Angaben wie die Segment-Tabelle (vergl. hierzu aber insbesondere auch die Ausführungen in Abschnitt 3.3.1).

3.3 Virtuelle Speicher

Bei den Betrachtungen in Abschnitt 3.2.3 war offen geblieben, wie sich die Größen des Adreß- und des Speicherraums zueinander verhielten. Wenn die Anzahl der Seiten in A größer ist als die Anzahl der Seitenrahmen in S, dann kann zu einer Zeit jeweils nur ein Teil des Adreßraums in den Speicherraum abgebildet sein. Bei der Adreßtransformation, d.h. dem Durchsuchen der Seitentabelle nach dem zugeordneten Seitenrahmen für die referierte Seite, wird festgestellt, ob die betreffende Seite in S ist. Ist dies nicht der Fall, so wird durch die Adreßtransformationslogik eine asynchrone Unterbrechung ausgelöst *(Seitenfehler)*, die zur Einleitung für das Nachladen der entsprechenden Seite in den Speicherraum ausgenutzt werden kann.

3.3.1 Grundlagen

Der Adreßraum A bestehe aus n Seiten, und der Speicherraum S besitze $m \leq n$ Seitenrahmen.

Dann ist die Abbildungsfunktion $f: A \to S$ definiert durch

$$f(i) = \begin{cases} k & \text{falls sich Seite i in Seitenrahmen k befindet} \\ \text{undefiniert} & \text{sonst} \end{cases}$$

Die Abbildungsfunktion f bildet die Seitentabelle. Eine Seite bestehe aus z Zeilen (Worte, Bytes etc.). Eine *gültige virtuelle* Adresse ist dann eine ganze Zahl a, für die $0 \leq a < nz$ gilt. Entsprechend verstehen wir unter einer gültigen realen Adresse eine ganze Zahl s mit $0 \leq s < mz$.

Für die virtuelle Adresse a wird durch die Adreßtransformation ein Zahlenpaar (i, d) so bestimmt, daß

$$a = (i-1) \cdot z + d \quad \text{mit} \quad 0 \leq d < z.$$

Die entsprechende reale Adresse ist

$$s = [f(i)-1]\cdot z + d \quad mit \ \ 0 \leq d < z$$

falls $f(i)$ definiert ist. Ist $f(i)$ undefiniert, dann kann zunächst s nicht bestimmt werden, und im Speicherraum wird die fehlende Seite nachgeladen (*Seitenwechsel*, paging). Sei nun i eine Seite aus A und k ein Seitenrahmen aus S. Wenn zu jedem k aus S ein i so existiert, daß $f(i)=k$, dann ist der Speicherraum vollständig mit Seiten aus A gefüllt. Wenn unter dieser Voraussetzung für ein gewisses i' die Abbildungsfunktion $f(i')$ undefiniert ist, dann muß in S ein Seitenrahmen k' bestimmt werden, dessen gegenwärtige Seite ersetzt werden soll. Die *Ersetzungsregel* (replacement rule) beschreibt den Austauschalgorithmus.

Im Gegensatz zur Ersetzungsregel beschreibt die *Laderegel* (fetch rule), zu welchem Zeitpunkt eine Seite i von A nach S abgebildet werden soll. Wenn mit ständig gefülltem Speicherraum gearbeitet wird, dann findet *Seitenwechsel nur bei aktueller Anforderung*, d.h. bei Referenz eines Objektes der einzulagernden Seite, statt (Laderegel = *demand paging*).

Falls nicht mit "demand paging" gearbeitet wird, dann bestimmt die *Belegungsregel* (placement rule), wohin (d.h. in welchen Seitenrahmen k) die Seite i aus A nach S abgebildet werden soll.

Die Diskussion verschiedener Ersetzungsregeln beschreibt Abschnitt 3.3.2.

Die Realisierung der Abbildungsfunktion $f: A \rightarrow S$ kann auf zwei verschiedene Weisen erfolgen:

Verfahren 1:   Es sei A_i der in A durch den Prozeß P_i genutzte Teil des Adreßraums. Die Seitentabelle enthält so viele Seiten wie A_i Seiten hat. Der m-te Eintrag der Seitentabelle enthält die Nummer des Seitenrahmens, der bei der Abbildung $f: A_i \rightarrow S$ die m-te Seite des Adreßraums enthält (falls diese sich zum Betrachtungszeitpunkt im Speicherraum befindet). Die Seitentabelle ist permanent in S. Das Verfahren ist relativ einfach, da die Seitennummer des referierten Objektes direkt die Nummer des Eintrags in der Seitentabelle angibt. Aufwendig wird dieses Verfahren nur dann, wenn der Adreßraum A_i groß ist im Vergleich zum Speicherraum ($n \gg m$). Die Seitentabelle wird dann sehr groß und zahlreiche Einträge (mindestens $n-m$) sind ständig unbenutzt.

Verfahren 2:   Das andere Verfahren zur Umsetzung der Abbildungsfunktion benutzt eine Seitentabelle, die genau so viele Einträge hat wie der Speicherraum Seitenrahmen enthält. Der n-te Eintrag in der Seitentabelle beschreibt die Nummer der Seite des

Adreßraums A_i, die an m-ter Stelle im Speicherraum S abgebildet ist.

Beide betrachteten Verfahren der Seitentabellen-Verwaltung haben den Nachteil, daß für jede Speicherreferenz mindestens ein zusätzlicher Speicherzyklus zur Entnahme der Bezugsgröße aus der Tabelle benötigt wird. Dies kann in vielen Fällen durch eine Gruppe von Adreßregistern (look-behind-registers) vermieden werden, die diejenigen Teile aus der Seitentabelle enthalten, die während der letzten Seitenreferenzen benötigt wurden. Diese assoziativ organisierten Register (AR) werden nach einer bestimmten Strategie (vergl. Abschnitt 3.3.2) fortgeschrieben.

Bei der Referenz einer Seite des Adreßraums wird zunächst geprüft, ob diese Seite bereits in einem der Adreßregister eingetragen und damit der korrespondierende Seitenrahmen des Speicherraums unmittelbar aus diesen entnommen und mit der Zeile zur vollständigen Speicherraumadresse verknüpft werden kann. Gehört die referierte Seite nicht zum Inhalt der Adreßregister, so muß in einem anschließenden Schritt der zugehörige Seitenrahmen aus der Seitentabelle entnommen werden. Gleichzeitig mit der Entnahme der Seitenrahmen-Nummer erfolgt die Aktualisierung der Adreßregister-Inhalte um die zuletzt referierte Seite/Seitenrahmen-Kombination, um für die folgenden Zugriffe wieder die zuletzt benutzten Referenzen in den Adreßregistern zu haben.

Gelingt es, zur referierten Seite den zugehörigen Seitenrahmen bereits den assoziativen Adreßregistern zu entnehmen, so geht diese Adreßtransformation natürlich wesentlich schneller vor sich als beim regulären Zugriff über die Seitentabelle.

Während Verfahren 1 zwar ein leichtes Auffinden des gesuchten Seitenrahmens erlaubt (der Seite i wird ja im i-ten Eintrag der Seitentabelle - falls Seite i in den Speicherraum abgebildet ist - der zugehörige Seitenrahmen zu entnehmen sein), hat es gleichzeitig den Nachteil einer unter Umständen sehr großen Seitentabelle (s. vorn). Andererseits hat Verfahren 2 den Nachteil, daß oft - falls die Abbildung nicht aus den look-behind Registern ermittelt werden kann - ganze (Betriebssystem-) Suchprogramme ablaufen müssen, um den gesuchten Eintrag zu finden.

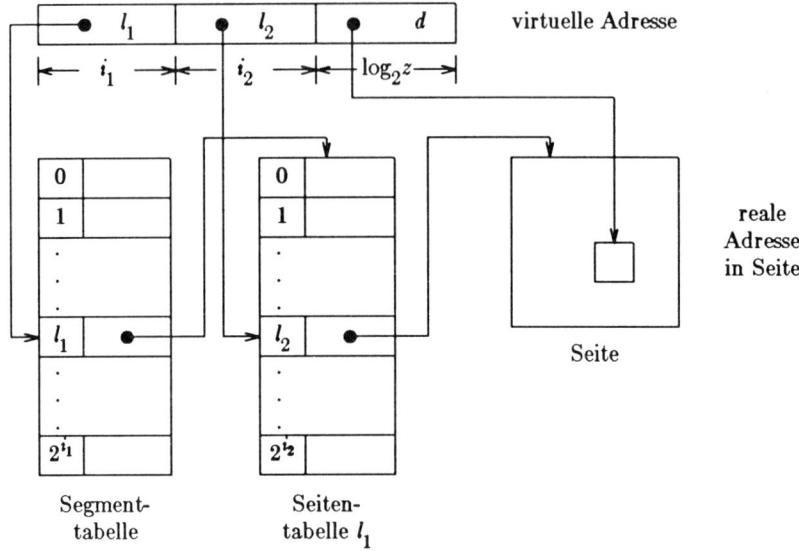

Bild 3.6. Zweistufige Adreßtransformation

Eine Lösung der für das Verfahren 1 genannten Nachteile bietet eine sogen. *zweistufige Adreßtransformation*. Dazu wird (Bild 3.6) die virtuelle Adresse a nicht in zwei sondern in drei Teile zerlegt. Analog zur (einstufigen) Adreßtransformation wird für die virtuelle Adresse a ein Zahlentripel (i_1, i_2, d) so bestimmt, daß

$$a = (j-1)\cdot z + d \quad \text{mit} \quad j = i_1 \cdot 2^{i_2} + i_2 \quad \text{und} \quad 0 \leq d < z .$$

Die reale Adresse ergibt sich dann entsprechend der einstufigen Adreßtransformation. Die zugrundeliegende Idee besteht darin, daß die Seitentabelle in 2^{i_1} Teile der Länge 2^{i_2} zerlegt wird. Diese 2^{i_2}-Teile werden in einer Speicherraum-residenten Segmenttabelle verwaltet. Die Seitentabellen selbst sind nicht notwendigerweise resident.

Zwar werden bei der zweistufigen Adreßtransformation immer zwei Speicherzugriffe notwendig, nie jedoch wie bei Verfahren 2 möglicherweise viele weitere.

Solche zweistufigen Schemata finden sich zunehmend stärker in der Praxis. Neben Großrechnern haben vor allem neuere 16- und 32 Bit-Mikroprozessoren in deren MMU = Memory Management Units derartige mehrstufige

Adreßtransformationen (z.B. NS 16000, Z 80.000 u.a.).

3.3.2 Seitenaustauschalgorithmen

Wir bezeichnen mit $N = \{1, \cdots, n\}$ die Menge der Seiten eines Programms im Adreßraum A und mit $M = \{1, \cdots, m\}$ die Menge der Seitenrahmen im Speicherraum S. Ausgehend von einem virtuellen Speichersystem sei $0 \leq n \leq m$. Mit N^k beschreiben wir ein k-Tupel von Seiten im Adreßraum eines Programms, d.h. $N^k = \{r_1, r_2, \cdots, r_k \mid r_i \in N, 1 \leq i \leq k\}$

Eine Folge $\gamma = r_1 \cdots r_t \cdots r_T$ mit $\gamma \in N^T$ heißt Seitenreferenzfolge. Die Seite r_t wird zum Zeitpunkt t referiert.

Sei $K \subseteq N$ eine Teilmenge der Seiten eines Programms im Adreßraum A, die aus nicht mehr als m verschiedenen Seiten besteht, d.h. $|K| \leq m$. Dann heißt

$$M_m = \{K \mid K \subseteq N, |K| \leq m\}$$

die Menge aller in S enthaltenen Speicherzustände.

Ein Seitenaustauschalgorithmus für M und N wird beschrieben durch das Tripel $B = \{Q, q_0, g\}$ mit

Q als Menge der Kontrollzustände des Algorithmus

q_0 als initialen Kontrollzustand

g die injektive Abbildung $M_m \times Q \times N \to M_m \times Q$.

Ein Seitenaustauschalgorithmus kann als abstrakte Maschine verstanden werden, die die Zustände $M_m \times Q$, die Eingaben N und die Übergangsfunktion g hat.

Ein Paar (K, q) mit $K \in M_m$ und $q \in Q$ in $M_m \times Q$ heißt eine Anordnung des betrachteten Seitenaustauschalgorithmus B.

Geht man von dem Speicherzustand K_0 und der Seitenreferenzfolge $\gamma = r_1 \cdots r_t \cdots r_T$ aus, dann verarbeitet der Seitenaustauschalgorithmus B die Seitenreferenzfolge γ durch die Erzeugung einer Folge von Anordnungen $\{(K_t, q_t)\}_{t=0}^T$ so, daß

$$(K_t, q_t) = g(K_{t-1}, q_{t-1}, r_t) \quad \text{mit} \quad 1 \leq t \leq T.$$

Falls $r_t \notin K_{t-1}$ dann wird zum Zeitpunkt t wegen der in S fehlenden Seite eine asynchrone Unterbrechung durch den Adreßtransformations-Mechanismus erzeugt, die das Nachladen der Seite r_t entsprechend dem Algorithmus B aus dem Adreßraum einleitet.

Jeder Speicherzustand wird zu dem vorangegangenen charakterisiert durch

$$K_t = K_{t-1} \cup X_t - Y_t$$

mit $X_t \subseteq N - K_{t-1}$ und $Y_t \subseteq K_{t-1}$. Es beschreiben also X_t die zum Zeitpunkt t nach S nachgeladenen und Y_t die dabei ersetzten (verdrängten) Seiten. Es bezeichne im folgenden

K_t^m den Speicherzustand zum Zeitpunkt t, der genau m Seitenrahmen belegt, d.h. $|K_t^m| = m$.

$K + x$ $K \cup \{x\}$ mit $x \notin K$

und

$K - y$ $K - \{y\}$ mit $y \in K$.

Ein Seitenaustauschalgorithmus B ersetzt Seiten auf Anforderung (demand paging), wenn die Zuordnungsfunktion g die folgende Form hat:

$$g(K, q, x) = \begin{cases} (K, q') & \text{, falls } x \in K \\ (K + x, q') & \text{, falls } x \notin K \text{ und } |K| < m \\ (K + x - y, q') & \text{, falls } x \notin K, \ |K| = m \text{ und } y \in K. \end{cases}$$

Wenn zunächst $|K| < m$ ist, so füllt sich bei einer Ladestrategie "demand paging" zunächst S bis $|K| = m$ gilt. Dann können Seiten nur nachgeladen werden, nachdem zuvor entsprechend einer Ersetzungsregel ein Seitenrahmen zur Verfügung gestellt wurde.

Beim Mehrprogrammbetrieb müssen sich die l nebeneinander laufenden Prozesse $P_1, \cdots, P_l$ mit den Adreßräumen $A_1, \ldots, A_l$ in den einen gemeinsamen Speicherraum teilen, d.h. wenn Prozeß P_i in S jeweils $m_i (\leq n_i)$ Seitenrahmen belegt, dann muß gelten

$$\sum_{i=1}^{l} m_i \leq m, \tag{*}$$

wobei m die Anzahl der Seitenrahmen im Speicherraum ist. Ein Seitenaustauschalgorithmus B für den Prozeß P_i hat also innerhalb des Speicherraums maximal m_i Seitenrahmen zur Realisierung der Abbildungsfunktion g zur Verfügung.

Seitenaustauschalgorithmen, die mit einer festen Anzahl (m_i) für den Austausch verfügbarer Seitenrahmen arbeiten, heißen statische Algorithmen (fixed-partition-algorithms).

Wechselt die Anzahl der einem Prozeß zur Verfügung stehenden Seitenrahmen mit seiner Laufzeit, so spricht man von dynamischen Algorithmen (dynamic-partition-algorithm). Stets muß allerdings auch dann die Beziehung (*) gelten.

3.3.2.1 Statische Algorithmen

Auf der Grundlage der in 3.3.2 eingeführten Bezeichnungsweisen können nun die wichtigsten statischen Algorithmen als Ersetzungsregeln beschrieben werden:

FIFO-Regel (first-in-first-out). Es gelte $|K| = m$ und die Kontrollzustände des Algorithmus seien $Q = N^m$, z.B. $q = (y_1, \cdots, y_m)$. Dann ist die Zuordnungsfunktion definiert durch

$$g_{FIFO}(K, q, x) = \begin{cases} (K, q) & , \text{falls } x \in K \\ (K + x - y_m, q') & , \text{falls } x \notin K, \end{cases}$$

wobei

$$q' = (x, y_1, \cdots, y_{m-1}).$$

Betrachtet man für $n=4$ und $m=3$ die Seitenreferenzfolge

$$\gamma = \{2, 1, 4, 1, 3, 4, 3, 1, 2, 3, 2, 1, 4, 3, 1\},$$

dann lauten die Speicherzustände K_i, $i=1, \cdots, 15$

	K_1	K_2	K_3	K_4	K_5	K_6	K_7	K_8	K_9	K_{10}	K_{11}	K_{12}	K_{13}	K_{14}	K_{15}
	2	1	4	4	3	3	3	3	2	2	2	1	4	3	1
q	–	2	1	1	4	4	4	4	3	3	3	2	1	4	3
	–	–	2	2	1	1	1	1	4	4	4	3	2	1	4
					*			*				*	*	*	

Bei den mit * gekennzeichneten Speicherzuständen wurde jeweils eine Seite nachgeladen (hierbei wurden die ersten drei Nachladevorgänge nicht mitgezählt, da hier keine Seite verdrängt werden mußte). Bei der gegebenen Seitenreferenzfolge traten also - nachdem mit $|K| = m$ gearbeitet wurde - beim FIFO-Algorithmus insgesamt 5 Seitenfehler auf.

LRU-Regel (least-recently-used). Es gelten die gleichen Voraussetzungen wie bei der FIFO-Regel. Dann lautet die Zuordnungsfunktion

$$g_{LRU}(K, q, x) = \begin{cases} (K, q'') & \text{, falls } x \in K \\ (K + x - y_m, q') & \text{, falls } x \notin K \end{cases}$$

wobei

$$q = (y_1, \cdots, y_m), \quad q' = (x, y_1, \cdots, y_{m-1})$$

und

$$q'' = (x, y_1, \cdots, y_{k-1}, y_{k+1}, \cdots, y_m) \text{ und } x = y_k.$$

Zur Übung betrachten wir die folgende Aufgabenstellung:

Für die Referenzfolge des letzten Beispiels gebe man die Speicherzustände an, die bei Anwendung der LRU-Regel mit $n = 4$ und $m = 3$ entstehen.

Die Speicherzustände lauten dann

	K_1	K_2	K_3	K_4	K_5	K_6	K_7	K_8	K_9	K_{10}	K_{11}	K_{12}	K_{13}	K_{14}	K_{15}
	2	1	4	1	3	4	3	1	2	3	2	1	4	3	1
q	–	2	1	4	1	3	4	3	1	2	3	2	1	4	3
	–	–	2	2	4	1	1	4	3	1	1	3	2	1	4
				*			*					*	*		

Nach der Anlaufphase treten beim LRU-Algorithmus bei der gegebenen Seitenreferenzfolge 4 Seitenfehler auf.

MRU-Regel (most-recently-used). Unter den gleichen Voraussetzungen wie bei den beiden vorausgegangenen Regeln ist die Zuordnungsfunktion beim MRU-Algorithmus

$$g_{MRU}(K, q, x) = \begin{cases} (K, q'') & \text{, falls } x \in K \\ (K + x - y_1, q') & \text{, falls } x \notin K \end{cases}$$

wobei

$$q = (y_1, \cdots, y_m), \quad q' = (x, y_2, \cdots, y_m)$$

und

$$q'' = (x, y_1, \cdots, y_{k-1}, y_{k+1}, \cdots, y_m) \text{ sowie } x = y_k.$$

Im Gegensatz zum LRU-Algorithmus, bei dem jeweils die am längsten nicht benutzte Seite durch die nachzuladende Seite verdrängt wird, wird bei der MRU-Regel die zuletzt referierte Seite ersetzt.

MFU-Regel (most-frequently-used). Es gelte wieder $|K| = m$ und die Kontrollzustände des Algorithmus seien $Q = N^m$, allerdings habe $q = (y_1, \cdots, y_m) \in Q$ die folgende Bedeutung: Jeder Seite y_i ist eine

Benutzungshäufigkeit h_i zugeordnet, die angibt, wie oft die Seite während ihrer Zugehörigkeit zu q referiert wurde. Die Anordnung der y_i in q ist dann so, daß für alle $i = 1, \cdots, m-1$ gilt $h_i \geq h_{i+1}$. Unter diesen Voraussetzungen lautet die Zuordnungsfunktion

$$g_{MFU}(K, q, x) = \begin{cases} (K, q') & , \text{falls } x \in K \\ (K + x - y_1, q'') & , \text{falls } x \notin K \end{cases}$$

wobei

$$q' = (y_1', \cdots, y_m'), \quad x = y_k, \quad h_k' = h_k + 1$$

sowie

$$h_i' = h_i \quad \text{für} \quad i = 1, \cdots, m(i \neq k) \quad \text{und} \quad h_i' \geq h_{i+1}' \ .$$

Tritt die Seite x neu zu q hinzu, so gilt

$$q'' = (y_2, \cdots, y_m, x) \quad \text{und} \quad h_x = 1.$$

Für die Referenzfolge aus den vorangegangenen Beispielen lautet mit $n=4$ und $m=3$ die Folge der Speicherzustände:

	K_1	K_2	K_3	K_4	K_5	K_6	K_7	K_8	K_9	K_{10}	K_{11}	K_{12}	K_{13}	K_{14}	K_{15}
	2	1	1	1	2	4	3	4	2	4	1	1	2	3	1
q	–	2	2	2	3	2	4	1	4	1	2	2	3	2	2
	–	–	4	4	4	3	2	2	1	3	3	3	4	4	4
				*			*		*	*		*			*

Die Benutzunghäufigkeiten lauten für die 4 verschiedenen Seiten des Adreßraums

Seite	K_1	K_2	K_3	K_4	K_5	K_6	K_7	K_8	K_9	K_{10}	K_{11}	K_{12}	K_{13}	K_{14}	K_{15}
1	–	1	1	2	–	–	–	1	1	1	1	2	–	–	1
2	1	1	1	1	1	1	1	1	2	–	1	1	1	1	1
3	–	–	–	–	1	1	2	–	–	1	1	1	1	2	–
4	–	–	1	1	1	2	2	2	2	2	–	–	1	1	1

Bei diesem Algorithmus treten also insgesamt 6 Seitenfehler nach der Anlaufphase auf. Hierbei ist zu bemerken, daß bei gleicher Belegungshäufigkeit jeweils die Seiten nach aufsteigender Seitennummer in q geordnet sind (z.B. in K_4, K_5, K_6 usw.).

LFU-Regel (least-frequently-used). Dieser Algorithmus arbeitet unter den gleichen Voraussetzungen wie MFU, jedoch ist die Anordnung der Seiten y_i in q so, daß diese nach aufsteigenden Benutzungshäufigkeiten geordnet sind, d.h., für $i = 1, \cdots, m-1$ gilt $h_i \leq h_{i+1}$. Dann lautet die Zuordnungsfunktion

$$g_{LFU}(K, q, x) = \begin{cases} (K, q') & , \text{falls } x \in K \\ (K + x - y_1, q'') & , \text{falls } x \notin K, \end{cases}$$

wobei

$$q' = (y_1', \cdots, y_m'), \quad x = y_k, \quad h_k' = h_k + 1$$

und

$$h_i' = h_i \text{ für } i = 1, \cdots, m(i \neq k) \text{ sowie } h_i' \leq h_{i+1}'.$$

Der Kontrollzustand im Fall $x \notin K$ ist $q'' = (x, y_2, \cdots, y_m)$ mit $h_x = 1$.

OPT-Regel (a-priori-optimal). Dieser Algorithmus setzt die vollständige Kenntnis der Seitenreferenzfolge $\gamma = r_1 \cdots r_t \cdots r_T$ im Zeitintervall $1 \leq t \leq T$ voraus. Es sei $\Phi(x, t)$ die Zeit, die vom Betrachtungszeitpunkt t beginnend bis zur nächsten Referenz der Seite x vergeht. Wegen $1 \leq t \leq T$ gilt $\Phi(x, t) \leq T - t$. Wird die Seite x nach dem Zeitpunkt t nicht mehr referiert, so setzt man $\Phi(x, t) = T - t + 1$. Die Kontrollzustände des Algorithmus sind die Zeiten $t(0 \leq t \leq T)$. Für $|K| = m$ lautet die Zuordnungsfunktion

$$g_{OPT}(K, t, r_{t+1}) = \begin{cases} (K, t+1) & , \text{falls } r_{t+1} \in K \\ (K + r_{t+1} - y, t+1) & , \text{falls } r_{t+1} \notin K, \end{cases}$$

und y wird beschrieben durch

$$\Phi(y, t) = \underset{x \in K}{\text{Max}} \, \Phi(x, t)$$

Ersetzt wird bei diesem Algorithmus also diejenige Seite, deren nächste Referenz am weitesten vom laufenden Betrachtungszeitpunkt entfernt ist. Es ist klar, daß es optimal ist, überhaupt dann gerade die Seite zu entfernen, die am längsten von allen im Speicherraum befindlichen Seiten nicht mehr angesprochen wird.

Die OPT-Regel ist nicht praktisch anwendbar, denn ihre Benutzung setzt eine vollständige a-priori-Analyse der gesamten Seitenreferenzfolge voraus, und diese ist aus Aufwandsgründen nahezu nie möglich. Für Vergleichs- und Strukturuntersuchungen stellt dieser Algorithmus jedoch ein wertvolles Maß für die optimale Anordnung dar.

Betrachten wir wieder die Referenzfolge aus den vorangehenden Beispielen mit $m = 4$ und $n = 3$, dann ergibt sich bei Anwendung der OPT-Regel die folgende Anordnung der Speicherzustände

$$
q \begin{cases}
\begin{array}{ccccccccccccccc}
K_1 & K_2 & K_3 & K_4 & K_5 & K_6 & K_7 & K_8 & K_9 & K_{10} & K_{11} & K_{12} & K_{13} & K_{14} & K_{15} \\
2 & 1 & 1 & 4 & 4 & 3 & 1 & 3 & 3 & 2 & 1 & 3 & 3 & 1 & 1 \\
- & 2 & 4 & 1 & 3 & 1 & 3 & 1 & 2 & 1 & 3 & 1 & 1 & 3 & 3 \\
- & - & 2 & 2 & 1 & 4 & 4 & 4 & 1 & 3 & 2 & 2 & 4 & 4 & 4 \\
 & & & * & & & & * & & & & * & & &
\end{array}
\end{cases}
$$

Die Funktion $\Phi(x, t)$ lautet dann (für $x \notin K$ ist $\Phi(x, t)$ undefiniert und mit "-" gekennzeichnet)

Seite	K_1	K_2	K_3	K_4	K_5	K_6	K_7	K_8	K_9	K_{10}	K_{11}	K_{12}	K_{13}	K_{14}	K_{15}
1	-	2	1	4	3	2	1	4	3	2	1	3	2	1	1
2	8	7	6	5	-	-	-	2	1	5	4	-	-	1
3	-	-	-	-	2	1	3	2	1	4	3	2	1	2	-
4	-	-	3	2	1	7	6	5	-	-	-	-	3	2	1

3.3.2.2 Dynamische Algorithmen

Im Gegensatz zu den statischen Seitenaustauschalgorithmen wechselt die Anzahl der einem Prozeß zugeteilten Seitenrahmen mit der Laufzeit des Prozesses. Zum besseren Verständnis der bei diesen Algorithmen verwendeten Prinzipien stellen wir zunächst die folgende Betrachtung [3.2] an:

Alle Prozesse verhalten sich während ihrer Laufzeit mehr oder weniger lokal, d.h. während eines Zeitintervalls sind gewisse Seiten häufiger referiert als andere. Die Menge der häufiger referierten Seiten wird sich mit der Zeit allerdings verändern.
Diese Eigenschaft der *Lokalität des Speicherverhaltens* von Prozessen läßt sich leicht einsehen, wenn man bedenkt, daß

— Instruktionsfolgen überwiegend sequentiell oder wenigstens stückweise zusammenhängend ablaufen (die Wahrscheinlichkeit, daß mit einer Instruktion auch die Folgeinstruktion ausgeführt wird, ist wesentlich größer als 0.5);

— in Programmen häufig über eine oder mehrere Seiten hinweg zusammenhängende Schleifen auftreten;

— die benutzten Datenstrukturen in irgendeiner Form immer zusammenhängend sind und in die Referenzen zu Daten gruppenweise erfolgen;

— die Programme modular in Funktionseinheiten gegliedert sind und jeder dieser Moduln wieder einen zusammenhängenden Block bildet.

Das lokale Speicherverhalten von Programmen wird in der Praxis gut bestätigt. Um nun den Begriff der Lokalität exakter zu fassen, betrachten wir folgende Definition:

Die Arbeitsmenge $W_p(t, \tau)$ des Prozesses P zum Zeitpunkt t ist die Menge der Seiten, die in dem Zeitintervall $(t-\tau, t)$ referiert wurden (Bild (3.7)).

Man kann das lokale Speicherverhalten eines Programmes auch so charakterisieren:
Die Wahrscheinlichkeit, daß die nächste referierte Seite zur Arbeitsmenge $W_p(t, \tau)$ gehört, ist größer als die Wahrscheinlichkeit, daß die folgende referierte Seite nicht Element aus $W_p(t, \tau)$ ist.

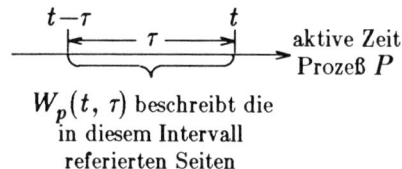

$W_p(t, \tau)$ beschreibt die
in diesem Intervall
referierten Seiten

Bild 3.7. Definition der Arbeitsmenge

Als *Größe der Arbeitsmenge* $\omega_p(t, \tau)$ bezeichnen wir die Anzahl der Seiten in $W(t, \tau)$, d.h. $\omega(t, \tau) = |\,W(t, \tau)\,|$. Wir nehmen an, daß die Größen der Arbeitsmengen einen stationären stochastischen Prozeß bilden, d.h., der Mittelwert über die Zeit t lautet $\omega(t, \tau) = w(\tau)$.

Für den Mittelwert der Arbeitsmengengröße gelten nun die folgenden Eigenschaften

(a) $w(\tau) \leq \tau$

(b) $w(0) = 0$

(c) $w(\tau + \sigma) = \geq w(\tau)$ für $\sigma \geq 0$

Zum Nachweis dieser Beziehungen beachte man, daß in τ Zeiteinheiten, in denen sich der Prozeß im Zustand aktiv befindet, maximal τ verschiedene Referenzen auftreten können (a), daß in 0 Zeiteinheiten keine Referenzen stattfinden (b) und daß in größeren Zeitintervallen mehr Seiten referiert werden können und daher der Mittelwert der Arbeitsmengengröße eine nichtabnehmende Funktion des Arbeitsmengen-Parameters τ ist (c).

Bevor wir weitere Eigenschaften der Arbeitsmenge untersuchen, soll dieser Begriff zunächst an einem Beispiel illustriert werden (Bild 3.7). Wir betrachten ein Programm, das aus 7 Seiten besteht, d.h. der Adreßraum sei $N = 1, 2, 3, 4, 5, 6, 7$. Im Adreßraum von N können 3 Lokalitäten abgegrenzt werden, die aus den folgenden Seiten bestehen: $A = 3, 5, 6$, $B = 3, 4, 7$ und $C = 1, 2, 6$. Die Seitenreferenzkette besteht aus der Sequenz von Lokalitäten $ABACAB$ und die vollständige Referenzkette ist $\gamma = (5, 6, 3, 6, 5, 4, 3, 7, 5, 3, 6, 5, 2, 1, 6, 2, 1, 3, 5, 6, 5, 4, 3, 7, 3, 7, 4)$.

Mit **x** sind in Bild 3.8 diejenigen Seitenrefenzen gekennzeichnet, die einen Seitenfehler verursachen. Die Spalten in diesen Übersichten geben für $\tau = 4$ bzw. 5 die zur Arbeitsmenge gehörigen Seiten an. Während bei $\tau = 4$ für die gewählte Referenzfolge 15 Seitenfehler auftreten, beobachten wir bei $\tau = 5$ drei Seitenfehler weniger.

	Seiten	A 5 6 3 6 5	B 4 3 7	A 5 3 6 5	C 2 1 6 2 1	A 3 5 6 5	B 4 3 7 3 7 4
$W(t,4)$	1				x - - -	- - -	
	2				x - - -	- -	
	3	x - -	- - -	- - - -	-	x - -	x - - - -
	4		x - -	-			x - - - x
	5	x - - -	- -	- - - -	- - -	x - -	- - -
	6	x - - -	- -	x -	- - - - -	- x -	- -
	7		x	- - -			x - - -
$W(4)$		1 2 3 3 3	4 4 4	4 3 4 3	4 4 4 3 3	4 4 4 3	3 4 4 3 2 3
$W(t,5)$	1				x - - -	- - - -	
	2				x - - -	- - -	
	3	x - -	- - -	- - - -	- -	x - - -	- - - - -
	4		x - -	- -			x - - - - -
	5	x - - -	- - -	- - - -	- - - -	x - -	- - - -
	6	x - - -	- - -	x -	- - - - -	- - - -	- - -
	7		x	- - - -			x - - -
$W(5)$		1 2 3 3 3	4 4 5	4 4 4 4	4 5 4 4 3	4 5 5 4	4 4 5 4 3 3

Bild 3.8. Beispiel zum Begriff der Arbeitsmenge

Die Größe der Arbeitsmenge hängt offensichtlich ab von der Häufigkeit des Zugriffs zu gleichen Seiten.

Man bezeichnet als Interreferenz-Intervall I die Anzahl der Zeiteinheiten im Prozeßzustand "aktiv", die zwischen zwei aufeinanderfolgenden Referenzen zur gleichen Seite liegen.

Verteilungsfunktion und Dichtefunktion zum Interreferenz-Intervall I seien

$$F_I(n) = P[I \leq n] \quad bzw. \quad f_I(n) = m\,\frac{d}{dn}\,F_I(n)\,.$$

Unter Seitenfehler-Wahrscheinlichkeit $\lambda(\tau)$ versteht man die Wahrscheinlichkeit, die angibt, daß eine referierte Seite nicht zur Arbeitsmenge gehört, d.h.

$$\lambda(\tau) = P[\text{referierte Seite } i \notin W(t,\tau)]\,.$$

Nach Definition gilt

$$\lambda(\tau) = P[I > \tau] = 1 - F_I(\tau)\,.$$

Wir sind nun in der Lage, einen dynamischen Seitenaustausch-Algorithmus zu beschreiben:

Arbeitsmengen-Regel (working-set-algorithm). Gegeben sei die Seitenreferenzfolge $\gamma = r_1 \cdots r_t\, r_{t+1} \cdots$ und es gelte $K = W(t,\tau)$ mit $|K| = \omega$. Die Kontrollzustände des Algorithmus sind die Zeiten t. Dann lautet die Zuordnungsfunktion

$$g_{AM}(K,t,r_{t+1}) = \begin{cases} (K-Y,t+1) & \text{, falls } r_{t+1} \in W(t,\tau) \\ (K+r_{t+1}-Y,t+1) & \text{, falls } r_{t+1} \notin W(t,\tau) \end{cases}$$

und die zu entfernende(n) Seite(n) sind gegeben durch

$$Y = \{y \mid y \in W(t-1,\tau) \ \textbf{und} \ y \notin W(t,\tau),\ \text{d.h. } I_y(t) > \tau\}\,.$$

Ein Beispiel zur Arbeitsmengen-Regel beschreibt bereits das Bild 3.7 bei einer Wahl des Arbeitsmengenparameters $\tau = 4$ bzw. 5.

Der praktischen Realisierung der Arbeitsmengen-Regel stehen einige Schwierigkeiten entgegen:

— es ist sehr schwer, die "Fenstergröße" τ richtig zu wählen. Ist τ zu groß, so ist möglicherweise $w(\tau)$ zu groß. Wählt man aber τ zu klein, dann wird die Seitenfehler-Wahrscheinlichkeit $\lambda(\tau)$ zu groß werden (zu viele Seitenfehler!)

— jeder Seite müßte eigentlich eine Uhr zugeordnet werden, die während der Zeiten im Zustand "aktiv" läuft und in den übrigen Prozeßzuständen steht. Nur damit wäre die Bestimmung aller Interreferenz-Intervalle $I_y(t)$ möglich.

Diese Schwierigkeiten behebt eine von Chu und Opderbeck [3.1] vorgeschlagene Variante, die hier nur informell beschrieben werden soll.

Der *Seitenfehler-Frequenz-Algorithmus (page fault frequency algorithm, kurz PFF-Algorithmus)* basiert auf der folgenden einfachen Überlegung:

Sei A die aktuelle Seitenfehler-Frequenz (d.h. die Anzahl der Seitenfehler pro Zeiteinheit; zur Wahl der Zeiteinheit siehe weiter unten) und C die kritische Seitenfehler-Frequenz (d.h. die Anzahl der für das System als zumutbar festgelegten Seitenfehler pro Zeiteinheit), dann wird bei jedem auftretenden Seitenfehler einer der beiden Schritte ausgeführt:

(1) Falls $A > C$, dann sind dem Prozeß offenbar zu wenige Seitenrahmen zugeordnet und daher treten zu viele Seitenfehler auf. Es müssen also zusätzliche Seitenrahmen zugewiesen werden.

(2) Wenn $A \leq C$, dann sind weniger Seitenfehler als erwartet aufgetreten und der Prozeß verfügt über zu viele Seitenrahmen. Es sollten also Seitenrahmen (z.B. nach einer LRU-Entscheidung) freigegeben werden.

Die kritische Seitenfehler-Frequenz wählt man z.B. $C = \dfrac{1}{\Delta}$, wobei Δ das mittlere Interreferenz-Intervall ist. Damit stellt Δ eine untere Schranke für den Arbeitsmengen-Parameter τ dar und der PFF-Algorithmus kann als Arbeitsmengen-Regel mit variabler Fenstergröße τ interpretiert werden.

Die angegebene Wahl der kritischen Seitenfehler-Frequenz durch das reziproke mittlere Interreferenz-Intervall ist praktisch natürlich wertlos, da sich letzteres nicht ohne weiteres bestimmen läßt und zudem zu stark über die Zeit ändert. Bedenkt man jedoch, daß der PFF-Algorithmus versucht, die Anzahl der Seitenfehler pro Zeiteinheit im wesentlichen konstant (nämlich C) zu halten, so sollte C danach gewählt werden, wieviel Seitenfehler das System pro Zeiteinheit "verkraften" kann, ohne daß die produktive Arbeit durch zu häufige Seitenwechsel allzu stark beeinflußt wird. Die Wahl von C wird also unter praktischen Gesichtspunkten maßgeblich von der verwendeten Rechnerkonfiguration und deren Leistungsfähigkeit (z.B. benötigte Zeit für einen Seitenwechsel, Anzahl der Wege zum Adreßraumspeicher) bestimmt sein.

Hinzuzufügen ist noch, daß von den beiden angegebenen dynamischen Algorithmen nur der PFF-Algorithmus genau zu implementieren ist. Die Schwierigkeiten einer exakten Implementierung des Arbeitsmengen-Algorithmus kann sich der Leser leicht überlegen.

In Betriebssystemen für kommerziell erhältliche Rechnersysteme finden sich zahlreiche Varianten der angegebenen dynamischen Algorithmen.

3.4 Speicherausnutzung

Beim Entwurf eines Betriebssystems und der in diesem realisierten Speicherverwaltung steht eine effektive Ausnutzung des (Haupt-) Speichers immer im Vordergrund. Ziel einer Speicherverwaltung muß es sein, die durch die Belegung zwangsläufig resultierende Fragmentierung zu minimieren. Bei nicht-seitenverwalteten Systemen tritt eine mit der Zeit zunehmendehmende Zerstückelung des Speicherraums auf, die man als *externe Fragmentierung* bezeichnet. Bei seitenverwalteten Systemen gibt es zwar keine externe Fragmentierung - Seiten und Seitenrahmen sind von gleicher Größe -, dagegen tritt hier die *interne Fragmentierung* auf (die kleinste Einheit, die zuordenbar ist, hat Seitengröße). Fragen, die mit der Speicherausnutzung und damit mit der Fragmentierung zusammenhängen, sollen Gegenstand der folgenden beiden Abschnitte sein.

3.4.1 Fragmentierung und Seitengröße

Der Grad der Speicherausnutzung bei seitenverwalteten Systemen hängt von den angewendeten Ersetzungs- und Ladestrategien ab. Von erheblichem Einfluß ist außerdem die gewählte Seitengröße, sie bestimmt u.a.

a) die interne Fragmentierung

b) die Frequenz der Seitenwechselvorgänge

c) die Trennung in zu einer Zeit benötigte und nicht benötigte Programm- und Datenstücke.

Wenn die benutzte Seitengröße z groß ist, so wird in aller Regel eine geringe Seitenwechselfrequenz bei gleichzeitigem geringen Verwaltungsaufwand (auch bedingt durch eine nur kleine Seitentabelle bezogen auf die Anzahl der Einträge) als Vorteil die Folge sein. Andererseits wird eine erhebliche interne Fragmentierung unvermeidlich sein. Wird indessen die Seitengröße z zu klein gewählt, so kann zwar die interne Fragmentierung minimiert werden, es muß allerdings dieser Vorteil mit einer hohen Seitenwechselfrequenz und einem beträchtlichen Verwaltungsaufwand bezahlt werden.

Um nun eine *optimale Seitengröße* zu bestimmen, geht man von einer mittleren Programmgröße s (einschließlich der erforderlichen Datenbereiche) aus. Bei einer Seitengröße z ist dann die interne Fragmentierung im Mittel $z/2$, d.h., durchschnittlich die Hälfte der letzten Seite des Programms bleibt ungenutzt.

Bezeichne nun c_1 die Kosten, die durch Seitenwechsel und Verwaltung der Seitentabellen verursacht werden und c_2 die Kosten der internen Fragmentierung. Eine optimale Seitengröße wird daher durch das Minimum von

$$K(z) = \frac{s}{z} \cdot c_1 + \frac{z}{2} \cdot c_2$$

bestimmt. Aus $dK(z)/dz = 0$ erhält man

$$z_{\min} = \sqrt{2s \cdot \frac{c_1}{c_2}} \; .$$

Unterstellt man, daß die Kosten c_1 und c_2 von etwa gleicher Größenordnung sind, dann liefert die Zusammenstellung in nachfolgender Tabelle die Beziehung zwischen $s, z_{\min}$ und der auf die Größe bezogenen mittleren internen Fragmentierung.

s (in Speichereinheiten)	$z_{\min}$ in Speichereinheiten	interne Fragmentierung (in Prozent zu s)
0.5 K	32	3.1
2 K	64	1.6
8 K	128	0.8
32 K	256	0.4
128 K	512	0.2
512 K	1024	0.1

(1K = 1024 Speichereinheiten)

Um einen Kompromiß zwischen den Vorteilen großer und kleiner Seitenlängen zu erhalten, kann man nach Randell [3.5] eine partitionierte Segmentierung mit zwei verschiedenen Seitengrößen verwenden. "Große" Seiten der Größe z_t benutzt man, um den Transportaufwand (beim Austausch zwischen Adreß- und Speicherraum) und den Verwaltungsanteil (für die Benutzung der Seitentabellen) zu minimieren; "kleine" Seiten z_f minimieren die interne Fragmentierung. Die Seitengröße z_t sei ein ganzzahliges Vielfaches der "kleinen" Seite z_f d.h. $z_t = m \cdot z_f$, m ganz. Ein Programmsegment der Länge s besteht aus n_t "großen" und n_f "kleinen" Seiten. Es gilt also

$$n_t \cdot z_t \leq s < (n_t + 1) \cdot z_t$$

und

$$n_f \cdot z_f \leq s - n_t \cdot z_t \leq (n_f + 1) \cdot z_f \quad \text{mit} \quad n_t + n_f \geq 1.$$

Fragmentierung kann bei diesem Verfahren nur in der letzten "kleinen Seite" auftreten, und der überwiegende Teil der zu transportierenden Seiten (nämlich die "großen") kann mit großer Effizienz ausgetauscht werden. Der Nachteil dieses Verfahrens besteht in seinem durch unterschiedliche Seitenrahmenadressierung bedingten erheblichen Verwaltungsaufwand und den nur sehr ineffizient auszutauschenden "kleinen" Seiten. Außerdem bleibt die Frage offen, welche Teile des Adreßraums "kleinen" und welche "großen" Seiten zugeordnet werden sollen.

Die Seitengröße und damit auch die Speicherausnutzung werden überdies beträchtlich durch den speziellen Programmablauf und die aktuelle Folge der referierten Daten beeinflußt. In Abhängigkeit von letzteren zerfällt ein Programm und damit auch jede Seite in in jedem speziellen Fall benötigte und überflüssige Teile.

Vorteilhaft wäre es daher, wenn die aktuell nicht benötigten Programm- und Datenteile auf eigenen Seiten isoliert wären. Die Wahrscheinlichkeit für isolierte überflüssige Programmseiten sinkt jedoch mit wachsender Seitengröße.

3.4.2 Überlauf und Verdichtung

In nicht-seitenverwalteten Systemen bleibt bei allen Belegungsregeln immer ein gewisser Teil des Speicherraums ungenutzt. Falls nun - bei den Belegungsregeln first-fit, rotating-first-fit oder best-fit - für eine zusätzliche Anforderung der Größe g jeder der m freien Blöcke zu klein ist, d.h. $x_i < g$ für alle $i = 1, \cdots, M$, die Summe des freien Speicherraums jedoch ausreicht

$$\left(X = \sum_{i=1}^{M} x_i \right) \geq g,$$

um die neue Anforderung g zu befriedigen, dann spricht man von einem *Überlauf*. Durch ein *Verdichten* (Kompaktieren, d.h. Zusammenlegung aller einzelnen freien Blöcke) kann man auch größere freie Blöcke wieder erhalten.

Um den Aufwand für das Verdichten abzuschätzen, betrachten wir das folgende Modell:

Es sei F der relative freie Anteil des Speicherraums S, dann ist der relative Anteil von S, der belegt ist, $G = 1 - F$. In jeder Zeiteinheit erfolge eine Speicherreferenz zu einem in S befindlichen belegten Block. Jeder belegte Block werde durchschnittlich r-mal referiert, bevor er wieder freigegeben wird.

Die durchschnittliche Größe der belegten Blöcke sei α.

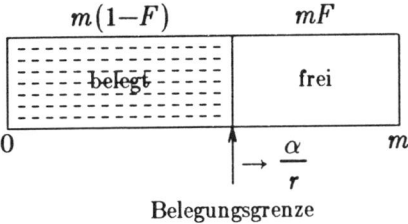

Belegungsgrenze

Bild 3.9. Speicherbelegung nach Verdichtung

Nach einer Verdichtung hat S die Form wie in Bild 3.9. Das System befinde sich in einem Gleichgewichtszustand, so daß alle r Zeiteinheiten ein neuer Block belegt werden muß. Die Belegungsgrenze verschiebt sich daher pro Zeiteinheit um α/r Speichereinheiten nach rechts. Eine neue Verdichtung wird notwendig, wenn entweder ein Überlauf eintritt oder wenn die Belegungsgrenze am rechten Ende des Speicherraums anlangt. Die mittlere Zeit zwischen zwei aufeinanderfolgenden Verdichtungen beträgt

$$t_1 = \frac{mF}{\dfrac{\alpha}{r}} = \frac{mFr}{\alpha}$$

Die Verdichtung selbst beträgt mindestens zwei Speicherzyklen (Laden/Speichern) für jede der $m\cdot(1-F)$ zu verdichtenden Speichereinheiten, d.h.

$$t_2 \geq 2m\cdot(1-F).$$

Der relative Verdichtungszeitanteil ist daher

$$V = \frac{t_2}{t_1+t_2} \quad bzw. \quad V \geq \frac{1-F}{1-F+\dfrac{Fr}{2\alpha}}$$

Es zeigt sich, daß die relative Ausnutzung des Speicherraums S umso besser wird, je größer der relative Verdichtungsanteil V ist. In anderen Worten bedeutet das, daß bei geringer Verdichtung auch gleichzeitig nicht erwartet werden kann, mit gut belegtem Speicherraum zu arbeiten. Diese Relation wird dabei umso günstiger, je geringer die Zahl der Referenzen zu einem Block ist, bevor dieser wieder freigegeben wird, d.h., je kleiner die "Ausdehnungsrate"

$\dfrac{r}{\alpha}$ ist.

3.5 Übungsaufgaben zu Kapitel 3

3.1   Der Adreßraum A bestehe aus den 12 Seiten

$$A = \{1,2,3,4,5,6,7,8,9,10,11,12\}$$

und der Speicherraum S sehe die 5 Seitenrahmen

$$S = a,b,c,d,e$$

vor. Dabei befinde sich zum Betrachtungszeitpunkt Seite 1 im dritten, Seite 11 im vierten, Seite 6 im ersten, Seite 4 im fünften und Seite 7 im zweiten Speicherrahmen. Man gebe für die in Abschnitt 3.3.1 erläuterten beiden Verfahren den Aufbau und den Inhalt der entsprechenden Seitentabellen an!

3.2   Der Adreßraum A bestehe aus $n = 5$ Seiten und die Seitenreferenz-Folge eines Programmes sei

$$\gamma = \{1,2,3,4,1,2,5,1,2,3,4,5\} \ .$$

Seitenaustausch-Algorithmus sei die FIFO-Regel.

(a) Wie lautet die Folge der Speicherzustände bei einer Speicherraum-Größe von m = 3?

(b) (b) Wieviele Seitenfehler treten auf?

(c) Wie lautet die Folge der Speicherzustände bei einer Speicherraum-Größe von m = 4?

(d) Wieviele Seitenfehler treten auf?

(e) Welches Phänomen beobachten Sie beim Vergleich der Ergebnisse von Teilaufgabe (b) und (d)?

3.3   Mit $n = |A| = 4$ und $m = |S| = 3$ sei die Seitenreferenz-Folge

$$\gamma = \{2,1,4,1,3,4,3,1,2,3,2,1,4,3,1\}$$

(a) Wie lautet die Folge der Speicherzustände bei Anwendung der MRU-Regel?

(b) Wieviele Seitenfehler treten (**ohne** Berücksichtigung der drei Seitenfehler während des initialen Füllens des Speicherraums) auf?

3.4 Bezeichne $K(B, m, \gamma)$ den nach Abarbeitung der Seitenreferenzfolge $\gamma = r_1 \cdots r_t \cdots r_T$ durch den Seitenaustauschalgorithmus B in einem Speicherraum mit m Seitenrahmen resultierenden Speicherzustand. Dann gilt offensichtlich $K(B, m, \gamma) = K_T^M$.

Man nennt nun einen Seitenaustauschalgorithmus B Stackalgorithmus, wenn die Speicherzustände für alle m und γ die sog. Einschließungseigenschaft besitzen:

$$K(B, m, \gamma) \subseteq K(B, m+1, \gamma) \,.$$

Diese Einschließungseigenschaft ist auch äquivalent zu der folgenden Aussage:

Für jede Seitenreferenzfolge γ existiert eine Permutation der ersten 1 natürlichen Zahlen der Form $\overline{k}(\gamma) = \{k_1(\gamma), \cdots, k_l(\gamma)\}$ so, daß für alle m gilt $K(B, m, \gamma) = \{k_1(\gamma), \cdots, k_l(\gamma)\}$. Mit $K(B, 0, \gamma) = \emptyset$ und $k_i(\gamma) = K(B, i, \gamma) - K(B, i-1, \gamma)$ folgt dann die Äquivalenz. Der Vektor $\overline{k}(\gamma)$ heißt Stackvektor. Wenn $i < j$, so sagt man, daß $k_i(\gamma)$ sich "höher" im Stack befindet als $k_j(\gamma)$. $k_1(\gamma)$ ist das oberste Element im Stack.

Am Beispiel der Referenzfolge

$$\gamma = \{ 3, 1, 2, 4, 5, 2, 3, 5, 1, 4, 3, 2, 1, 4 \}$$

zeige man für $|S| = m = 3$ bzw. $|S| = m = 4$, daß die LRU-Regel ein Stackalgorithmus ist.

4. Prozeß- und Prozessor-Verwaltung

In einem Rechnersystem kommt dem Betriebsmittel Prozessor eine herausragende Bedeutung zu, da offensichtlich kein Prozeß ablaufen kann, ohne daß dieser Zugriff zum Prozessor hat. Jede Sekunde Prozessor-Zeit entspricht einem Äquivalent von mehreren Hunderttausend oder Millionen von Instruktionen, d.h. die Zuordnung von Prozessen zum Prozessor (oder mehreren Prozessoren) hat selbst in zeitmikroskopischer Betrachtungsweise erhebliche Konsequenzen hinsichtlich der auf dem Rechnersystem ablaufenden Aufgaben. Die Effizienz des betriebenen Rechnersystems (vergl. hierzu auch Kapitel 7) wird also maßgeblich von den bei der Prozessor-Zuteilung eingesetzten Methoden abhängen.

Prozeß- und Prozessor-Zuteilung kann als Teilaufgabe des Komplexes Betriebsmittel-Verwaltung angesehen werden. Jedes Rechnersystem besteht aus einer Menge von Betriebsmitteln und aus einer Menge von Benutzern (Verbraucher dieser Betriebsmittel), die sich um diese Betriebsmittel bewerben. Solange Betriebsmittel in beliebigen Umfang vorhanden sind, ist das Verfahren "Benutze das Betriebsmittel, wenn es benötigt wird" sicherlich ausreichend. Aus vielerlei Gründen (vor allem Kosten, insbesondere bei universellen Rechnersystemen) sind jedoch die meisten Betriebsmittel knapp und es kommt darauf an, durch geeignete Methoden, die einander konkurrierenden sich um die Betriebsmittel bewerbenden Prozesse nach gewissen übergeordneten Gesichtspunkten zu bedienen.

4.1 Zuteilungsaufgaben

Bei der Zuteilung von Betriebsmitteln (und insbesondere des Prozessors) werden in der Regel eine Reihe von Zielen verfolgt, die z.B. folgendermaßen zusammengefaßt werden können:

(1)   Gegenseitiger Ausschluß von Prozessen, die nur exklusiv benutzbare Betriebsmittel anfordern (vergl. auch Kapitel 2)

(2)   Vermeidung von Systemverklemmungen als Folge voneinander abhängiger Betriebsmittelanforderungen (vergl. auch Kapitel 2)

(3)   Sicherung einer durchschnittlich hohen Betriebsmittel-Auslastung (siehe hierzu auch Kapitel 7)

(4) Befriedigung der Benutzererwartungen hinsichtlich einer zügigen Abarbeitung der Aufgaben.

Offensichtlich sind diese Ziele nicht wechselseitig konsistent. Je höher nämlich die Betriebsmittel-Auslastung angestrebt wird, desto länger wird die durchschnittliche Wartezeit sein, bis eine gegebene Betriebsmittelanforderung befriedigt werden kann. Der Ausgleich zwischen Benutzererwartung und Betriebsmittel-Auslastung ist eine der zentralen Aufgaben, die mit Hilfe unterschiedlicher Zuteilungsstrategien zu untersuchen sind. So steht z.B. in Stapelverarbeitungs-Systemen üblicherweise die Betriebsmittel-Auslastung im Vordergrund, während man in Dialog-Systemen einer Optimierung der Service-Bereitschaft den Vorrang gibt.

Die Zuweisung von Betriebsmitteln kann auf eine der folgenden zwei extremen Weisen erfolgen:

(a) Ein Benutzerprogramm belegt sämtliche benötigten Betriebsmittel für die gesamte Zeit, die das Benutzerprogramm zu seiner Abarbeitung benötigt (in abgeschwächter Form findet dieses Prinzip in den meisten Stapelverarbeitungs-Systemen Anwendung).

(b) Das Betriebssystem wendet zur Optimierung der Betriebsmittelvergabe mindestens soviele Betriebsmittel auf, wie durch die Optimierung Betriebsmittel eingespart werden können.

In der Praxis existiert zwischen diesen beiden Vorgehensweisen immer ein geeigneter Kompromiß.

Das *Ziel der Betriebsmittel-Zuteilung* muß also darin bestehen

(A) ein hohes Maß an *Betriebsmittelauslastung* zu erreichen und gleichzeitig

(B) eine angemessene *Verfügbarkeit aller Betriebsmittel* sicherzustellen und darüberhinaus

(C) die *Zuteilung der Betriebsmittel konfliktfrei* vorzunehmen, d.h. den gegenseitigen Ausschluß von Prozessen bei der Zuteilung nicht gemeinsam benutzbarer Betriebsmittel zu sichern und mögliche Systemverklemmungen (Deadlocks) durch die Zuordnung der Betriebsmittel zu vermeiden.

Es ist nützlich, Betriebsmittel-Zuteilung unter zwei Gesichtspunkten zu diskutieren: *Techniken* und *Strategien*. Unter Techniken versteht man Fragen der Realisierung der Zuteilung. Hierzu gehören sowohl die zu benutzenden Datenstrukturen zur Beschreibung der Prozeßzustände als auch die Methoden der Implementierung des Zugriffs zu nicht gemeinsam benutzbaren

Betriebsmitteln. Strategien hingegen kennzeichnen die Entscheidungen, wann und wie die Techniken zur Betriebsmittel-Zuteilung eingesetzt werden sollen. Dies schließt insbesondere die Frage nach der Reihenfolge zuzuteilender Betriebsmittel ein, wenn mehrere Prozesse sich simultan um die Zuordnung eines bestimmten Betriebsmittels bewerben.

Entscheidungen über Zuteilungs-Reihenfolgen werden vom *Scheduler* (Betriebsmittel-Verteiler, s. Abschnitt 4.3) getroffen, dessen Aufgabe - realisiert durch die zugrundeliegende Strategie - es ist, die o.g. Ziele der Betriebsmittel-Zuteilung ((A), (B) und (C)) umzusetzen.

4.2 Kurzfristige Prozessor-Zuteilung

Um Zuteilungsaufgaben übersichtlich zu gestalten, benutzt man üblicherweise verschiedene Stufen der Abstraktion. Auf der untersten Ebene, der *kurzfristigen Prozessor-Zuteilung*, besteht das Ziel in der Zuweisung der physikalischen Betriebsmittel (des oder der Prozessoren) zu den Prozessen. Diese Stufe simuliert für jeden Prozeß eine *virtuelle Maschine*, die mit Hilfe eines geeigneten Vorrats von Elementarfunktionen wechselseitig den konkurrenten Prozessen zugewiesen wird. Dabei kommt es darauf an, daß prozeßspezifische Forderungen nach wechselseitigem Ausschluß, nach Synchronisation und Kommunikation mit anderen Prozessen entsprechend berücksichtigt werden. Die im Auftrage eines Prozesses vorgenommenen Zuteilungsentscheidungen werden in dem Sinne als kurzfristige Zuteilung betrachtet, als jeweils nur die Zeit zwischen Ankunft und Abgang an der jeweiligen Bedieneinrichtung (hier des Prozessors) betrachtet werden. Die durchgeführten Zuteilungsentscheidungen sind mithin lokal und berücksichtigen nicht die vorangegangenen Zuteilungsvorgänge bezüglich der gleichen Bedieneinrichtung.

Im Gegensatz dazu werden auf der nächsten Abstraktionsebene, *der mittel- und langfristigen Prozessor-Zuteilung*, auch vorangegangene Bedienvorgänge des sich erneut um den Prozessor bewerbenden Prozesses mit in die Zuteilungsentscheidung einbezogen. Für solche Verfahren der mittel- und langfristigen Prozessor-Zuteilung kommt es also darauf an, geeignete Größen zur Beschreibung der vergangenen und aktuellen Prozeßcharakteristik ständig mitzuführen und unter Einschluß derselben die Zuteilungsentscheidung zu treffen.

4.2.1 Prozeß-Verwaltung

In Kapitel 1 (Abschnitt 1.4.2) waren die verschiedenen Zustände und ihre Übergänge untersucht worden, die ein Prozeß durchläuft. In Analogie zu Bild 1.4 aus Kapitel 1 sollen nun die verschiedenen Prozeß-Zustände unter dem Gesichtspunkt der bei der kurzfristigen Prozessor-Zuteilung auftretenden Fragen betrachtet werden.

In Bild 4.1 sind noch einmal die verschiedenen Prozeß-Zustände und ihre Übergänge dargestellt, wobei im Gegensatz zu der in Kapitel 1 benutzten Darstellung lediglich die beiden Zustände "initiiert" und "terminiert" zyklisch zusammengeführt sind.

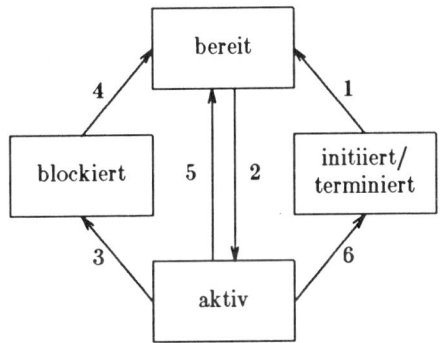

Bild 4.1. Prozeß-Zustände

Zustandsübergänge:

    1 initiiere Prozeß

    2 aktiviere Prozeß

    3 Warten

    4 Signal

    5 Vorrang-Unterbrechung

    6 terminiere Prozeß

Zunächst betritt ein bis zu diesem Zeitpunkt nichtexistenter Prozeß das System und wird initialisiert (1). Nach Initiierung gelangt der Prozeß in die Warteschlange der bereiten Prozesse, d.h. er bewirbt sich um die Prozessor-Zuteilung. Wird der Prozessor frei, so kann ein wartender Prozeß aktiviert werden (2). Der dann im aktiven Zustand ablaufende Prozeß kann entweder

— terminieren (6) und das System verlassen oder

— warten z.B. auf ein anderes angefordertes Betriebsmittel (3) und damit gleichzeitig in den Zustand blockiert übergehen oder

— durch eine Vorrang-Unterbrechung eines anderen Prozesses höherer Priorität in den Zustand bereit zurückversetzt werden (5).

Wenn der im Zustand blockiert wartende Prozeß das erwartete Ereignis durch ein Signal angezeigt erhält (4), dann wird dieser wieder in die Folge der bereiten Prozesse aufgenommen.

Die Zustandsübergänge (1) - (6) stellen die Elementarfunktionen dar, die die kurzfristige Prozessor-Zuteilung regeln.

Jeder Prozeß P_i im Betriebssystem ist charakterisiert durch einen *Prozeß-Kontroll-Block* PKB[i] , der die für den Ablauf des Prozesses wesentliche Information enthält.

Hierzu gehören:

— der Prozeßzustand 'zustand'[1]

— der Nachfolger 'nachf' in der Liste der Prozesse gleichen Zustands

— der Prozessor-Zustand 'prozessor_zustand', der die relevante Umgebung (Register, sonstige Prozessor-Zustands-Anzeigen u.a.) des Prozesses enthält, wenn dieser aktiviert ist.

In Kapitel 2 (Abschnitte 2.2.1 und 2.2.2) wurde erläutert, daß die P-Operation (Warten, Zustandsübergang (3)) und die V-Operation (Signal, Zustandsübergang (4)) als kritische Abschnitte, d.h. als unteilbare Operationen implementiert werden müssen. Falls nun P und V für einen bestimmten Semaphor von verschiedenen Prozessoren (entweder mehrere Zentraleinheiten oder auch verschiedene Kanäle) ausgeführt werden können, so ist es notwendig, spezielle Operationen LOCK und UNLOCK zu Beginn und bei Ende einer P- bzw. V-Operation auszuführen. Diese LOCK- und UNLOCK-

---

1. 'zustand' hat die Werte "bereit", "aktiv" oder "blockiert". Die Zustände "initiiert" bzw. "terminiert" treten explizit nicht auf, da im ersten Fall der Prozeß noch nicht und im zweiten Fall nicht mehr existiert. Die Elementarfunktion (1) kreiert zunächst einen PKB, der dann "bereit" ist und (6) löscht den PKB.

Operationen setzen ein vereinbartes Bit als Sperr-Indikator bzw. löschen dieses Bit, um damit anzuzeigen, daß die Elementar-Operationen (3) bzw. (4) gegenwärtig ausgeführt werden. Eine asynchrone Unterbrechung, die von einem peripheren Gerät veranlaßt wird, muß in der beschriebenen Weise ebenfalls als ein Signal (4) betrachtet werden.

Aus diesem Grunde muß verhindert werden, daß eine solche asynchrone Unterbrechung wirksam wird, während der Prozessor eine P- bzw. V-Operation ausführt.

Während einer P- und V-Operation kann überdies relativ leicht Information über den ablaufenden Prozeß gesammelt werden. So ist es z.B. nützlich (für eine zur mittel- und langfristigen Prozessor-Zuteilung zu implementierende Strategie, für Verrechnungszwecke bezüglich der Inanspruchnahme des Rechnersystems), zu wissen, wie lange ein Prozeß im Zustand aktiv ablief.

Diese Information kann leicht erhalten werden während einer P-Operation, wenn ein Prozeß blockiert ist und der Prozessor einem anderen Prozeß zugewiesen ist. Ein anderes Beispiel für prozeßrelevante Information ist das folgende:

Wenn ein Prozeß einen kritischen Abschnitt betritt, so belegt er damit ein Betriebsmittel. Es ist also offensichtlich zweckmäßig, diesem Prozeß eine höhere Priorität zuzuweisen, um damit zu erreichen, daß dieser Prozeß das belegte Betriebsmittel zum frühest möglichen Zeitpunkt wieder freigibt.

In den folgenden Algorithmen soll derartige Prozeß-Information nicht explizit modelliert werden, sondern nur pauschal durch 'kontroll_information' angezeigt werden.

Die Elementarfunktionen (3) und (4) sind jeweils auf ein ganz konkretes Ereignis gerichtet, auf das gewartet wird und dessen Signal bei Eintreten dieses Ereignisses auftritt. Dieses Ereignis kann mit dem Semaphor 'sem' assoziiert werden.

Prozesse in den Zuständen "bereit" und "blockiert" sind in Listen angeordnet, wobei die "blockiert"-Listen getrennt geordnet sind nach den Ereignissen (Semaphoren), die die Ursache des Zustands "blockiert" ausmachen. Für jede der Listen gibt es ein erstes Element, auf das ein Zeiger weist. Die Zeiger der "blockiert"-Listen sind die Semaphore, die außer dem Zeiger auf das erste Element der Liste außerdem noch den Wert des Semaphors enthalten. Sämtliche Listen sind als zyklische Listen angelegt, d.h. der Eintrag 'nachf' im PKB enthält für das letzte Element der entsprechenden Liste einen Verweis auf das erste Element. Eine Ausnahme hiervon bilden die Semaphor-Listen, die, falls sie leer sind, den Eintrag 'nil' enthalten.

Das folgende Beispiel gibt insgesamt 8 Prozeß-Kontroll-Blöcke an, in denen
Prozesse auf bis zu 3 verschiedene Ereignisse warten:

bereit_zeiger   :   6
sem[1].wert   :   0
sem[1].zeiger   :   7
sem[2].wert   :   0
sem[2].zeiger   :   nil
sem[3].wert   :   0
sem[3].zeiger   :   5

	PKB[1]	PKB[2]	PKB[3]	PKB[4]	PKB[5]	PKB[6]	PKB[7]	PKB[8]
zustand	bereit	blockiert	blockiert	aktiv	blockiert	bereit	blockiert	bereit
nachf	8	3	5	4	2	1	7	6
prozessor_zustand	...	...	...	...	...	...	...	...

Wenn nun 'laufend' den Prozeß bezeichnet, der sich gegenwärtig im Zustand
"aktiv" befindet und wenn dieser Prozeß P(sem) (d.h. Warten) bzw. V(sem)
(d.h. Signal) aufruft, dann können diese beiden Elementarfunktionen durch
die folgenden Algorithmen beschrieben werden:

```
P(sem):
begin
    Sperre asynchrone Unterbrechung
    LOCK (sperrbit)
    if wert[sem] > 0 then wert[sem] := wert[sem] - 1
    else Sicherung prozessor_zustand (laufend)
        Stoppe kontroll_information (laufend)
        zustand[laufend] := blockiert
        insert (laufend into Semaphor-Liste[sem])
        laufend := wähle Element aus Bereit-Liste
        zustand[laufend] := aktiv
        Starte kontroll_information (laufend)
        Restaurierung prozessor_zustand (laufend)
    fi
    UNLOCK (sperrbit)
    Entsperre asynchrone Unterbrechung
end
```

```
V(sem):
begin Sperre asynchrone Unterbrechungen
    LOCK (sperrbit)
    if zeiger[sem] = nil then wert[sem] := wert[sem] + 1
    else local k
        remove (k from Semaphor-Liste[sem])
        insert (k into Bereit-Liste)
        zustand[k] := bereit
    fi
    UNLOCK (sperrbit)
    Entsperre asynchrone Unterbrechungen
end
```

In beiden Algorithmen treten die Funktionen **insert** und **remove** auf, die Elemente einer Liste einfügen bzw. entfernen. Während insert (a **into** b) das Element a am Ende der Liste b anhängt, liefert remove (a **from** b) in a das erste Element der Liste b.

```
insert (a into b):
begin
    if b = nil then
        b := a
        nachf[a] := a
    else
        nachf[a] := nachf[b]
        nachf[b] := a
        b := a
    fi
end
```

```
remove (a from b):
begin a := nachf[b]
    if b = a then b := nil
    else nachf[b] := nachf[a]
        nachf[a] := a
    fi
end
```

Hierbei ist zu beachten, daß die Funktion **remove** von einer nicht-leeren Liste ausgeht. Diese Voraussetzung ist jedoch in beiden Fällen der Operation P(sem) und V(sem) erfüllt. In V(sem) wird jeweils explizit getestet, ob die Liste 'Semaphor-Liste' leer ist und bei der P(sem)-Operation kann man unterstellen, daß sich immer ein Basis-Prozeß im System (d.h. in der Bereit-Liste) befindet, der aktiviert wird, falls kein anderer Prozeß zur Verfügung steht.

Die Elementarfunktion (5) (Vorrang-Unterbrechung) wird wirksam, wenn nach den Operationen (1) oder (4) ein Prozeß in die Bereit-Liste eingeordnet wird, der eine höhere Priorität für die Zuteilung zum Prozessor hat als der gegenwärtig aktive Prozeß ('laufend'). In diesem Fall wird der aktive Prozeß in den Zustand bereit zurückversetzt und der bereite Prozeß höherer Priorität aktiviert. Dieser Vorgang der sogen. *Vorrang-Unterbrechung (preemption)* ist in bisherigen Funktionen V(sem) noch nicht berücksichtigt worden. Unter Einschluß der Vorrang-Unterbrechung ändert sich der Algorithmus V(sem) folgendermaßen:

```
V(sem)
begin Sperre asynchrone Unterbrechungen
    LOCK(sperrbit)
    if zeiger[sem] = nil then wert[sem] := wert[sem] + 1
    else local k
        remove (k from Semaphor-Liste[sem])
        if priorität(k) > priorität(laufend) then
            Sicherung prozessor_zustand(laufend)
            Stoppe kontroll_information(laufend)
            zustand(laufend) := bereit
            insert (laufend into Bereit-Liste)
            laufend := k
            zustand[laufend] := aktiv
            Starte kontroll_information(laufend)
            Restaurierung prozessor_zustand(laufend)
        else
            insert (k into Bereit-Liste)
            zustand[k]:= bereit
        fi
    fi
    UNLOCK(sperrbit)
    Entsperre asynchrone Unterbrechungen
end
```

Die Prozeß-Priorität ist entweder ein initial festgelegter Wert oder wird
während der Laufzeit des Prozesses dynamisch geändert. In jedem Fall wird
sie durch die Strategie zur mittel- und langfristigen Prozessor-Zuteilung
bestimmt.

4.2.2 Der Dispatcher

Die in Abschnitt 4.2.1 angegebenen Elementarfunktionen sind in einer
Komponente zusammengefaßt, die üblicherweise als *Dispatcher* (kurzfristige
Zuteilung, *low-level Scheduler*) bezeichnet wird.

Die Hauptaufgabe des Dispatchers besteht darin, in geeigneter Reihenfolge
(bestimmt durch die Strategie der mittel- und langfristigen Prozessor-
Zuteilung) den verschiedenen Prozessen im System den Prozessor zuzuweisen.
Der Dispatcher wird jeweils dann tätig, wenn ein gegenwärtig aktiver Prozeß
den ihm zugeteilten Prozessor nicht weiter nutzen kann oder wenn es einen
anderen Grund gibt, der eine anderweitige Prozessor-Zuteilung sinnvoll
erscheinen läßt. Derartige Gründe können z.B. die folgenden sein:

— eine externe asynchrone Unterbrechung veranlaßt einen
Zustandswechsel des aktiven Prozesses;

— ein im aktiven Prozeß aufgetretener Fehler verursacht eine temporäre
Suspension des Prozesses, die notwendig ist, um den Fehler durch einen
anderen Prozeß (d.h. einen System-Prozeß) zu untersuchen;

— eine Sonderbedingung (z.B. ein erwartetes Ereignis in Form einer
Nachricht) bedingt eine temporäre Stillegung des aktiven Prozesses.

Alle genannten Gründe stellen spezielle Formen von Unterbrechungen dar, die
einer Zustandsänderung des laufenden Prozesses entsprechen.

Wie bereits im vorangegangenen Abschnitt in der Realisierung der
Elementarfunktionen ausgeführt, hat der *Dispatcher* zusammengefaßt die
folgenden Aufgaben:

(a) Prüfung, ob der laufende Prozeß der zum Betrachtungszeitpunkt noch
wichtigste Prozeß (d.h. Prozeß höchster Priorität) ist. Falls dies nicht
der Fall ist, dann

(b) Sicherung des Prozessor-Zustands im Prozeß-Kontroll-Block des
laufenden Prozesses

(c) Restaurierung des Prozessor-Zustands aus dem Prozeß-Kontroll-Block
des Prozesses höchster Priorität

(d)   Aktivierung des Prozesses höchster Priorität durch Laden des Programm-Zählers (d.h. Platz der nächsten Instruktion) aus dem Prozeß-Kontroll-Block des zu aktivierenden Prozesses (das ist die Stelle, an der der Ablauf das letzte Mal deaktiviert wurde).

Die durch den Dispatcher veranlaßte Aktivierung eines neues Prozesses erfolgt aus der Menge der bereiten Prozesse.

4.3 Mittel- und langfristige Prozessor-Zuteilung

Bei Strategien zur mittel- und langfristigen Prozessor-Zuteilung werden im Gegensatz zur kurzfristigen Prozessor-Zuteilung der bisherige Verlauf eines Prozesses in die Entscheidung, welcher Prozeß als nächster aktiviert werden soll, mit einbezogen. Vorangegangene Durchläufe im Prozeß-Zustands-Zyklus spielen dabei eine ebenso große Rolle wie allgemeine Prozeß-Charakteristika (Summe bisheriger und zukünftiger - geschätzter - Aktiv- und Blockiert-Zeiten, Dringlichkeit des Prozesses aufgrund extern vorgegebener Prioritäten, Anforderungen des Prozesses an die übrigen Betriebsmittel des Rechnersystems usw.).

Entscheidungen zur mittel- und langfristigen Prozessorzuteilung werden auf ganz verschiedenen Ebenen vorgenommen:

— auf der Ebene *äußerer Vorgaben,* wie der relativen Dringlichkeit gewisser Aufgaben (externe Benutzerprioritäten)

— durch das Betriebspersonal des Rechnersystems auf der Basis *betriebstechnischer Regelungen* (sehr kurzlaufende Jobs haben zu gewissen Tageszeiten absoluten Vorrang)

— auf der Rechnersystem-Ebene zur Realisierung ganz gewisser *Betriebsmittelvergabe-Strategien* (z.B. zur Maximierung des Durchsatzes in Stapelverarbeitungs-Systemen oder zur Sicherung eines bestimmten Antwortzeit-Verhaltens in interaktiven Systemen).

Eine zentrale Aufgabe der Prozessor-Zuteilung (und aller Betriebsmittel-Zuteilungen schlechthin) besteht in der Minimierung der Gesamtkosten der Rechnersystem-Dienstleistungen und der Maximierung der Benutzererwartungen (das ist in der Regel die Minimierung der Benutzer-Wartezeiten). Diese beiden Ziele sind jedoch einander ausschließend. Wie bereits in der Einführung zu diesem Kapitel festgestellt, verhalten sich

— die Maximierung der Prozessor-Auslastung (oder die Maximierung des Durchsatzes, d.h. der pro Zeiteinheit abgewickelten Aufgaben) und

— die Maximierung der Verfügbarkeit des Rechnersystems zum Zwecke eines optimalen Antwortzeit-Verhaltens bezogen auf die einzelnen Aufgaben

umgekehrt proportional zueinander (vergl. auch Kapitel 7). In der Praxis werden daher diese Ziele häufig getrennt oder nur in einem geeigneten Kompromiß miteinander behandelt.

4.3.1 Der Scheduler

Der Scheduler ist die Komponente im Betriebssystem, die für die Realisierung der mittel- und langfristigen Prozeß- und Prozessor-Verwaltung zuständig ist und die in Verbindung mit dem Dispatcher die Abstimmung zwischen kurz- und mittel- bzw. langfristigen Strategien zur Betriebsmittelvergabe durchführt.

Die *Aufgaben des Schedulers* lassen sich folgendermaßen zusammenfassen:

— *Festlegung, zu welchem Zeitpunkt und mit welcher externen Priorität neue Aufgaben (Prozesse) gestartet werden sollen.*

Die Wahl, welcher Job als nächster gestartet werden soll (d.h. der diesen Job repräsentierende Prozeß initiiert werden soll und damit in den Zustands-Kreislauf eintritt) hängt maßgeblich von den in der Job-Beschreibung angegebenen Betriebsmittel-Anforderungen ab. Der Scheduler startet immer dann einen neuen Prozeß, wenn die Betriebsmittel-Verfügbarkeit dies erlaubt. In Dialog-Systemen wird bei jeder Eröffnung eines Terminal-Gesprächs (log-on) ein neuer Prozeß gestartet. Da jeder neue Benutzer die Anforderungen an Betriebsmittel erhöht, wird in vielen Systemen die Möglichkeit zur Eröffnung neuer Dialog-Gespräche gestoppt, falls die resultierende Erhöhung des Antwortzeit-Verhaltens aller Gesprächsteilnehmer eine vorgegebene Grenze überschreitet.[2]

---

2. Diese Grenze des Antwortzeit-Verhaltens ist nicht trivial zu bestimmen. Konkrete Abschätzungen hierzu werden in Kapitel 7 besprochen.

— *Bestimmung der Prozeß-Prioritäten, die festlegen, in welcher Reihenfolge Prozesse aus dem Zustand "Bereit" in den Zustand "Aktiv" übergeführt werden.*

Die Reihenfolge, in der die bereiten Prozesse dem Prozessor zugewiesen werden, wird entweder bestimmt durch deren Anordnung in der "Bereit"-Warteschlange oder durch das Auswahl-Kriterium, das der Dispatcher bei Aktivierung eines bereiten Prozesses anwendet. Um die Verwaltungsarbeit des Dispatchers zu minimieren, ist es jedoch zweckmäßig, wenn der Dispatcher jeweils das erste Element aus der "Bereit"-Warteschlange entnimmt. Dann ist allerdings die Anordnung in der "Bereit"-Warteschlange maßgebend für die Reihenfolge der Aktivierung und es ist die Aufgabe des Schedulers, die in den Zustand "bereit" wechselnden Prozesse gemäß ihrer Priorität an den entsprechenden Platz in der Warteschlange einzuordnen. Algorithmen hierzu werden in den folgenden Abschnitten dieses Kapitels behandelt werden.

— *Implementierung der Betriebsmittel-Zuweisungs-Strategien, die das Ziel der mittel- und langfristigen Prozessor-Zuteilung realisieren.*

Da das Verhalten des Systems ganz wesentlich durch die Aktivitäten des Schedulers bestimmt wird, kommt es darauf an, daß der Scheduler selbst eine hohe Priorität gegenüber allen anderen Prozessen hat. Infolgedessen wird dem Scheduler vom Dispatcher immer dann die Kontrolle gegeben werden, wenn dies zur Überwachung und Steuerung der implementierten Zuteilungs-Strategie erforderlich ist. Auf diese Weise kann das Betriebssystem schnell auf Veränderungen in den laufenden Prozessen reagieren, besonders wenn sich die Anforderungen an die Betriebsmittel ändern.

Der Scheduler wird immer dann aktiviert werden, wenn

- *ein Betriebsmittel angefordert wird*

- *ein Betriebsmittel freigegeben wird*

- *ein Prozeß terminiert*

- *ein neuer Job ins System eingegeben wurde oder ein Dialog-Teilnehmer ein neues Gespräch beginnt.*

Offensichtlich besteht ein enger Zusammenhang zwischen im Rechnersystem auftretenden asynchronen Unterbrechungen und Ereignissen, die eine Aktivität des Schedulers nach sich ziehen. Beide treten aperiodisch auf und verursachen eine Veränderung des System-Verhaltens. Allerdings sind die durch den

Scheduler veranlaßten Veränderungen des Systems auf einer vergleichsweise hohen Ebene der Systemstruktur angesiedelt, während die asynchronen Unterbrechungen einer niederen Abstraktionsebene zuzuordnen sind.

Abhängig von dem Prinzip, nach dem der Scheduler Prozesse entsprechend ihrer Prioritäten in die "Bereit"-Wartschlange einordnet und abhängig vom Zuteilungs-Algorithmus unterscheidet man zwei Arten der Prozessor-Zuteilung

— *Prozessor-Zuteilung ohne Vorrang-Unterbrechung (non-preemptive scheduling)*

— *Prozessor-Zuteilung mit Vorrang-Unterbrechung (preemptive scheduling).*

Während bei der Zuteilung ohne Vorrang-Unterbrechung aktive Prozesse solange aktiviert bleiben, bis ein durch den Prozeß verursachtes Ereignis (z.B. eine Warte-Operation zur Einleitung von Prozeß-Ein-Ausgabe) den Aktiv-Zustand beendet und einen Wechsel nach "Blockiert" veranlaßt, führen bei Algorithmen mit Vorrang-Unterbrechung[3] auch nicht durch den Prozeß bedingte Ursachen, wie

— ein *Prozeß höherer Priorität* als der derzeit aktive wechselt in den Zustand "Bereit";

— die *Zeitscheibe,* die die maximale ununterbrochene Prozessor-Zuordnung begrenzt, *läuft ab,*

zu einem Zustandswechsel des aktiven Prozesses. Tritt aus den genannten Gründen eine Vorrang-Unterbrechung ein, so wird der aktive Prozeß zugunsten eines anderen Prozesses in den Zustand "Bereit" zurückversetzt.

---

3. Es muß darauf hingewiesen werden, daß Vorrang-Unterbrechungen ausschließlich durch die Software (d.h. das Betriebssystem) gesteuerte Ereignisse sind, die nicht mit den in der Regel durch die Hardware ausgelösten asynchronen Unterbrechungen verwechselt werden dürfen.

4.3.2 Zuteilungs-Algorithmen ohne Vorrang-Unterbrechung

Zur Beurteilung der Eigenschaften von Zuteilungs-Algorithmen benutzt man das folgende Modell:

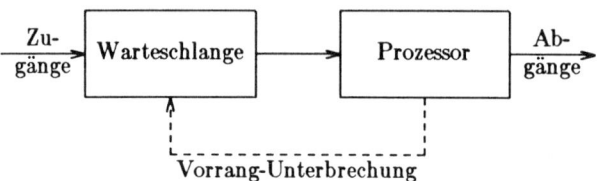

Bild 4.2. Modell für Zuteilungsalgorithmen

Aufgaben treffen im System ein und werden in die Prozessor-Warteschlange eingereiht. Aus der "Bereit"-Warteschlange wird jeweils ein Prozeß ausgewählt und dem Prozessor zugeteilt. Im Fall eines Algorithmus ohne Vorrang-Unterbrechung wird dieser Prozeß solange bedient, bis dessen Prozessor-Anforderung vollständig befriedigt ist und dieser das System verläßt. Sieht der Zuteilungs-Algorithmus Vorrang-Unterbrechung vor, so wird der Prozeß bei erfolgter Vorrang-Unterbrechung (gegebenenfalls wiederholt) wieder in die Warteschlange eingeordnet und dieser Zyklus wiederholt sich, bis der Prozeß das System verläßt.

In Systemen ohne Vorrang-Unterbrechung wird also zu einer Zeit genau ein Job (Prozeß) ausgeführt. Die Bedienung eines Prozesses niedriger Priorität erfolgt nur dann, wenn keine Jobs höherer Priorität vorhanden sind. Nachdem jedoch für einen solchen Job erst einmal der Prozeß zugeordnet wurde, wird dieser bis zu seinem Abschluß bedient, selbst dann, wenn in der Zwischenzeit Jobs höherer Priorität in der Warteschlange eintreffen. Zuteilungs-Algorithmen ohne Vorrang-Unterbrechung zeichnen sich durch die Einfachheit ihrer Implementierung aus.

Zur Charakterisierung von Zuteilungsalgorithmen benutzt man eine Reihe von Prozeß-Eigenschaften, die nachfolgend eingeführt werden sollen:

— Die *Prozessor-Intensität* η beschreibt das Verhalten der Prozessor-Anforderung durch den Prozeß und ist erklärt durch[4]

$$\textit{Prozessor-Intensität } \eta = \frac{\textit{Summe der Zeiten in Zustand "Aktiv"}}{\textit{Summe der Zeiten in den Zuständen "Aktiv" und "Bereit"}}$$

— Unter der *Ankunfts-Verteilung* $A(t)$ versteht man die *Wahrscheinlichkeit, daß die Zeit zwischen zwei aufeinanderfolgenden Ankünften* $\leq t$ ist.

Die Ankünfte von Jobs können als unabhängige zufällige Ereignisse betrachtet werden. Bei einer hinreichend großen Zahl unabhängiger Jobs ist es zweckmäßig, über die Ankünfte folgende Annahmen zu treffen:

(1)   Die Anzahl der Ankünfte während eines gegebenen Zeitintervalls hängt ausschließlich von der Länge des Zeitintervalls ab und ist unabhängig von dem vorausgegangenen Verhalten des Systems.

(2)   Für ein kleines Zeitintervall $(t, t+dt)$ ist die Wahrscheinlichkeit genau einer Job-Ankunft λdt, wobei λ eine Konstante ist. Die Wahrscheinlichkeit mehrerer Ankünfte in dieser Zeit ist vernachlässigbar.

Mit diesen Annahmen gelangt man zu einer sogen. *Poisson-Verteilung* der Ankünfte.

Es sei $P(t+dt)$ die Wahrscheinlichkeit dafür, daß im Intervall der Länge $t+dt$ keine Jobs im System eintreffen. Diese Wahrscheinlichkeit $P(t+dt)$ ist gleich der Wahrscheinlichkeit $P(t)$ (d.h. im Intervall t sind keine Ankünfte) multipliziert mit der Wahrscheinlichkeit $1-\lambda dt$, die angibt, daß im folgenden Zeitintervall der Länge dt keine Jobs im System ankommen:

$$P(t + dt) = P(t)(1 - \lambda dt)$$

bzw.

$$\frac{dP(t)}{dt} = -\lambda P(t) \, .$$

Wegen $P(0) = 1$ führt dies zur Lösung

$$P(t) = e^{-\lambda t} \, .$$

---

4. Es ist anzumerken, daß die Prozessor-Intensität keine absolute Prozeß-Eigenschaft darstellt, sondern abhängig von den konkurrent mitlaufenden Prozessen über die Länge der "Bereit"-Zeiten beeinflußt ist.

Die Zeit zwischen zwei aufeinanderfolgenden Ankünften heißt *Zwischen-Ankunftszeit* und die Konstante λ beschreibt die *Ankunftsrate.*

Die Wahrscheinlichkeit $dA(t)$, daß die Zwischen-Ankunftszeit im Intervall $(t, t+dt)$ liegt, beträgt

$$dA(t) = P(t)\lambda dt = \lambda e^{-\lambda t} dt .$$

Dann ist die Ankunfts-Verteilung $A(t)$ die Wahrscheinlichkeit, daß die Zwischen-Ankunftszeit kleiner oder gleich t ist

$$A(t) = \int\limits_0^t dA(x) = 1 - e^{\lambda t}$$

und $A(t)$ bezeichnet man als Poisson-Verteilung.

Die Zwischen-Ankunftszeit besitzt eine Exponential-Verteilung mit dem Mittelwert

$$E(t) = \int\limits_0^\infty t dA(t) = \frac{1}{\lambda},$$

d.h. pro Zeiteinheit treffen λ Jobs im System ein.

Obwohl in praktischen Fällen reale Ankunfts-Verteilungen selten präzise durch mathematische Verteilungsfunktionen beschrieben werden können, kommt die Poisson-Verteilung in vielen Fällen den realen Verhältnissen noch am nächsten.

— Entsprechend der Ankunfts-Verteilung $A(t)$ definiert man die *Bedienzeit-Verteilung* $B(t)$ als die *Wahrscheinlichkeit, daß die Bedienzeit* (Zeit der Prozessor-Zuweisung, Prozeß-Zeit im Zustand "Aktiv") $\leq t$ ist.

Wie für die Ankünfte von Jobs kann man auch die Bedienzeiten als unabhängige Zufallsvariable betrachten. Die Bedienzeiten erfüllen in vielen Fällen die Voraussetzungen einer *Exponential-Verteilung.* Dann ist die Wahrscheinlichkeit $dB(t)$, daß die Bedienzeit zwischen t und $t+dt$ liegt, gleich

$$dB(t) = \mu e^{-\mu t} dt$$

und die Wahrscheinlichkeit, daß die Bedienzeit kleiner oder gleich t ist beträgt

$$B(t) = \int_0^t dB(x) = 1 - e^{-\mu t}$$

Die Konstante μ bezeichnet man als *Bedien-Rate* und $\dfrac{1}{\mu}$ ist die *mittlere Bedienzeit*.

Bei gegebener Ankunfts- und Bedienzeit-Verteilung interessiert besonders die Zeit, die ein Benutzer im System verbringt. Die *mittlere Antwortzeit* $R(t)$ hat ein Job, der t Zeiteinheiten Verarbeitungszeit auf dem Prozessor (Summe der Zeiten im Zustand "Aktiv") erfordert. Entsprechend ergibt sich die *mittlere Wartezeit* $W(t)$ zu

$$W(t) = R(t) - t \ .$$

Der einfachste aller Zuteilungs-Algorithmen ohne Vorrang-Unterbrechung ist der *First-Come-First-Served-Algorithmus (FCFS)*, bei dem die Aufgaben in der Reihenfolge ihrer Ankunft dem Prozessor zugeteilt werden.

Wenn η die Prozessor-Intensität bezeichnet und

$$\bar{t} = \int_0^\infty t\, dB(t), \quad \overline{t^2} = \int_0^\infty t^2\, dB(t)$$

das erste bzw. zweite Moment der Bedienzeit-Verteilung sind, dann ergibt sich die Prozessor-Intensität zu

$$\eta = \lambda \bar{t}$$

bei λ pro Zeiteinheit im System ankommenden Benutzern und die mittlere Antwortzeit als Funktion der Bedienzeit t lautet [4.2]

$$R(t) = \frac{\lambda \overline{t^2}}{2(1-\eta)} + t$$

und damit

$$W(t) = \frac{\lambda \overline{t^2}}{2(1-\eta)} \ ,$$

d.h. die Wartezeit eines Prozesses ist unabhängig von seiner Bedienzeit. Andererseits beeinflußt die Prozessor-Intensität die Wartezeiten beträchtlich - ein System mit hoher Prozessor-Auslastung ($\eta \approx 1$) impliziert unbegrenzt hohe Wartezeiten; ein Phänomen, das viele Benutzer von Rechenzentren aus der Praxis gut kennen.

Bei exponentiell verteilten Bedienzeiten findet man für die ersten beiden Momente der Bedienzeit-Verteilung

$$\bar{t} = \frac{1}{\mu} \quad \text{und} \quad \overline{t^2} = \frac{2}{\mu^2}$$

und damit für die Wartezeit

$$W(t) = \frac{\lambda}{\mu^2 (1 - \eta)}$$

d.h. die Bedienrate bzw. die mittlere Bedienzeit geht quadratisch in die Wartezeit ein, während die Ankunftsrate nur von linearem Einfluß ist.

In einem durch das Modell in Bild 4.2 gekennzeichneten System mit einer Poisson-Ankunfts-Verteilung $A(t)$ und beliebiger Bedienzeit-Verteilung, wird die mittlere Anzahl von Ankünften während der Bedienzeit des einzelnen Jobs

$$\rho = \int\limits_0^\infty \lambda t dA(t) = \frac{\lambda}{\mu}$$

betragen. Die Größe ρ kann zur Beurteilung der Systembelastung herangezogen werden.

Ein Warteschlangen-System befindet sich im *Gleichgewichts-Zustand*, wenn das System unter der Bedingung $\rho < 1$ arbeitet und sowohl Ankunfts- als auch Bedienzeit-Verteilungen zeitunabhängig sind.

Für Systeme im Gleichgewichts-Zustand gilt nach Little [4.4] folgende interessante Beziehung

$$L = \lambda W \qquad \text{(Little'sche Regel)},$$

d.h. die mittlere Warteschlangen-Länge L (das ist die mittlere Zahl der im System wartenden Aufgaben ohne die zum Betrachtungszeitpunkt in Bedienung befindlichen) entspricht der Anzahl der Ankünfte λW (wobei W die mittlere Wartezeit eines Jobs in der Warteschlange angibt) in der Zeit, die eine Aufgabe benötigt, um vom einen Ende der Warteschlange an das andere Ende zu gelangen.

Ein weiterer Zuteilungs-Algorithmus ohne Vorrang-Unterbrechung, der Jobs kurzer Laufzeit gegenüber solchen langer Laufzeit bevorzugt (und der mit dieser Strategie langfristig entgegengesetzt zum FCFS-Algorithmus arbeitet) ist der *Shortest-Job-Next-Algorithmus (SJN)*. Gestartet wird jeweils derjenige Prozeß aus der Warteschlange, der die kürzeste geschätzte Bedienzeit hat.

Nach Phipps [4.5] beträgt die Wartezeit eines Jobs mit der Bedienzeit t

$$W(t) = \frac{V}{[1 - \rho(t)]^2}$$

wobei

$$V = \frac{\lambda}{2} \int\limits_0^\infty t^2 \, dB(t)$$

den Mittelwert der restlichen Bedienzeit des Prozesses angibt, der gegenwärtig aktiv ist und

$$\rho(t) = \rho \int\limits_0^t \lambda x \, dB(x)$$

den Anteil der Bedienzeit derjenigen Prozesse beschreibt, der t Zeiteinheiten nicht überschreitet, d.h. aller Jobs, deren Prioritäten gleich oder höher als die des betrachteten.

Bei der Zuteilung des Prozessors nacheinander an mehrere Prozesse kann man feststellen, daß zwangsläufig die mittleren Antwortzeiten beträchtlich größer sind als die mittleren Bedienzeiten. Aus Benutzersicht scheint die Verarbeitungsgeschwindigkeit des Prozessors (bzw. des Rechnersystems insgesamt) um den Faktor

$$Antwortzeit\text{-}Verhältnis = \frac{Antwortzeit}{Bedienzeit}$$

reduziert zu sein. Um allen Benutzern den Eindruck einer "vergleichbaren relativen Verarbeitungsgeschwindigkeit" zu vermitteln, kann man bei der Prozessor-Zuteilung ohne Vorrang-Unterbrechung nach dem Prinzip *Highest-Response-Ratio-Next (HRN)* verfahren. Ausgewählt aus der Menge der bereiten Prozesse wird jeweils derjenige, der zum Auswahlzeitpunkt das größte Antwortzeit-Verhältnis hat. Dieser Algorithmus bevorzugt die Jobs mit kurzer Bedienzeit, er limitiert aber gleichzeitig die Wartezeiten längerer Jobs.

Nach Brinch-Hansen [4.1] kann die mittlere Wartezeit eines Prozesses mit der Bedienzeit t ausgedrückt werden durch

$$W(t) = \begin{cases} V + \dfrac{t}{2} \cdot \dfrac{\rho^2}{1-\rho} & \text{für } t \leq \dfrac{2V}{\rho} \\[3ex] \dfrac{V}{(1-\rho)\cdot(1-\rho+\dfrac{2V}{t})} & \text{für } t > \dfrac{2V}{\rho} \end{cases}$$

V und $\rho = \dfrac{\lambda}{\mu}$ haben dabei die oben eingeführte Bedeutung.

Nach [4.1] verhalten sich für $\rho = 0.93$ die mittleren Wartezeiten $W(t)$ für die drei Algorithmen FCFS, SJN und HRN entsprechend Bild 4.3.

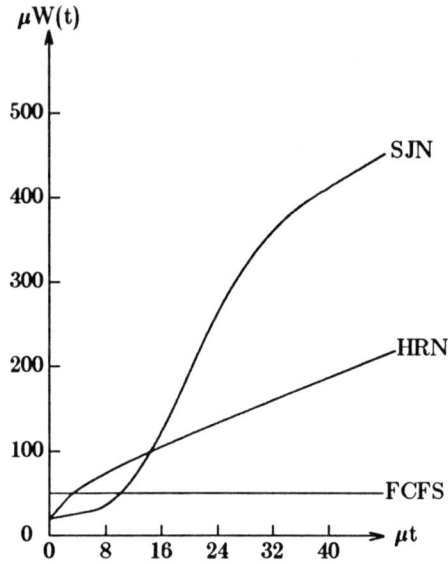

Bild 4.3. Mittlere Wartezeit für die Algorithmen FCFS, SJN und HRN mit $\rho = 0.93$

4.3.3 Zuteilungs-Algorithmen mit Vorrang-Unterbrechung

Die von einem Benutzer benötigte Prozessorleistung wird ihm in einer oder mehreren *Zeitscheiben* Q (Quanten) zugeteilt. Die Größen der Zeitscheiben müssen nicht a priori fest sein, sondern können mit $Q = Q(p, n)$ als Funktion einer Priorität p und des n-ten Bedienzyklus betrachtet werden.

Ein Benutzer betritt das System und wird nach einer bestimmten Strategie in die Warteschlange der sich um Prozessor-Zuordnung bewerbenden anderen Benutzer eingereiht. Reicht eine Zeitscheibe aus, um die Anforderung des Benutzers zu befriedigen, so verläßt dieser Benutzer wieder das System; andernfalls wird der noch nicht vollständig bearbeitete Auftrag zyklisch wieder in die Warteschlange eingeordnet. Dieser Vorgang wiederholt sich solange, bis der Benutzer das System endgültig verläßt (vergl. auch Bild 4.2).

Der am weitesten verbreitete Zuteilungs-Algorithmus mit Vorrang-Unterbrechung ist das *Round-Robin-Verfahren (RR, zyklisches Zuteilungsverfahren).* Neu ankommende Anforderungen werden nach FCFS an das Ende der Warteschlange eingereiht und warten solange, bis sie an den Anfang der Warteschlange vorgerückt sind, um für eine Zeitscheibe dem Prozessor zugeteilt zu werden. Nach Ablauf einer Zeitscheibe wird der noch nicht vollständig bearbeitete Prozeß wieder an das Ende der Warteschlange eingereiht. Beim Round-Robin-Verfahren hängt die Antwortzeit von der Länge der gewünschten Bedienzeit ab. Sie beträgt [0.11]

$$R(t) = \frac{t}{1-\eta}$$

und entsprechend die Wartezeit

$$W(t) = \frac{\eta t}{1-\eta}$$

Das zyklische Zuteilungsverfahren hat eine Reihe bemerkenswerter Eigenschaften:

— Die Diskriminierung eines Benutzers ist linear, d.h. die Antwortzeit wächst linear mit der erforderlichen Bedienzeit.

— Die Antwortzeit ist unabhängig von der Bedienzeit-Verteilung und hängt wegen $\eta = \lambda \bar{t}$ (vergl. FCFS) lediglich vom Mittelwert der Bedienzeit ab. Damit bleibt auch der Mittelwert der Wartezeit

$$\overline{W} = \int\limits_{0}^{\infty} W(t)dB(t) = \frac{\eta \bar{t}}{1-\eta}$$

endlich, solange $\eta < 1$ und $\bar{t} < \infty$.

— Aus

$$W(t) = \frac{\eta t}{1-\eta}$$

(s.o.) erhält man

$$\frac{W(t)}{t} = \frac{\eta}{1-\eta}$$

als sogen. "Bestrafungsfunktion". Die letzte Beziehung gibt nämlich die Wartezeit an, die pro Bedienzeit als "Strafe" auferlegt wird.

— Im Falle exponentieller Bedienzeit-Verteilung kann man überdies zeigen, daß die mittlere Antwortzeit für einen Auftrag mit einer mittleren Bedienzeit-Anforderung beim zyklischen Zuteilungsverfahren genau so groß ist wie bei FCFS und daß Aufgaben mit einer geringeren als der mittleren Bedienzeit einen besseren Service erhalten als bei FCFS.

Eine Umkehrung von FCFS ist die *Last-Come-First-Served-Zuteilung (LCFS)*. Bei diesem Zuteilungsverfahren, das ohne Zeitscheiben arbeitet, behält der zuletzt eingetroffene Job den Prozessor so lange, bis dieser entweder vollständig abgeschlossen werden kann oder durch einen neu eintreffenden Job verdrängt und an den Beginn der Warteschlange zur späteren Weiterbearbeitung wieder neu eingereiht wird.

Da die mittlere Zahl der Benutzer im System λt ist und die Länge jeder Aktiv-Periode während der Prozessor-Zuordnung $\overline{t}/(1-\eta)$ beträgt, findet man als mittlere Wartezeit eines Auftrags mit der Bedienzeit t

$$W(t) = \frac{\lambda t \, \overline{t}}{1-\eta}$$

und damit und mit $\eta = \lambda \overline{t}$ (vergl. FCFS) die mittlere Antwortzeit

$$R(t) = \frac{t}{1-\eta}$$

Offensichtlich entspricht dies genau der mittleren Antwortzeit bei Round-Robin. Man kann daraus sehen, daß die Antwortzeit allein also kein geeignetes Kriterium zur Beurteilung eines Warteschlangensystems darstellt, da die Varianz der Antwortzeit bei LCFS größer ist als bei RR.

Entsprechend einem Vorschlag von Hsu und Kleinrock [4.3] kann das RR-Verfahren noch verfeinert werden, indem den Prozessen während ihrer Verweilzeit im System dynamisch wechselnde Prioritäten zugeordnet werden. Bei dem *Dynamic-Priority-Round-Robin (DPRR)*-Algorithmus erhält jeder Job bei Ankunft im System, d.h. nach Ausführung der Elementaroperation (1) (vergl. Zustandsübergänge in 4.2.1), die Priorität 0. Die Priorität wächst dann mit $\alpha > 0$ solange, bis der Auftrag eine Priorität erreicht hat, die der Priorität bereits bedienter Anforderungen entspricht. Von diesem Zeitpunkt an wachsen die Prioritäten der in Bedienung begriffenen Aufträge linear weiter mit β, wobei $\alpha \geq \beta \geq 0$ gilt. Anders ausgedrückt besteht das System aus zwei Klassen von Aufträgen, solchen die noch auf Zuweisung warten und deren Priorität die für die Zuteilung erforderliche Grenzpriorität noch nicht erreicht haben und jenen, die nach Round-Robin bereits bedient werden.

Sei $\widetilde{R}_{\lambda'}(t)$ die mittlere Antwortzeit des Algorithmus, die für die in Warteschlange 2 (siehe Bild 4.4) befindlichen Prozesse gilt. Dann beträgt die mittlere Antwortzeit für DPRR [4.3]

$$R(t) = \frac{\lambda \overline{t^2}}{2(1-\eta)} - \frac{\lambda' \overline{t^2}}{2(1-\eta')} + \widetilde{R}_{\lambda'}(t),$$

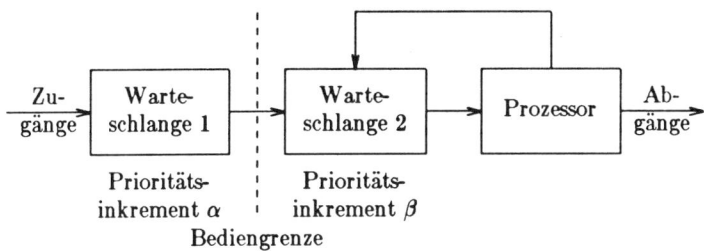

Bild 4.4. DPRR - Algorithmus

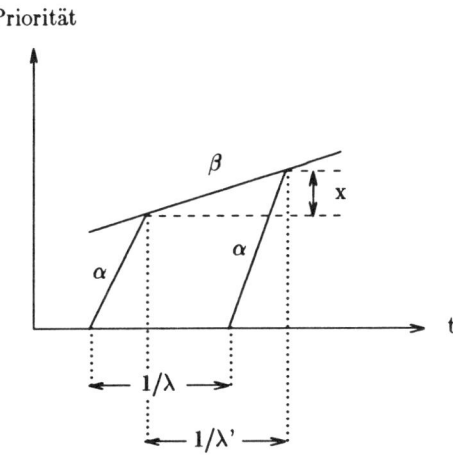

Bild 4.5. Prioritätsverschiebung

wobei λ' die Ankunftsrate an der Bediengrenze beschreibt und η' die Prozessor-Intensität des Systems angibt, wenn nur die in Warteschlange 2 befindlichen Angaben zählen. Wird nun Warteschlange 2 nach RR bedient, so gilt

$$R(t) = \frac{\lambda \overline{t^2}}{2(1-\eta)} - \frac{\lambda' \overline{t^2}}{2(1-\eta')} + \frac{t}{1-\eta'}$$

Zur Herleitung einer Beziehung zwischen λ und λ' kann man Bild 4.5 betrachten. Die Zeit zwischen zwei Ankünften beträgt in der Warteschlange 1 $1/\lambda$ und an der Bediengrenze $1/\lambda'$. Trägt man die wachsenden Prioritäten über der Zeit auf und berücksichtigt man $\lambda' \leq \lambda$, so gelten offensichtlich

$$x = \frac{\beta}{\lambda'} \quad \text{und} \quad x = (\frac{1}{\lambda'} - \frac{1}{\lambda})\,\alpha$$

und damit

$$\lambda' = \lambda\,(1 - \frac{\beta}{\alpha}).$$

Für die beiden Extremfälle $\alpha = \beta > 0$ und $\alpha \geq \beta = 0$ führt DPRR zu FCFS bzw. RR.

In der Literatur wird der DPRR-Algorithmus auch häufig als "selbstsüchtiger" Zuteilungs-Algorithmus bezeichnet, da die Aufgaben in Warteschlange 2 versuchen, den Prozessor für sich zu behalten, schließlich aber doch weitere Aufgaben aus Warteschlange 1 aufnehmen müssen.

4.3.4 Adaptive Prozessor-Zuteilung

In vielen Betriebssystemen zu kommerziell verfügbaren großen Rechnersystemen werden die in den beiden vorangegangenen Abschnitten vorgestellten Verfahren meist nur in abgewandelter Form eingesetzt, da man zusätzliche Ziele, die bei den genannten Algorithmen nicht oder nur ungenügend verwirklicht werden, verfolgt. Eines dieser Ziele ist in Batch-Systemen die Maximierung des Durchsatzes. In diesem Abschnitt sollen zwei heuristische Verfahren vorgestellt werden, die auf der Basis einer in Abhängigkeit vom vorangegangenen Ablauf geänderten Prioritätsvergabe den Durchsatz, d.h. die Auslastung (Intensität) des Prozessors und der Ein-Ausgabe-Kanäle (oder E/A-Prozessoren)[5] maximieren.

Um den Durchsatz zu maximieren, wird es darauf ankommen, im Rahmen der Mehrprogramm-Steuerung möglichst oft die Chance zu geben, Ein-Ausgabe-Vorgänge zu starten. *Programme mit hoher E/A-Intensität sollten also eine höhere Priorität bei der Zuteilung des zentralen Prozessors erhalten, als solche, die eine hohe Prozessor-Intensität haben.* Da diese Eigenschaften während des

---

5. Bei den meisten Rechnersystemen (vergl. [4.6], S.255-260) wird Ein-Ausgabe durch den zentralen Prozessor initiiert und danach selbständig und unabhängig vom Prozessor-Programm ohne dessen weitere Steuerung durch E/A-Kanäle (oder E/A-Prozessoren) simultan zum Prozessor-Programm abgewickelt. Nach Abschluß der Ein-Ausgabe erfolgt eine asynchrone E/A-Unterbrechung und damit eine Synchronisation mit dem auf dem zentralen Prozessor laufenden Programm.

Ablaufs eines Prozesses wechseln (in Abhängigkeit von den Eigenschaften der ablaufenden Programme), muß dafür gesorgt werden, daß die Eigenschaften der dem Prozessor zugeteilten Prozesse ständig nach dem sogen. *Prinzip der Selbstbeobachtung* (engl. *self-monitoring*) aufgezeichnet werden und die Prioritäten in der "Bereit"-Warteschlange entsprechend dynamisch geändert werden. Analog zur Speicherverwaltung (vergl. Kapitel 3, Abschnitt 3.3.2.2) unterstellt man auch bezüglich der Eigenschaft der Prozessor- bzw. E/A-Intensität ein gewisses lokales Verhalten, das impliziert, daß die Wahrscheinlichkeit eines gleichartigen Verhaltens in der nahen Zukunft wesentlich größer ist als ein Wechsel des Verhaltens.

Unter den vielen möglichen Varianten für adaptive Algorithmen betrachten wir nachfolgend zwei Varianten, die die typischen Kriterien derartiger Algorithmen beschreiben.

Algorithmus 1:

Um die für einen Prozeß zu jeder Zeit charakteristische Prozessor-Intensität beschreiben zu können, benutzt man in dem adaptiven Zuteilungs-Algorithmus eine Folge von Verhaltenswerten h_{ik}, die am Ende einer Zeitscheibe Q jeweils neu gebildet und dann für eine dynamische Änderung der Prioritätsfolge aller Prozesse im System benutzt werden.

Für die $i = 1, \cdots, N$ Prozesse im System wird zu den durch die Zeitscheiben der Länge Q bestimmten Zeitpunkten $k = 0, Q, 2Q, \cdots$ die Folge der Verhaltenswerte nach folgendem Algorithmus neu gebildet

$$
h_{ik} = \begin{cases}
\dfrac{a_i}{v_i} - h_{i,k-1}\left(1 - \dfrac{v_i}{Q}\right) & \text{für } v_i \neq 0 \\[2ex]
h_{i,k-1} & \text{für } v_i = 0
\end{cases} \cdot
$$

Hierbei bedeuten

Q die Länge der Zeitscheibe

a_i die Verarbeitungszeit des Prozesses i während der letzten Zeitscheibe (d.h. Zeit im Zustand "aktiv")

$v_i = Q - \sum_{l=1}^{i-1} a_{[l]}$ die maximal verfügbare Prozessorzeit für Prozeß i, die diesem während der letzten Zeitscheibe der Länge Q zur Verfügung stand. Die Reihenfolge der Aktiv-Zeiten $a_{[l]}$ wird entsprechend der in der vergangenen Zeitscheibe geltenden Prioritätsreihenfolge verstanden.

Durch diesen Algorithmus wird für jeden Prozeß der tatsächlich verbrauchte Prozessor-Anteil a_i normiert auf den verfügbaren Anteil v_i.

Entsprechend den am Ende einer Zeitscheibe neu ermittelten Verhaltenswerten h_{ik} wird für die folgende Zeitscheibe die Prioritätsanordnung so vorgenommen, daß *Prozesse mit den niedrigsten Verhaltenswerten die höchste Priorität für die Prozessor-Zuteilung* haben.

Auf diese Weise haben Prozesse - entsprechend der Annahme lokalen Prozessor-Verhaltens - hoher E/A-Intensität eine hohe Priorität bei der Prozessor-Zuteilung und solche hoher Prozessor-Intensität eine niedrige Prozessor-Zuteilungs-Priorität.

Bei einem anderen adaptiven Algorithmus wird neben der dynamischen Änderung der Prozessor-Zuteilungs-Priorität auch noch mit dynamisch geänderten Zeitscheiben gearbeitet, um das Ziel einer Maximierung des Durchsatzes zu erreichen.

Algorithmus 2:

Betrachtet man die n Prozesse $P_1, P_2, \cdots, P_n$ und sei ihre Prozessor-Zuteilungs-Priorität $p_1, p_2, \cdots, p_n$ mit

$$p_1 > p_2 > \cdots > p_n$$

Die Zuteilungs-Priorität sei $p_k = i_k, i_k \in N_n$, die umso größer ist, je kleiner i_k ist, d.h. die Reihenfolge, in der die bereiten Prozesse dem Prozessor zugeteilt werden, ist gegeben durch

$$i_1 < i_2 < \cdots < i_n.$$

Der Algorithmus durch dynamische Umordnung der Zuteilungs-Reihenfolge wird in unregelmäßigen Zeitintervallen immer dann aufgerufen, wenn für einen Prozeß die diesem zugewiesene Zeitscheibe abgelaufen ist.

Für jeden Prozeß werden zwei Zeitparameter mitgeführt

- t_{p_i} die initiale Zeitscheibe des Prozesses P_i

- t_{R_i} der nicht verbrauchte Anteil der Zeitscheibe des Prozesses p_i im vorangegangenen Zeitintervall[6].

Es charakterisiert also

$$\Delta_i = t_{p_i} - t_{R_i}$$

den tatsächlichen Verbrauch des Prozesses P_i an Prozessor-Zeit im vorangegangenen Zeitintervall.

Wenn nun Prozeß $P_j\,(1 \leq j \leq n)$ durch den Ablauf der zugewiesenen Zeitscheibe eine dynamische Umordnung der Zuteilungs-Prioritäten veranlaßt, so gilt offensichtlich

$$t_{R_j} = 0 \quad \text{und} \quad t_{R_k} > 0 \quad (1 \leq k \leq n; k \neq j) \;.$$

Ferner wird die Anordnung der Reihenfolge der Zuteilungs-Prioritäten geändert, indem

$$p_j' = n \quad \text{und} \quad p_k' = i_k' - 1 \quad (j+1 \leq k \leq n)$$

sowie

$$p_h' = p_h \quad (1 \leq h \leq j-1)$$

gesetzt wird. Der Strich kennzeichnet hierbei bereits die Anordnung gemäß der neuen Prioritäts-Reihenfolge. Außerdem werden für alle n Prozesse die Zeitscheiben t_{p_i} neu bestimmt:

Sei nämlich Q die initial festgelegte Basis-Zeitscheibe, dann wird entsprechend der Prioritäts-Anordnung im vorangegangenen Zeitintervall

$$t_{p_k'} = t_{R_k'} = \begin{cases} Q & \text{für } k = j \text{ und } k = n \\ Q + \dfrac{1}{2} \displaystyle\sum_{v=k+1}^{n} \Delta_v & \text{für } k = 1, \cdots, n-1 \\ & \qquad\qquad\quad k \neq j \end{cases}$$

Im folgenden Zeitintervall erhalten also alle Prozesse eine "Belohnung" in Form einer größeren Zeitscheibe, die infolge Zustandswechsel in den Zustand "Blockiert" (E/A) Prozessorzeit an den in der Prioritäts-Reihenfolge niederwertigen Prozeß abgegeben haben.

Derartige, auf dem Prinzip der Selbstbeobachtung beruhende adaptive Verfahren der Prozessor-Zuteilung findet man in dieser oder ähnlicher Weise

---

6. Ein Zeitintervall wird definiert durch die Zeitpunkte des Ablaufs von zwei aufeinanderfolgenden Zeitscheiben.

in mehreren Betriebssystemen großer Rechnersysteme (z.B. Siemens BS 2000, BS 3000; IBM/370-OS, DOS; UNIVAC EXEC 8). Die dadurch hinsichtlich Prozessor-Auslastung erzielten Verbesserungen des Durchsatzes sind - abhängig vom Profil der Prozessor-Intensitäten der beteiligten n Prozesse - zum Teil erheblich.

4.4 Übungsaufgaben zu Kapitel 4

4.1 Ein Prozeß, der mit einer gemeinsam benutzbaren Variablen arbeitet, muß alle anderen Prozesse verzögern, die ebenfalls Zugriff auf diese gemeinsame Variable haben. Beschreiben Sie informell eine Lösung dieses Problems.

4.2 Man betrachte ein Warteschlangensystem mit einem Prozessor, das n Prozesse enthält. Die Ankünfte seien Poisson-verteilt (Ankunftsrate λ) und die Bedienzeiten genügen einer Exponentialverteilung (Bedienrate μ). Wenn das System n Aufträge enthält, werden keine weiteren Aufträge angenommen. Das System kann sich in $n+1$ Zuständen befinden, indem $0, 1, \cdots, n$ Aufträge warten und einer von diesen bearbeitet wird. Es seien $p_0, p_0, \cdots, p_n$ die Wahrscheinlichkeiten für diese $n+1$ Zustände, wenn sich das System im Gleichgewicht befindet. Man zeige

$$p_n = \frac{\rho^n(1-\rho)}{1-\rho^{n+1}} \, ,$$

wobei $\rho = \dfrac{\lambda}{\mu}$ ist.

4.3 In einem System ohne Vorrang-Unterbrechung enthälte die Bereit-Warteschlange zum Zeitpunkt t unmittelbar nach Abschluß des laufenden Prozesses genau 3 Prozesse, die zu den Zeiten $t_1 < t_2 < t_3 < t$ im System angekommen sind. Die geschätzten Bedienzeiten seien b_1, b_2 bzw. b_3. Die folgende Skizze zeigt das lineare Anwachsen der

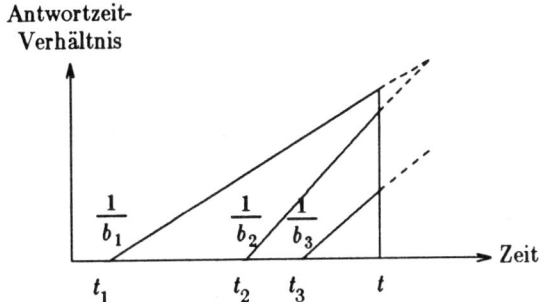

Man konstruiere für dieses Beispiel eine Variante des HRN-Algorithmus, die für die gegebene Folge von Aufträgen (unter Vernachlässigung evtl. neu eintreffender) das maximale Antwortzeit-Verhältnis minimiert (Hinweis: Man entscheide zuerst, welcher Auftrag als letzter bearbeitet werden soll!).

5. Geräte-Verwaltung

Die Ein-Ausgabe-Hardware eines Rechnersystems besteht in den meisten Fällen aus einer Hierarchie von Ein-Ausgabe-Kanälen (oder E/A-Prozessoren), Steuereinheiten und Geräten. Eine Instruktion zum Start einer Ein- bzw. Ausgabe-Operation enthält üblicherweise die Geräteadresse[1] sowie eine Adresse im Hauptspeicher, die den Start des Kanalprogramms bzw. des E/A-Programms bezeichnet. Das Kanalprogramm, in dem sämtliche Details über den abzuwickelnden Ein-Ausgabe-Vorgang (Eingabe oder Ausgabe, Bezeichnung des Ein-Ausgabe-Bereichs, Format der Übertragung, verwendeter Code etc.) festgelegt sind, wird vom E/A-Kanal bzw. E/A-Prozessor unabhängig vom und asynchron zum auf dem zentralen Prozessor laufenden Programm ausgeführt. Ein- und Ausgabe läuft daher vollständig simultan zum Prozessor-Programm[2]. Der Abschluß eines Kanalprogramms (d.h. die Beendigung des Ein-Ausgabe-Vorgangs) oder das Aufteten einer Fehlerbedingung werden dem zentralen Prozessor-Programm durch eine asynchrone E/A-Ende- bzw. E/A-Fehler-Unterbrechung mitgeteilt. Der Prozessor speichert dann die Information, die den Status der E/A-Operation beschreibt. Falls bei dem Ein-Ausgabe-Vorgang ein Fehler aufgetreten ist, wird durch den zentralen Prozessor zusätzliche Information, die den Status der beteiligten Steuereinheit und des E/A-Gerätes angibt, ermittelt.

Traditionell wird Ein-Ausgabe und die dafür notwendige Geräte-Verwaltung als eine der weniger systematisierten Komponenten in Betriebssystemen betrachtet, da Verallgemeinerungen in diesem Teil schwierig und daher vielfach ad-hoc-Methoden üblich sind. Die Gründe dafür liegen in der großen Anzahl ganz verschiedenartiger peripherer Geräte, und jede Konfiguration eines Rechnersystems enthält *E/A-Geräte*, die sich in ihren *Eigenschaften* und in ihrer *Funktionsweise* erheblich unterscheiden.

Die *Geschwindigkeiten*, mit denen E/A-Geräte arbeiten, unterscheiden sich um mehrere Größenordnungen (eine Magnetplatteneinheit erreicht Datenraten von

---

1. In der E/A-Instruktion steht jeweils die physikalische Geräteadresse. Im weiteren Verlauf dieses Kapitels werden darüberhinaus noch logische Geräteadressen erläutert werden (vergl. 5.4 und 5.4.2).

2. Dies ist der simultane Ablauf des in den Kapiteln 1 und 2 erläuterten Mehrprogramm-Betriebs.

vielfach weit über einer Million Zeichen pro Sekunde, aber eine langsame Ausgabe-Schreibmaschine kann nur 20-30 Zeichen pro Sekunde drucken). Abhängig vom speziellen E/A-Gerät werden ganz unterschiedliche *Übertragungseinheiten* (Zeichen, Bytes, Worte, Sätze und Blöcke) benutzt. Die *Datendarstellung* (Code) variiert zum Teil erheblich und kann selbst für das gleiche Gerät (z.B. Lochkartenleser) noch ganz unterschiedliche Formen haben. Die für ein bestimmtes Gerät zulässigen *E/A-Operationen* sind in hohem Maße abhängig vom Typ des Gerätes (während bei einem Drucker Kontrollanweisungen den Papiervorschub bewirken, steuern solche bei einer Magnetplatteneinheit die Bewegungen des Lese-Schreib-Arms). Entsprechend den gerätespezifischen unterschiedlichen E/A-Operationen können während der Ein-Ausgabe-Vorgänge auch ganz unterschiedliche *Fehlerbedingungen* auftreten. Bei der Eingabe von einem Magnetband führt das Erreichen des Bandendes zu ganz anderen Maßnahmen als etwa eine mechanische Fehlfunktion auf einem Kartenleser (Bruch einer Lochkarte).

Es wird also die Aufgabe der Geräte-Verwaltung sein, durch ein geeignetes Konzept eine möglichst uniforme Behandlung aller in einem Rechnersystem auftretender Ein-Ausgabe-Vorgänge zu erreichen. Geräteunabhängige Charakteristika müssen zu einem gemeinsamen Rahmen zusammengefaßt werden und die gerätespezifischen Unterschiede dabei so weit als möglich isoliert werden.

Ein Weg in diese Richtung stellt die Betrachtung des Ein-Ausgabe-Systems als eine Menge kooperierender Prozesse dar, die sämtliche Abläufe von und zur E/A-Hardware steuern und überwachen. Damit kann ein gemeinsamer Kommunikationsmechanismus für das gesamte E/A-System entwickelt werden, der nach den in Kapitel 2 entwickelten Prinzipien arbeitet. Die Kommunikationswege bilden dann ein internes Abbild der im Rechnersystem vorhandenen Hardware-Verbindungen. Zentrale Aufgabe eines solchen Kommunikationsmechanismus wird es sein, die Interaktionen zwischen dem Prozessor und den E/A-Geräten in ein einheitliches Kommunikationsformat aufzubereiten. Das Gesamtsystem erscheint daher als eine Anordnung simultan kooperierender Prozesse.

Die Vorteile einer solchen Betrachtungsweise sind offensichtlich:

— das Betriebssystem ist so organisiert, daß die asynchronen Aktivitäten der Hardware durch unabhängige kooperierende Prozesse gesteuert werden; Entwurf und Implementierung der anderen Teile des Betriebssystems werden dadurch übersichtlicher und einfacher

— spezielle Fehlerbedingungen werden dadurch durch die unterste Ebene des Betriebssystems (vergl. Kapitel 6) behandelt und bleiben transparent für die übrigen Ebenen des Betriebssystems

— sämtliche gerätespezifischen Aktivitäten sind auf der untersten Stufe der Geräte-Verwaltung zusammengefaßt und beeinträchtigen nicht das generelle Konzept der E/A-Prozesse.

5.1 Entwurfsziele

Aus dem Vorangegangenen wird bereits klar, daß das E/A-System eine Reihe von Eigenschaften aufweisen sollte, die nur durch ein einheitliches Entwurfskonzept zu erreichen sind.

Die wichtigsten *Entwurfsziele* sind:

— Intransparenz der verwendeten Kodierungen

— Geräte-Unabhängigkeit

— einheitliche Geräte-Verwaltung.

Offensichtlich ist es unzweckmäßig, daß der Benutzer eines Rechnersystems eine genaue Kenntnis der für die unterschiedlichen E/A-Geräte verwendeten Zeichen-Kodierungen besitzt. Vielmehr muß die Geräte-Verwaltung dafür sorgen, daß die in verschiedenen E/A-Geräten verwendeten unterschiedlichen Kodierungen aus der Sicht der Benutzerprogramme in einer Standardform erscheinen und dafür erforderliche Übersetzungen der verschiedenen Kodierungen vom E/A-System automatisch vorgenommen werden.

Weiterhin sollten *Benutzerprogramme weitgehend unabhängig von den speziellen benutzten E/A-Geräten* sein. Bei Nichtverfügbarkeit des Zeilendruckers X muß die Ausgabe ohne Programmumstellung auch auf dem Zeilendrucker Y erfolgen können. Auf diese Weise hat das Betriebssystem die Möglichkeit, bei der Zuteilung der E/A-Geräte übergeordnete Gesichtspunkte, wie Geräte-Auslastung aus der gesamten Systemsicht oder Änderungen in der Rechnerkonfiguration zu berücksichtigen. Natürlich wird die Geräte-Unabhängigkeit nicht so weit gehen können, daß Eingabe-Geräte (z.B. eine Tastatur einer Datenstation) für die Ausgabe zugewiesen werden. Im Rahmen äquivalenter logischer Eigenschaften (eine sequentielle Datenanordnung auf einer Magnetplatte bzw. auf einem Magnetband) sollte jedoch die Austauschbarkeit der zuzuweisenden E/A-Geräte gewährleistet sein. Die Festlegung solcher *logischer Geräte-Eigenschaften* muß in der Auftrags-Beschreibung (Job-Beschreibung) vermittels einer *Auftrags-Kontrollsprache* erfolgen. Weitere Einzelheiten hierzu werden in Abschnitt 5.5 und in Kapitel 8 erläutert werden.

Um die erwähnte Unabhängigkeit vom speziellen benutzten E/A-Gerät zu erreichen aber auch um die Durchführung sämtlicher E/A-Vorgänge aus Benutzersicht zu vereinfachen, sollte eine weitgehend einheitliche Behandlung aller peripheren Geräte angestrebt werden. Die angestrebte Geräte-Unabhängigkeit impliziert, daß die Programme nicht physikalische sondern *virtuelle E/A-Geräte* ansprechen sollten.

Der Begriff des virtuellen E/A-Gerätes wird durch Abstraktion gefunden, indem nur die den Geräten gemeinsamen Eigenschaften betrachtet werden, aber die Unterschiede ignoriert werden.

Als Beispiel untersuchen wir ein System mit einer Menge von Prozessen, die Benutzerprogramme ausführen. Entwurfsziel sei, daß die Prozesse Benutzerprogramme in ihrer Ausführung betreuen, solange Eingabe auf einem der Eingabemedien (unabhängig von deren Anzahl) anliegt. Dabei soll keines der Benutzerprogramme von der benutzten Eingabeeinheit in dem Sinne abhängen, daß etwa Art oder Geschwindigkeit des Gerätes für das Programm bestimmend sind. Jedem Prozeß ist eine Eingabe-Warteschlange zugeordnet, die als Eingabe-Einheit arbeitet. Diese Eingabe-Warteschlange heißt *virtuelle Eingabe-Einheit*, die eine Folge von Eingabenachrichten enthält. Jede Eingabenachricht enthält einen Zeiger zu einer Adresse des Hauptspeichers, unter der die zu dieser Nachricht gehörigen Eingabedaten gespeichert werden. Bild 5.1 zeigt drei Prozesse mit ihren virtuellen Eingabe-Einheiten, die Aufträge von drei zentralen Briefkästen empfangen.

Prozeß P_A verarbeitet die zweite Eingabenachricht von Auftrag a, Prozeß P_B startet Auftrag b mit der ersten Eingabenachricht usw. Wenn ein Auftrag aus dem Briefkasten für mittellange Aufträge ausgewählt wird, wird Auftrag m bearbeitet.

Bei Benutzung virtueller E/A-Geräte werden die Ein-Ausgabe-Daten ohne Bezug auf das physikalische Gerät angesprochen. Das Benutzerprogramm bezieht die Ein- oder Ausgabe lediglich durch Referenz eines bestimmten Eingabe- bzw. Ausgabe-Datenstroms. Die Zuordnung von Ein- und Ausgabeströmen zu physikalischen Geräten wird durch das Betriebssystem vorgenommen, wobei dafür die Information benutzt wird, die vom Benutzer in der Auftragsbeschreibung (s. Auftrags-Kontrollsprache) angegeben wird. Eine typische Anweisung in einer solchen Auftragsbeschreibung zur Zuweisung eines Eingabestroms zu einer Magnetplatteneinheit lautet z.B.

INPUT1 := DISK7.

DISK7 ist dabei die logische Geräteadresse aus einer Menge von

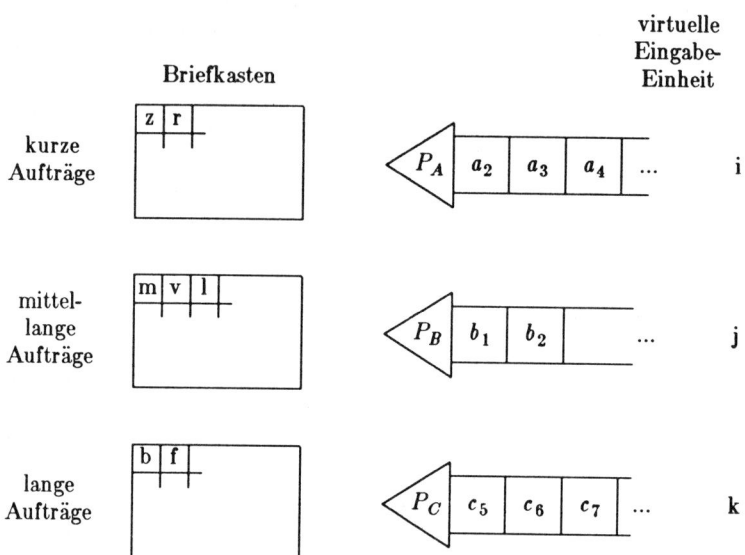

Bild 5.1. Virtuelle Eingabe-Einheiten

Magnetplatteneinheiten (hier bezeichnet dies **den** Magnetplattenstapel mit der Identifikation DISK7, der allerdings auf **irgendeiner** der verfügbaren Magnetplattenheinheiten montiert sein kann).

Datenströme zur Ein- und Ausgabe, die zugeordneten Gerätetypen und der die Datenströme referierende Prozeß werden in einer verbundenen Liste mit dem Prozeß-Kontroll-Block verknüpft (siehe Bild 5.2).

I1,I2 = Eingabe-Einheit 1 bzw. 2

O1,O2 = Ausgabe-Einheit 1 bzw. 2

CDR1 = Card Reader 1 (Lochkartenleser)

LPT1 = Line Printer 1 (Zeilendrucker)

MTP2 = Magnetic Tape 2 (Magnetband)

CDP3 = Card Punch 3 (Lochkartenstanzer)

Die Zuweisung eines speziellen Gerätes eines bestimmten Typs erfolgt dann, wenn der Prozeß den entsprechenden Datenstrom das erste Mal anspricht. Der

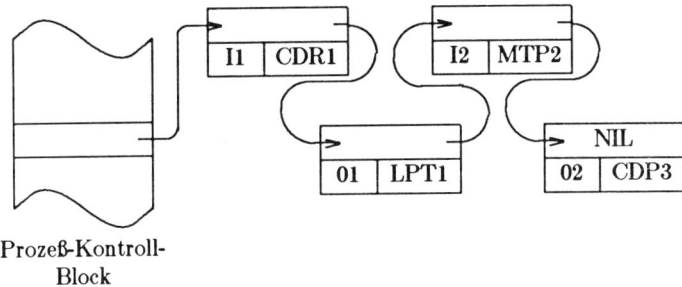

Prozeß-Kontroll-
Block

Bild 5.2. Prozeß-Kontroll-Blöcke und ihre Verknüpfung

Datenstrom wird *"geöffnet" (open)*, indem von diesem Zeitpunkt an der Prozeß Daten an den Datenstrom senden (ausgeben) bzw. von dem Datenstrom empfangen (eingeben) kann. Der Datenstrom wird *"geschlossen" (close)*, um anzuzeigen, daß dieser Datenstrom nicht länger benutzt wird. Das Schließen des Datenstroms erfolgt entweder explizit, wenn der damit assoziierte E/A-Vorgang nicht fortgesetzt werden soll oder implizit, wenn der betreffende Prozeß terminiert.

Das E/A-System sollte ferner so entworfen sein, daß die spezifischen Geräte-Eigenschaften nur dem Gerät selbst, nicht aber dem Programm, das dieses Gerät bedient *(Geräte-Treiber-Programm)*, zugeordnet sind. Damit erreicht man, daß die Geräte-Treiber-Programme in ihrem Aufbau sehr ähnlich sind und die gerätespezifischen Charakteristika über Parameter den Geräte-Treiber-Programmen mitgeteilt werden. Diese spezifischen Eigenschaften eines Gerätes werden in dem sog. *Geräte-Deskriptor* zusammengestellt. Diese Tabelle wird vom Geräte-Treiber-Programm benutzt, um spezielle Eigenschaften des zu bedienenden Gerätes zu entnehmen.

Üblicherweise ist in einem Geräte-Deskriptor die folgende Information enthalten:

— Geräte-Identifikation

— zulässige E/A-Operationen des Gerätes

— Zeiger zu Kodierungs-Tabellen

— Status des Gerätes
   (frei, beschäftigt, nicht-verfügbar)

— Zeiger zum zugeordneten Prozeß.

Die Geräte-Deskriptoren sind untereinander in einer verbundenen Liste verknüpft.

Auf diese Weise wird eine Isolation der gerätespezifischen Eigenschaften vom gemeinsamen Geräte-Treiber-Programm erreicht.

5.2 E/A-Prozeduren

Nach den im vorangegangenen Abschnitt erläuterten Entwurfszielen kann nun das Prinzip der Realisierung von Ein-Ausgabe-Abläufen genauer beschrieben werden.

Eine typische E/A-Anforderung eines Benutzerprozesses an die Geräte-Verwaltung des Betriebssystems hat etwa die folgende Form

EA (Datenstrom, Operation, Anzahl, Speicher, Synch)

wobei

EA   der Name der E/A-Prozedur;

Datenstrom   die Identifikation des virtuellen E/A-Gerätes, d.h. die Bezeichnung des Datenstroms, von oder zu welchem die Ein- oder Ausgabe erfolgt;

Operation   die durchzuführende E/A-Operation (Eingabe, Ausgabe oder Kontrolloperation, z.B. Vorschub Zeilendrucker, Rückspulen Magnetband, Positionieren des Lese-Schreib-Arms bei der Magnetplatte usw.) und gegebenenfalls die Festlegung der verwendeten Kodierung;

Anzahl   die Menge der ein- oder auszugebenden Zeichen;

Speicher   Quelle oder Ziel der Übertragung vom oder zum Hauptspeicher (Adresse des zu transferierenden Datenblocks);

Synch   die Adresse des Semaphors oder des Monitors (vergl. Kapitel 2), der zur Synchronisation dieses asynchronen E/A-Vorgangs mit dem veranlassenden Prozessor-Programm verwendet wird,[3] bedeuten.

Die E/A-Prozedur *EA* sollte aus den zu Beginn von Kapitel 2 erläuterten Gründen *wiedereintrittsinvariant (reentrant)* realisiert sein, da in dieser Form mehrere Benutzerprozesse eine Kopie von *EA* simultan benutzen können. Die Aufgabe von *EA* besteht in

(1)   der Zuordnung des bezeichneten Datenstroms zu dem physikalischen E/A-Gerät,

(2)   der Überprüfung der Zulässigkeit der in EA im konkreten Fall angegebenen Parameter und

(3)   der Initiierung des gewünschten E/A-Vorgangs.

Die Zuordnung zwischen Datenstrom und physikalischem Gerät geschieht mit Hilfe der im Prozeß-Kontroll-Block enthaltenen Angaben (vergl. Bild 5.2), die nach "Öffnung" des betreffenden Datenstroms dort eingetragen sind. Mittels des Geräte-Deskriptors kann dann die Konsistenz-Prüfung der in *EA* angegebenen Parameter erfolgen. Hierzu gehört die Prüfung des Zustands des ausgewählten Gerätes ebenso wie die Zulässigkeit der angegebenen E/A-Operation und der diese beschreibenden Größen, d.h. die angegebene Blockgröße muß mit den Geräte-Eigenschaften übereinstimmen (z.B. können von einer Lochkarte nicht mehr als 80 Zeichen gelesen werden, und die Ausgabe-Schreibmaschine einer Datenstation ist nur zur zeichenweisen Übertragung eingerichtet, kann also keine Blöcke von Daten empfangen). Im Falle gewisser Unstimmigkeiten in den angegebenen Parametern, aber auch wenn während der anschließenden E/A-Übertragung zwischen Speicher und Gerät Fehler auftreten (z.B. Paritätsfehler), wird der E/A-Vorgang abgebrochen und die Kontrolle an einen über mehrere Fehlerausgänge vorgesehenen Prozeß weitergeleitet.

Nach Abschluß der genannten Prüfungen werden die den E/A-Vorgang beschreibenden Parameter in den *E/A-Anforderungs-Block (EAAB)* übertragen und dieser EAAB in eine Warteschlange zusammen mit den anderen E/A-Anforderungen zum gleichen Gerät eingeordnet. Diese sog. *Geräte-Warteschlange* enthält E/A-Anforderungen zu dem betreffenden Gerät, die entweder vom gleichen Prozeß angemeldet wurden oder die im Falle

---

3. Mittels dieses Semaphors bzw. durch die Monitor-Prozedur wird dem zentralen Prozessor-Programm asynchron mitgeteilt, wenn der E/A-Vorgang abgeschlossen ist.

gemeinsam benutzbarer E/A-Geräte (z.B. Magnetplatten) auch von anderen Prozessen stammen können. Die Geräte-Warteschlange ist über einen Zeiger mit dem Geräte-Deskriptor verbunden und wird durch das Geräte-Treiber-Programm abgearbeitet. Die E/A-Prozedur *EA* informiert das Geräte-Treiber-Programm über diese neu hinzugefügte Eintragung in der Geräte-Warteschlange. Nachdem dann der E/A-Vorgang durchgeführt und abgeschlossen ist, sorgt das Geräte-Treiber-Programm für eine entsprechende Vollzugsmeldung, die im EAAB hinterlegt wird.

Die Zusammenhänge zwischen Geräte-Deskriptor und Geräte-Warteschlange veranschaulicht das Bild 5.3 auf der nächsten Seite.

Die vollständige Prozedur *EA* lautet dann:

```
procedure EA (Datenstrom, Operation, Anzahl, Speicher, Synch)
begin
        Zuordnung Datenstrom/physikalisches Gerät
        Prüfung Parameter-Konsistenz im Geräte-Deskriptor
        if Fehler then Fehlerausgang in EAAB fi
        Übertrage Parameter in EAAB
        Füge EAAB in Geräte-Warteschlange ein
        V(Anforderung angemeldet)
end
```

5.2.1 Geräte-Treiber-Programme

Für jeden unterschiedlichen Gerätetyp wird ein eigenes Geräte-Treiber-Programm vorgesehen. Da allerdings bei Verwirklichung der in 5.1 angegebenen Entwurfsziele Aufbau und Arbeitsweise der verschiedenen Geräte-Treiber-Programme relativ ähnlich sind, können bei deren Realisierung gewisse Teile als wiedereintrittsinvariante, gemeinsam benutzbare Programmteile ausgelegt werden. Die wesentlichen Unterschiede zwischen den einzelnen Geräten sind ohnehin, wie bereits dargestellt, in den Geräte-Deskriptoren festgelegt.

Ein Geräte-Treiber-Programm ist als endlos laufender zyklischer Prozeß ausgelegt, der jeweils aus der Geräte-Warteschlange den nächsten (im Rahmen einer E/A-Zuteilungsstrategie) zu bearbeitenden EAAB entnimmt, die dort näher beschriebene E/A-Operation durchführt und den den E/A anfordernden Benutzerprozeß die Fertigstellung signalisiert.

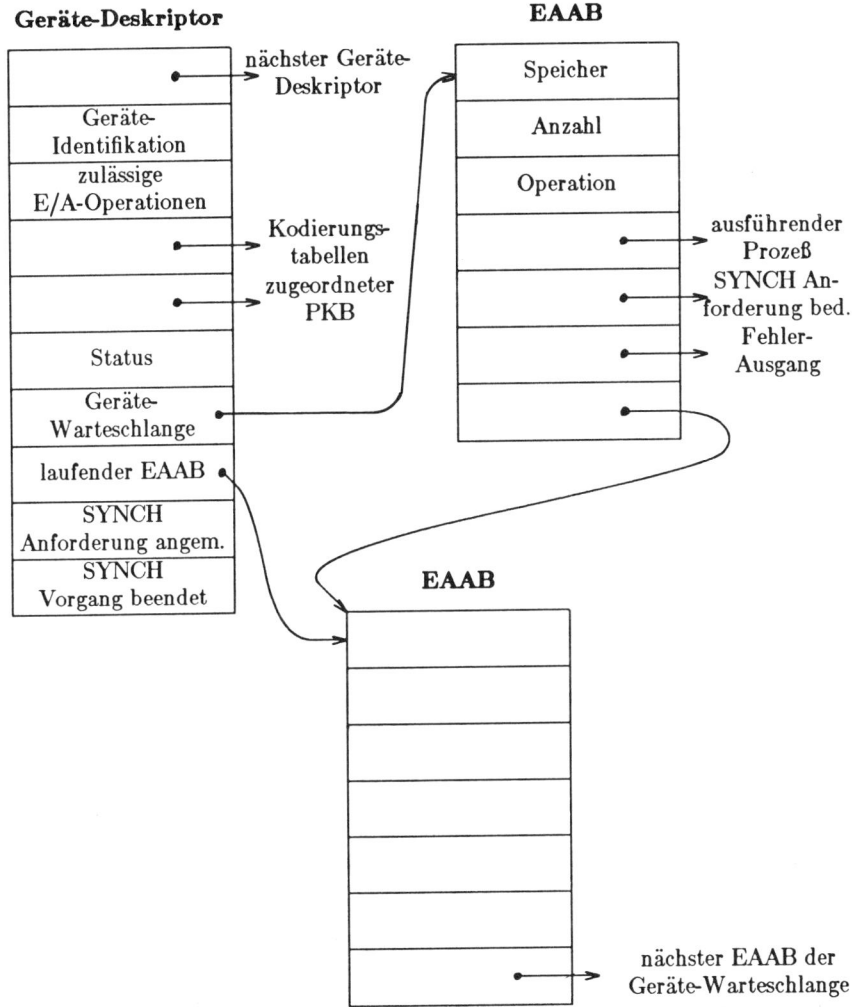

Bild 5.3. Geräte-Deskriptor und E/A-Anforderungs-Blöcke

Für eine Eingabe-Operation lautet ein typisches Geräte-Treiber-Programm folgendermaßen:

Geräte-Treiber-Programm

repeat
      P(Anforderung angemeldet)
      Entnehme nächsten EAAB
      Starte E/A-Vorgang
      P(Vorgang beendet)
      if Fehler **then** Sichere Fehler-Information **fi**
      if Kode-Umwandlung **then** Führe Kodierung durch **fi**
      Übertrage Daten zum Speicher
      V(Anforderung bedient)
      Entferne EAAB aus Geräte-Warteschlange
until forever

Zur Vertiefung des Verständnisses betrachten wir die nachfolgende Erläuterung des Geräte-Treiber-Programms in Verbindung mit der Darstellung in Bild 5.3:

— Der Semaphor 'Anforderung angemeldet' im Geräte-Deskriptor fügt einen neuen EAAB in die Geräte-Warteschlange ein und aktiviert das Geräte-Treiber-Programm.

— Das Geräte-Treiber-Programm entnimmt entsprechend einer Zuteilungsstrategie einen EAAB aus der Geräte-Warteschlange und initiiert den E/A-Vorgang.

— Mittels des Semaphors 'Vorgang beendet', der im Geräte-Deskriptor eingetragen ist, wird nach einer asynchronen Unterbrechung für das gestartete Gerät der zweite Teil des Geräte-Treiber-Programms aktiviert.

— Nachdem die fehlerfreie E/A-Übertragung einschließlich einer evtl. Kode-Umwandlung abgeschlossen ist, wird dem EAAB über den Semaphor 'Anforderung bedient' das Ende des E/A-Vorgangs signalisiert.

Die Synchronisation und der wechselnde Kontrollfluß für die verschiedenen an einem E/A-Vorgang beteiligten Komponenten sind in Bild 5.4 schematisch dargestellt.

Das zu diesem Bild auf letzter Stufe angegebene Unterbrechungsprogramm wird asynchron durch die von der Hardware am Ende des E/A-Vorgangs ausgelöste "E/A-Ende-Unterbrechung" aktiviert und sorgt dann für die

Rückgabe der Kontrolle an das Geräte-Treiber-Programm.

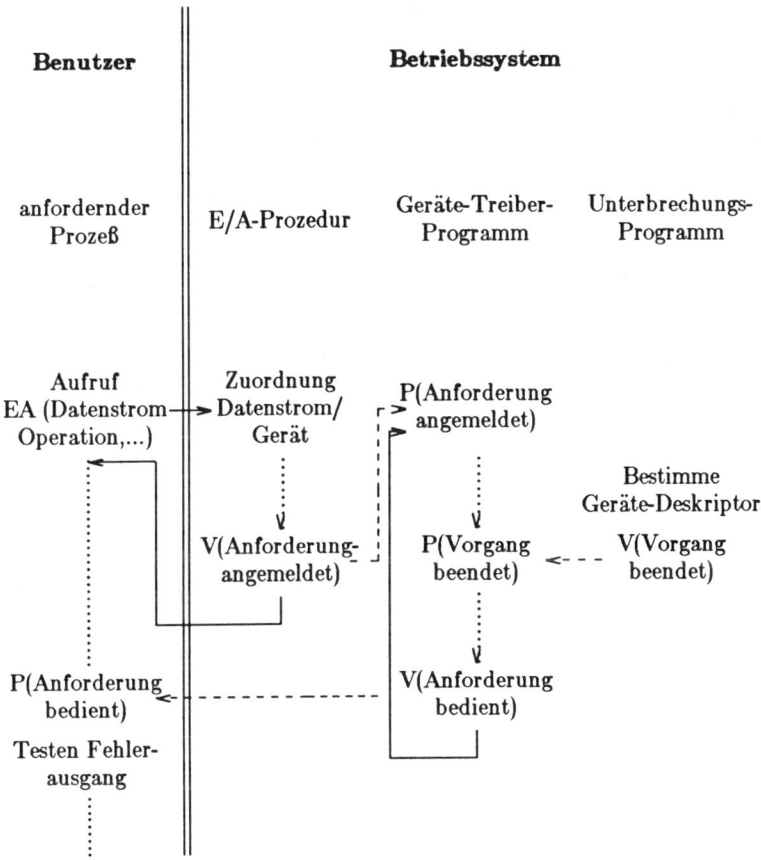

Bild 5.4. Hierarchische Ordnung des Ablaufs eines E/A-Vorgangs

Die beschriebene Realisierung hat den Nachteil, daß der anfordernde Benutzerprozeß die Synchronisation mit dem Geräte-Treiber-Programm explizit durchführen muß (P(Anforderung bedient)). Stattdessen können die beiden Operationen

P(Anforderung bedient)
Testen Fehlerausgang

auch an das Ende der E/A-Prozedur gesetzt werden, allerdings erscheint dann
für den anfordernden Benutzerprozeß der gesamte E/A-Vorgang als
zusammenhängende Einheit und der Benutzerprozeß kann den Zeitraum, der
zur Abwicklung des E/A-Vorgangs benötigt wird, nicht simultan für seinen
weiteren Ablauf benutzen. Da auf diese Weise der Vorteil paralleler Abläufe
von Benutzerprozeß und Betriebssystem-Prozessen verloren geht, wird bei
praktischen Implementierungen nahezu immer die in Bild 5.4 beschriebene
Realisierung gewählt.

5.2.2 Pufferungstechniken

Die in 5.2.1 erläuterten Abläufe gehen davon aus, daß sämtliche
Datenübertragungen zwischen Speicher und peripherem Gerät ungepuffert
ablaufen, d.h. jede E/A-Anforderung verursacht eine physikalische
Übertragung vom oder zum Gerät. Wenn nun zum gleichen Gerät
nacheinander mehrere Übertragungen stattfinden, ist damit jedesmal ein
Wartevorgang durch die Operation P(Anforderung bedient) verbunden. Um
diesen unnötigen und unproduktiven Aufwand zu vermeiden, ist es vorteilhaft,
mehrere E/A-Vorgänge zusammenzufassen bzw. E/A-Übertragungen "auf
Vorrat" durchzuführen, um sicherzustellen, daß die Daten verfügbar sind,
wenn sie angefordert werden. Diese Technik nennt man *Pufferung*.

Eingabe wird von der Geräte-Verwaltung in den Eingabe-Puffer übertragen
und der anfordernde Benutzer-Prozeß holt die Eingabedaten dort ab. Solange
der Puffer noch nicht vom Benutzer-Prozeß entgegengenommene Eingabedaten
enthält, kann dieser "Eingabe"-Vorgang für den Benutzer-Prozeß ohne
Verzögerung ablaufen. Lediglich wenn der Puffer leer ist, muß der Benutzer-
Prozeß entsprechend der in 5.2.1 beschriebenen Weise warten, bevor die
angeforderten Eingabedaten zur Verfügung stehen. Dieses Verfahren der
einfachen Pufferung arbeitet bei der Ausgabe ganz analog, nur daß bei dieser
Übertragungsrichtung der ausgebende Prozeß nicht zum Ausgabe-Gerät direkt
überträgt, sondern die Ausgabedaten in einem Puffer ablegt und die Geräte-
Verwaltung die Daten dort abholt. Die einfache Pufferung kann in der gleichen
Weise und mit den entsprechenden Prozeduren realisiert werden, die in
Kapitel 2 zur Beschreibung des Erzeuger-Verbraucher-Problems benutzt
werden.

Um die Häufigkeit möglicher Wartezustände für den anfordernden Prozeß
durch einen gelegentlich leeren (bei der Eingabe) bzw. vollen Puffer (bei der
Ausgabe) zu reduzieren, kann man das Verfahren der *doppelten Pufferung*
anwenden. Hierbei stehen je zwei getrennte Puffer für die Eingabe bzw.

Ausgabe zur Verfügung. Der Benutzer-Prozeß überträgt Daten von (oder zu) einem Puffer und die Geräte-Verwaltung entnimmt (oder füllt) den anderen Puffer. Auf diese Weise muß der Benutzer-Prozeß nur dann warten, wenn beide Puffer gleichzeitig gefüllt (oder geleert) sind, bevor das Betriebssystem seine Aufgabe beim E/A-Vorgang durchgeführt hat. Zwischen diesen beiden Puffern wird dann abwechselnd umgeschaltet (Ping-Pong-Puffer, vergl. auch [5.4]).

Eine weitere Möglichkeit der Pufferverwaltung ist auch die in Kapitel 2 beschriebene Form des Ringpuffers.

Die E/A-Prozedur ist im Falle der Verwendung von Puffern nur geringfügig zu ändern. Eine Eingabe-Anforderung wird durch Entnahme aus dem Eingabe-Puffer und Weitergabe an den anfordernden Benutzer-Prozeß erledigt. Wenn der Puffer leer ist, wird ein neuer EAAB erzeugt und das Geräte-Treiber-Programm angewiesen, neue Eingabe zu liefern. Nachdem der Datenstrom einmal "geöffnet" ist, erzeugt die E/A-Prozedur hinreichend viele EAABs, um sämtliche Puffer zu füllen. Das Geräte-Treiber-Programm initiiert eine Datenübertragung in denjenigen Puffer, dessen Adresse durch den EAAB angegeben ist. In entsprechender Weise läuft der Ausgabe-Vorgang ab. Wie oben schon erwähnt, entspricht dieser Ablauf genau dem Erzeuger-Verbraucher-Vorgang aus Kapitel 2.

5.3 Externe Speicherverwaltung

In diesem Abschnitt sollen einige Ergebnisse hergeleitet werden, die den Zugriff zu Hintergrundspeichern (bei seitenverwalteten Systemen - vergl. Kapitel 3 Abschnitt 3.3 - auch als Realisierung des Adreßraums) beschreiben. Betrachtet werden rotierende Sekundärspeicher mit festen Lese-Schreib-Mechanismen (Festkopf-Plattenspeicher, Magnettrommeln) und mit bewegten Lese-Schreib-Köpfen (Magnetplatten).

5.3.1 Magnettrommel-Verwaltung

Ein Magnettrommelspeicher (bzw. eine Magnetplatte mit festen Lese-Schreib-Köpfen, fixed head disk) ist ein um seine Achse mit gleichförmiger Geschwindigkeit rotierender Zylinder, dessen Mantel-Oberfläche mit einer magnetisierbaren Schicht versehen ist, die zur Speicherung verwendet wird. Der Mantel ist in Spuren eingeteilt, die jede mit einem eigenen Schreibkopf versehen sind (s. Bild 5.5).

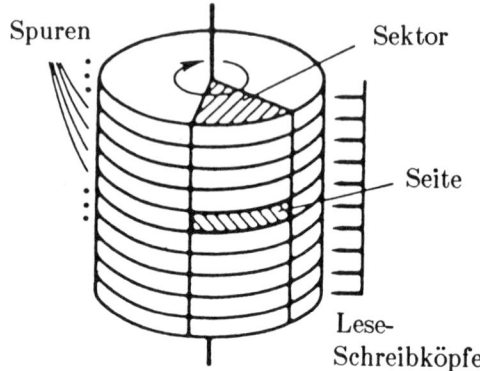

Bild 5.5. Magnettrommel, Fixed Head Disk

Alle gleichlangen Teilstücke von Spuren, die sich untereinander unter dem gleichen Öffnungswinkel des Zylindermantel-Umfangs befinden, bezeichnet man als Sektor. Ein Ein-Ausgabe-Block wird auf einem Sektor abgelegt. Auf diese Weise kann ein Ein-Ausgabe-Block in einem Bruchteil der Umdrehungszeit, der dem Öffnungswinkel des Sektors entspricht, auf die Magnettrommel gelesen bzw. geschrieben werden.

Die Ausführung einer Übertragung von oder zur Magnettrommel läßt sich dann folgendermaßen zerlegen: Geht man davon aus, daß die Anforderung für einen neuen Ein-Ausgabe-Block zu einem Zeitpunkt auftritt, zu dem die früher eingetroffene(n) Anforderung(en) noch nicht abgeschlossen ist (sind), so wird die neue Anforderung in eine Warteschlange eingereiht werden müssen (t_1). Wenn die betrachtete Anforderung schließlich behandelt werden kann (t_2), so wird zunächst eine gewisse Zeit vergehen, bis die Trommel so weit gedreht wurde, daß - die Lese-Schreib-Köpfe auf den Beginn des zu lesenden bzw. schreibenden Sektors zeigend - die Übertragung beginnen kann (t_3). Nach einem weiteren Teil einer Trommelumdrehung werden dann die zu einem Block gehörenden Spurstücke gelesen bzw. geschrieben sein (t_4). Entsprechend dieser Unterteilung läuft dann die Bedienung einer Übertragung in folgenden Abschnitten ab (Bild 5.6).

Es bedeuten:

W　　　　　　Die Wartezeit, d.h. die Zeitdifferenz zwischen dem Eintreffen
　　　　　　　der Anforderung für eine Übertragung und dem Beginn der

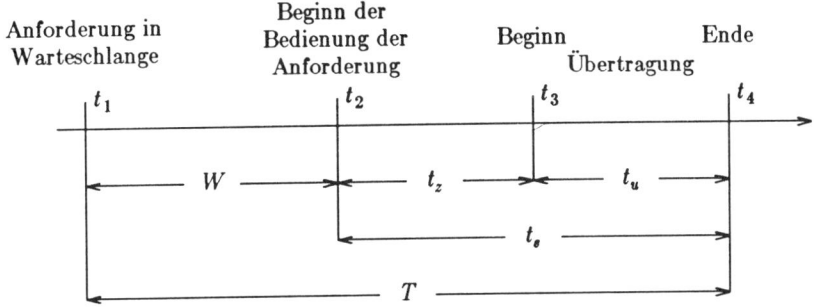

Bild 5.6. Zeitlicher Ablauf eines E/A-Vorgangs bei der Magnettrommel

Bedienung der Anforderung,

t_z die Zugriffszeit, d.h. die benötigte Positionierungszeit der Magnettrommel (Teil einer Trommelumdrehung, abhängig vom jeweiligen Stand der der Lese-Schreibköpfe zum Zeitpunkt T_2 und von der Position des betreffenden Sektors),

t_u die Block-Übertragungszeit,

$t_s = t_z + t_u$ die Gesamtbedienzeit,

$T = W + t_s$ die Gesamtzeit vom Beginn des Eintreffens einer Anforderung bis zu deren Abschluß.

Zur Verwaltung der Warteschlangen bei Magnettrommelspeichern sind verschiedene Strategien möglich. Am einfachsten läßt sich die *FCFS-Strategie (first-come-first-served)* realisieren, bei der die Anforderungen aus der Warteschlange in der Reihenfolge ihres Eintreffens entnommen werden. Um eine Minimierung der Zugriffszeiten t_z zu erreichen, wendet man die *SATF-Strategie (shortest-access-time-first)* an. Bei diesem Prinzip wird nach Abschluß der gerade behandelnden Anforderung diejenige ausgewählt, für die - abhängig von der Position der Lese-Schreibköpfe zum Zeitpunkt t_4 - die Zugriffszeit t_z minimal ist.

Bei den folgenden Betrachtungen gehen wir davon aus, daß die Magnettrommel bei einer Einteilung als Seitenspeicher (als Adreßraum eines virtuellen Speichersystems) über genau B gleichgroße Sektoren verfügt. Ferner nehmen wir an, daß sich die Lese-Schreibköpfe entweder in dem Zustand L

(bereit zum Lesen) oder im Zustand S (bereit zum Schreiben) befinden. Die Umschaltung von dem L- in den S-Zustand (nicht jedoch umgekehrt) ist mit einer Verzögerung verbunden, die es nicht erlaubt, daß unverzögert der k-te Sektor gelesen und der $(k+1)$-te Sektor geschrieben werden.

Die Zugriffszeit t_z ist eine Zufallsvariable, die mit gleicher Wahrscheinlichkeit einen der B Werte

$$0, \frac{t_r}{B}, \frac{2t_r}{B}, \ldots, \frac{(B-1)t_r}{B}$$

annimmt, wenn t_r die Umdrehungszeit der Magnettrommel ist.

Bei FCFS (d.h. ohne Minimierung der Zugriffszeiten t_z) wird wegen

$$P\left[t_z = \frac{k}{B}\right] = \frac{1}{B}$$

der *Mittelwert der Zugriffszeit* $E_{FCFS}[t_z]$

$$E_{FCFS}[t_z] = \sum_{k=0}^{B-1} \frac{kt_r}{B} \cdot P\left[t_z = \frac{k}{B}\right] = \frac{B-1}{B} \cdot \frac{t_r}{2}.$$

Man beachte hierbei, daß die mittlere Zugriffszeit etwas kleiner als $\dfrac{t_r}{2}$ ist.

Die *Verteilungsfunktion der Zugriffszeit bei FCFS* ergibt sich als Stufenfunktion, deren stetige Approximation aus

$$G_{t_z}(x) = \begin{cases} 0 & \text{für } x \leq 0 \\[2mm] \dfrac{1}{2B} + \dfrac{x}{t_r} & \text{für } 0 < x \leq \alpha = \dfrac{(2B-1)t_r}{2B} \\[2mm] 1 & \text{für } \alpha = \dfrac{(2B-1)t_r}{2B} < x \end{cases}$$

zu entnehmen ist.

Um den Mittelwert der Zugriffszeit bei einer SATF-Strategie $E_{SATF}[t_z]$ zu ermitteln, gehen wir davon aus, daß die Warteschlange für die Magnettrommel genau n Anforderungen enthält.

Wenn $F_X(x)$ die Verteilungsfunktion der Zufallsvariablen X ist, dann ist der Mittelwert von X erklärt durch das Stieltjessche Integral

$$E[X] = \int\limits_{-\infty}^{+\infty} x \, dF_X(x) \ .$$

Unter der Voraussetzung eines endlichen Mittelwertes erhält man hieraus durch partielle Integration

$$E[X] = \int\limits_{0}^{\infty} [1 - F_X(X)] \, dx - \int\limits_{-\infty}^{0} F_X(x) \, dx$$

und bei nichtnegativer Zufallsvariabler $X \geq 0$ entsprechend

$$E[X] = \int\limits_{0}^{\infty} [1 - F_X(x)] \, dx = \int\limits_{0}^{\infty} P[X > x] \, dx \ .$$

Seien nun $s_1, \cdots, s_n$ die gleichverteilten Zugriffszeiten der Anforderungen in der Warteschlange. Die Zugriffszeiten sind unabhängige Zufallsvariable, aus denen die neue Zufallsvariable $s = \min(s_1, s_2, \cdots, s_n)$ gebildet werden kann. Um den Mittelwert $E[s]$ zu bestimmen, betrachten wir $P[s > t] = P[s_1 > t, s_2 > t, \cdots, s_n > t]$ und erhalten wegen der Unabhängigkeit der s_i das Produkt der Wahrscheinlichkeiten

$$P[s > t] = (P[n > t])^n = (1 - G_s(t))^n$$

mit $G_s(t)$ als stetiger Approximation der Verteilungsfunktion. Aus $E[X]$ ergibt sich dann

$$E^{(1)}_{SATF}[t_z] = \int\limits_{0}^{\alpha} \left(1 - \frac{1}{2B} - \frac{x}{t_r}\right)^n \, dx$$
$$= \frac{t_r}{n+1} \left(1 - \frac{1}{2B}\right)^{n+1}$$

als Mittelwert der Zugriffszeit bei einer SATF-Strategie unter der Voraussetzung, daß alle n Anforderungen in der Warteschlange vom Typ L (Lesen) sind und die Lese-Schreibköpfe sich im Zustand L befinden. Wird für die Lese-Schreibköpfe jedoch ein Zustandswechsel erforderlich, so wird die Übertragung um $\dfrac{t_r}{B}$ Zeiteinheiten verzögert und die Verteilungsfunktion unter Berücksichtigung eines Zustandswechsels der Lese-Schreibköpfe lautet dann

$$G_{t_z}'(x) = \begin{cases} 0 & \text{für } x \leq \beta = \dfrac{t_r}{B} \\[2ex] \dfrac{1}{2}B + \dfrac{x}{t_r} & \text{für } \dfrac{t_r}{B} = \beta < x \leq \alpha = \dfrac{(2B-1)t_r}{2B} \\[2ex] 1 & \text{für } \dfrac{(2B-1)t_r}{2B} = \alpha < x \end{cases}$$

und damit mit $E[X]$

$$E_{SATF}^{(2)}[t_z] = \int_0^\beta dx + \int_\beta^\alpha \left(1 - \frac{1}{2B} - \frac{x}{t_r}\right)^n dx$$
$$= \frac{t_r}{B} + \frac{t_r}{n+1}\left(1 - \frac{3}{2B}\right)^{n+1}$$

als Mittelwert der Zugriffszeit bei einer SATF-Strategie unter der Voraussetzung, daß alle n Anforderungen in der Warteschlange vom Typ L sind und die Lese-Schreibköpfe zunächst vom Zustand S in den Zustand L umgeschaltet werden müssen.

Sei nun p die Wahrscheinlichkeit, daß die laufende Anforderung in der Warteschlange vom Typ L ist. Dann ist die Wahrscheinlichkeit, daß sich in der Warteschlange der Länge n nur L-Anforderungen befinden, genau p^n. Demzufolge ergibt sich der *Mittelwert der Zugriffszeit bei einer SATF-Strategie, wenn alle Anforderungen vom Typ L sind, mit* $E_{SATF}^{(1)}[t_z]$ *und* $E_{SATF}^{(2)}[t_z]$ *und der Wahrscheinlichkeit* p^n, *zu*

$$E_{SATF}^{L}[t_z] = p \cdot E_{SATF}^{(1)}[t_z] + (1-p) \cdot E_{SATF}^{(2)}[t_z] .$$

Enthält die Warteschlange aber auch Anforderungen vom Typ S, d.h. Übertragungen von Seiten aus dem Speicherraum zurück in den Adreßraum (dies trifft zu für alle Seiten, die im Laufe ihrer Benutzung im Speicherraum verändert wurden), dann ist die Wahrscheinlichkeit, daß die n Anforderungen der Warteschlange in k Anforderungen vom Typ L und $n-k$ Anforderungen vom Typ S zerfallen, gerade $\binom{n}{k} p^k (1-p)^{n-k}$. Die Wahrscheinlichkeit, daß keine der $k = 0, 1, \cdots, n-1$ Anforderungen für für den laufenden Sektor ist, beträgt $\left(1 - \dfrac{1}{B}\right)^k$. Mithin wird die Wahrscheinlichkeit, daß die Warteschlange k L-Anforderungen, $(n-k)$ S-Anforderungen und davon keine für den laufenden Sektor enthält, genau $\left(1 - \dfrac{1}{B}\right)^k \binom{n}{k} p^k (1-p)^{n-k}$ sein. Da dies wiederum für alle $k = 0, 1, \cdots, n-1$ gilt, können wir über k summieren und erhalten

$$
\begin{aligned}
R &= \sum_{k=0}^{n-1} \binom{n}{k} \left(1 - \frac{1}{B}\right)^k p^k (1-p)^{n-k} \\
&= \sum_{k=0}^{n} \binom{n}{k} \left(1 - \frac{1}{B}\right)^k p^k (1-p)^{n-k} - \left(1 - \frac{1}{B}\right)^n p^n \\
&= \left(1 - \frac{p}{B}\right)^n - \left(1 - \frac{1}{B}\right)^n p^n .
\end{aligned}
$$

Die Wahrscheinlichkeit dafür, daß keine L-Anforderung für den laufenden Sektor vorliegt und die Lese-Schreibköpfe sich im L-Zustand befinden und in der Warteschlange mindestens eine S-Anforderung enthalten ist, beträgt daher $P = R \cdot p \cdot (1 - p^n)$. p ist aber gerade die Wahrscheinlichkeit, daß die mittlere Zugriffszeit $E_{SATF}^{(2)}[t_z]$ ist. Fassen wir zusammen, so ergibt sich als mittlere Zugriffszeit bei einer SATF-Strategie

$$
E_{SATF}[t_z] = E_{SATF}^{L}[t_z] \cdot p^n + E_{SATF}^{S}[t_z] \cdot (1 - p^n)
$$

mit

$$
E_{SATF}^{S}[t_z] = \left[\left(1 - \frac{1}{P}\right)^n - \left(1 - \frac{1}{B}\right)^n \cdot p^n \right] \cdot p \cdot E_{SATF}^{(2)}[t_z] .
$$

Die Auswertung des letzten Ausdrucks liefert schließlich für die *mittlere Zugriffszeit bei einer SATF-Strategie*

$$
\begin{aligned}
E_{SATF}[t_z] = {} & \frac{t_r}{n+1} \left(1 - \frac{1}{2B}\right)^{n+1} \cdot p^{n+1} + \left\{ \frac{t_r}{B} + \frac{t_r}{n+1} \left(1 - \frac{3}{2B}\right)^{n+1} \right\} \cdot \\
& \cdot \left\{ (1-p) + \left[\left(\frac{1}{p} - \frac{1}{B}\right)^n - \left(1 - \frac{1}{B}\right)^n \right] \cdot p \cdot (1 - p^n) \right\} \cdot p^n .
\end{aligned}
$$

Bei der Beurteilung einer Strategie ist auch der *Ausnutzungsgrad H* von Interesse, der sich *als Verhältnis von Übertragungszeit t_U zu Gesamtbedienzeit*

$$H = \frac{t_u}{t_s} = \frac{t_u}{t_z + t_u} \; .$$

Mit $t_u = \dfrac{t_r}{B}$ wird für die FCFS-Strategie der Ausnutzungsgrad H

$$H_{FCFS} = \frac{2}{B+1}$$

und für die SATF-Strategie der Ausnutzungsgrad H

$$H_{SATF} = \frac{t_r}{E_{SATF}[t_z] \cdot B + t_r} \; .$$

Als *Durchsatzfaktor D* kann man die *Anzahl der bedienten Anforderungen pro Zeiteinheit* verstehen, d.h.

$$D = \frac{1}{E[t_s]} \; ,$$

und der Mittelwert der Gesamtbedienzeit unter Berücksichtigung der entsprechenden Strategie beträgt:

$$E[t_s] = E[t_z] + \frac{t_r}{B} \; .$$

Um zu einer Abschätzung für die Gesamtzeit einer Übertragung T vom Eintreffen der Anforderung bis zu deren Abschluß zu gelangen, nehmen wir wieder an, daß die Warteschlange im Mittel n Anforderungen enthält.

Für FCFS gilt dann für die Gesamtbedienzeit

$$T_{FCFS} = n \cdot E[t_s] = n \cdot \frac{t_r}{B} \cdot \frac{B+1}{2} \; .$$

Für SATF berücksichtigen wir, daß von n wartenden Anforderungen n/B auf den gleichen Sektor lauten und jede neue Anforderung daher $(B-1)/B \cdot t_r/2$ Zeiteinheiten wartet, bis der betreffende Sektor positioniert ist; nt_r/B Umdrehungen vergehen, bevor die Anforderung bedient wird und t_r/B Zeiteinheiten für die Übertragung selbst benötigt werden. Damit ergibt sich dann *für die Gesamtzeit bei SATF*

$$T_{SATF} = \frac{B-1}{B} \cdot \frac{t_r}{2} + \frac{nt_r}{B} + \frac{t_r}{B} = \frac{t_r}{B}\left[n + \frac{B+1}{2}\right] \; .$$

5.3.2 Magnetplatten-Verwaltung

Ein Magnetplattenspeicher besteht aus einer oder mehreren übereinander um eine senkrechte Achse rotierenden Platten, deren Oberflächen eine magnetisierbare Schicht tragen, auf der die Daten gespeichert werden. Jede der Oberflächen enthält W Spuren, die als konzentrische Kreise um die rotierende Achse angeordnet sind. Für jede Plattenoberfläche gibt es genau einen Lese-Schreibkopf. Alle Lese-Schreibköpfe sind an einem vertikal beweglichen Arm angebracht und sind jeweils auf einen Zylinder eingestellt, d.h., sie zeigen auf die gleiche Spurnummer auf den verschiedenen Plattenoberflächen. Betrachtet man genau einen der W Zylinder, so ist also der Aufbau des Magnetplattenspeichers direkt vergleichbar mit dem der Magnettrommel Bild 5.7.

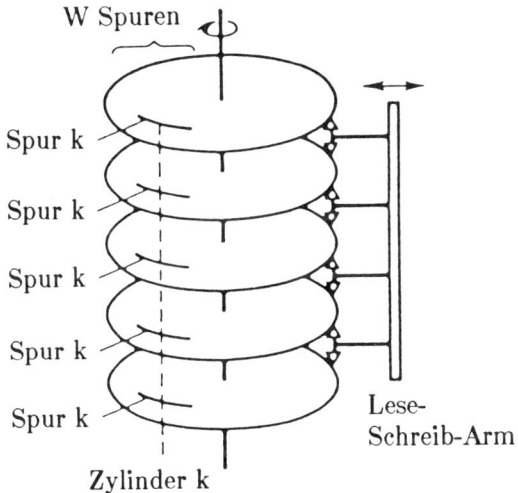

Bild 5.7. Aufbau eines Magnetplattenspeichers mit beweglichen Lese-Schreib-Köpfen

Zusätzlich zur Positionierung des Lese-Schreibarms kommt hier also noch beim Zugriff die Einstellung des Lese-Schreibarms hinzu. Typische Einstellungszeiten (Suchzeiten) liegen zwischen 10 ms (minimale Suchzeit beim Wechsel von einer Spur zur nächsten) und 60 ms (maximale Suchzeit beim Durchlaufen aller Spuren). Es ist also bei hinreichend großer Spuranzahl W (heute benutzte Magnetplattenspeicher haben zwischen 200 und mehr als 800 Zylinder) unerbheblich, ob die Einstellung des Lese-Schreibarms auf Spur k oder Spur $k+1$ erfolgt; ein beträchtlicher Teil der Zeit wird für das Starten bzw. Stoppen der Bewegung des Arms benötigt.

In ähnlicher Weise wie in 5.3.1 läßt sich dann eine vollständige Übertragung von oder zur Magnetplatte folgendermaßen aufteilen: Beim Eintreffen der Anforderung für eine Übertragung wird diese in die Warteschlange eingereiht (t_1). Nach Entnahme der Anforderung aus der Warteschlange (t_2) müssen zunächst die Lese-Schreibköpfe auf die gesuchte Spur eingestellt werden und nach Erreichen derselben (t_3) erfolgt die Positionierung des Lese-Schreibkopfes auf den Anfang des referierten Sektors (t_4) und nach dem Lesen bzw. Schreiben des betreffenden Blocks (t_5) ist der Übertragungsvorgang abgeschlossen. Es bedeuten dann in Bild 5.8

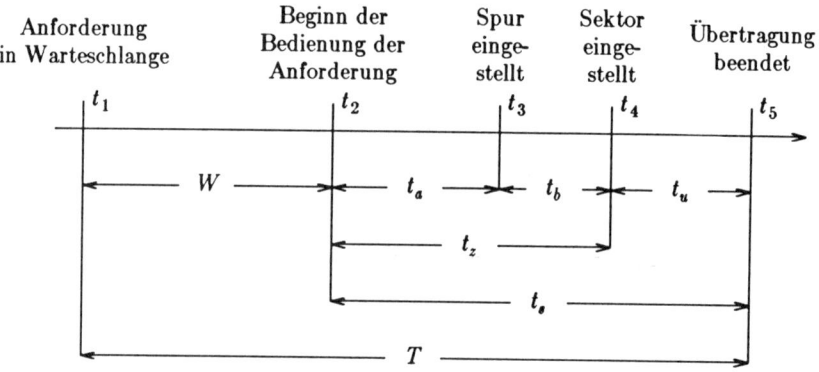

Bild 5.8. Zeitlicher Ablauf eines E/A-Vorgangs bei der Magnetplatte

W	die Wartezeit, d.h. die Zeitdifferenz zwischen dem Eintreffen der Anforderung und damit der Einordnung in die Warteschlange und der Entnahme aus dieser,
t_a	*die Zeit für die Einstellung des Lese-Schreibarms auf die gesuchte Spur (Suchzeit),*
t_b	die für die Positionierung auf den gewünschten Sektor benötigte Zeit,
t_u	die Übertragungszeit,
$T_z = t_a + t_b$	die Zugriffszeit, d.h. die Zeit, die vom Beginn der Bedienung der Anforderung bis zum Start des Lesens bzw. Schreibens vergeht,

$t_s = t_z + t_u = t_z + t_b + t_u$ die Gesamtbedienzeit,

$T = W + t_s$ die Gesamtzeit vom Beginn des Eintreffens einer Anforderung bis zu deren Abschluß.

Neben der schon in 5.3.1 besprochenen FCFS-Strategie zur Verwaltung der Warteschlange der anstehenden Anforderungen sind auch bei der Magnetplatte verschiedene die Zugriffszeit t_z optimierende Strategien möglich. Als Analogon zu SATF bei der Magnettrommel bietet sich hier die die *Suchzeit minimierende SSTF-Strategie (shortest-seek-time-first)* an. Abhängig von der Zylindereinstellung zum Zeitpunkt t_2 wird diejenige Anforderung aus der Warteschlange ausgewählt, für die t_a minimal ist, d.h., für die die Bewegung des Lese-Schreibarms am geringsten ist. Im Gegensatz jedoch zu SATF (die Wahrscheinlichkeit, alle Sektoren innerhalb einer Magnettrommel-Umdrehung zu erreichen, ist 1) diskriminiert aber SSTF möglicherweise eine Reihe von Zylindern. Es ist also bei dieser Strategie nicht auszuschließen, daß gewisse Anforderungen in der Warteschlange beliebig lange nicht bedient werden, da zwischenzeitlich in die Warteschlange eingereihte Anforderungen immer wieder jeweils kürzere Suchzeiten t_a erfordern.

Einen Ausgleich hierfür liefert die *SCAN-Strategie, bei der die n Anforderungen in der Warteschlange in der Folge aufsteigender Zylindernummern geordnet werden und der Arm von der kleinsten Spurnummer, für die eine Anforderung vorliegt, zur größten referierten Spurnummer pendelt, dann die Bewegungsrichtung des Lese-Schreib-Arms umgekehrt wird usw.* Um bei der SCAN-Strategie eine Abschätzung für die mittleren Suchzeiten, die mittleren Zugriffszeiten und die mittleren Gesamtzeiten je Anforderung zu erhalten, nehmen wir folgendes an: die Anzahl der Zylinder W sei groß gegen die Anzahl der in der Warteschlange enthaltenen Anforderungen. Damit ist die Wahrscheinlichkeit, daß mehr als eine Anforderung je Zylinder vorliegt, klein. Daher wollen wir darauf verzichten, nach Erreichen der gesuchten Spur noch eine besondere die Positionierungszeit t_b minimierende Strategie (z.B. SATF) anzuwenden. Wir gehen mithin davon aus, daß die Wahrscheinlichkeit für das Vorliegen von mehr als einer Anforderung pro Zylinder kleiner ist als die Wahrscheinlichkeit für das Auftreten überhaupt einer Anforderung für diesen Zylinder.

Da jede der Plattenoberflächen W Spuren hat, befinden sich die Lese-Schreib-Köpfe mit der gleichen Wahrscheinlichkeit $1/W$ auf einer der Spuren $k = 1, \cdots, W$. Mit der gleichen Wahrscheinlichkeit $1/W$ trifft eine neue Anforderung auf Spur $i = 1, \cdots, W$ ein. Der Abstand d_k zwischen der gegenwärtigen Stellung des Lese-Schreib-Arms auf Spur k zur neu ankommenden Anforderung auf Spur i ist daher mit der Wahrscheinlichkeit

$1/W$ gleich $k-1, k-2, \cdots, 1, 0, 1, \cdots, W-k$. Der Mittelwert $E[d_k]$ ergibt sich also zu

$$E[d_k] = \sum_{i=1}^{k-1} \frac{1}{W} \cdot i + \sum_{i=1}^{W-k} \frac{1}{W} \cdot i = \frac{1}{2W}[(k-1)k + (W-k)(W-k+1)].$$

Dies gilt aber mit der gleichen Wahrscheinlichkeit $1/W$ für die Stellung der Lese-Schreibköpfe auf irgendeiner der Spuren $k = 1, \cdots, W$. Wir erhalten daher als Mittelwert des Abstandes zwischen der laufenden Position des Lese-Schreibarmes und der folgenden Anforderung

$$\begin{aligned} E[d] &= \sum_{k=1}^{W} \frac{1}{W} E[d_k] = \frac{1}{2W^2} \sum_{k=1}^{W} [(k-1)k + (W-k)(W-k+1)] \\ &= \frac{1}{2W^2} \sum_{k=1}^{W} [2k^2 - 2(W+1)k + (W+1)W] \\ &= \frac{1}{2W^2} \cdot \left[\frac{2W(W+1)(2W+1)}{6} - \frac{2W(W+1)^2}{2} + W^2(W+1) \right] \\ &= \frac{W+1}{W} \cdot \left[\frac{2W+1}{6} - \frac{W+1}{2} + \frac{W}{2} \right] = \frac{W}{3} - \frac{1}{3W}. \end{aligned}$$

Für große Zylinderzahl W kann man daher $E[d] \approx W/3$ setzen. Mit der Wahrscheinlichkeit $1/2$ wird sich nun bei der SCAN-Strategie der Arm in Richtung der neu ankommenden Anforderung bewegen und einen mittleren Abstand zur Anforderung von $W/3$ haben. Mit der gleichen Wahrscheinlichkeit $1/2$ wird er sich aber von der neu ankommenden Anforderung wegbewegen und daher den Weg $3 \cdot W/3 = W$ zurücklegen müssen. Der Mittelwert D der Armbewegung, der notwendig ist, um die Anforderung zu erreichen, beträgt mithin

$$E[d] = \frac{1}{2} \cdot \frac{W}{3} + \frac{1}{2} \cdot W = \frac{2}{3} W.$$

Zur Abschätzung der mittleren Suchzeit beachten wir folgendes: Bei Magnetplattenspeichern benötigt man die maximale Suchzeit t_a^{max}, wenn der Lese-Schreibarm alle W Spuren überqueren muß. Die minimale Suchzeit t_a^{min}, die zur Einstellung des Lese-Schreibarms von der k-ten auf die $(k+1)$-te Spur erforderlich ist, ist aus mechanischen Gründen jedoch wesentlich größer als der $(W-1)$-te Teil von t_a^{max}. Bei n vorliegenden Anforderungen werden die W Spuren in $n+1$ Teile der mittleren Größe $W/(n+1)$ geteilt. Die *mittlere Suchzeit für eine aus n* Anforderungen ergibt sich daher

$$E[t_a] \;=\; t_a^{\min} + \frac{t_a^{\max} - t_a^{\min}}{n+1}\,.$$

Wenn nach Einstellung des Armes auf den gesuchten Zylinder eine FCFS-Strategie angenommen wird, dann finden wir mit $E_{FCFS}[t_z]$ aus 5.3.1 und der letzten Beziehung für die *Gesamtbedienzeit*

$$E[t_s] \;=\; \frac{B+1}{B} \cdot \frac{t_r}{2} + E[t_a]\,,$$

wobei angenommen wurde, daß jede Spur in B Sektoren unterteilt ist und je Sektor genau ein Block gelesen bzw. geschrieben wird. Entsprechend ergibt sich die *mittlere Zugriffszeit*

$$E[t_z] \;=\; \frac{B-1}{B} \cdot \frac{t_r}{2} + E[t_a]\,.$$

Der Mittelwert der Gesamtbedienzeit $E[t_s]$ ist die Zeit, die zwischen zwei aufeinanderfolgenden Stops des Lese-Schreibarms vergeht. $n \cdot E[t_s]$ ist also die Zeit, die benötigt wird, um alle W Spuren zu überqueren. Nach $E[d]$ wird für eine einzelne Anforderung damit die *Gesamtzeit*

$$T_{SCAN} \;=\; \frac{2}{3}\, n\, E[t_s] \;=\; n \cdot \left[\frac{B+1}{B} \cdot \frac{t_r}{3} + \frac{2}{3}\left(t_a^{\min} + \frac{t_a^{\max} - t_a^{\min}}{n+1} \right) \right]\,.$$

Zur Illustration betrachten wir folgendes Beispiel: Die minimale Suchzeit $t_a^{\min}$ betrage 10 ms, die maximale Suchzeit $t_a^{\max}$ sei 60 ms (die mittlere Suchzeit bei FCFS werde mit $E[t_a] = 30\,ms$ angenommen). Die Platte verfüge über $W = 200$ Spuren, von denen jede in 6 Sektoren, die jeweils eine Seite aufnehmen, aufgeteilt ist. Die Rotationszeit für eine volle Plattenumdrehung sei $t_r = 25$ms. Die Warteschlange habe im Mittel 10 Eintragungen. Um für FCFS die Gesamtzeit T_{FCFS} abzuschätzen, setzen wir $T_{FCFS} = n \cdot E_{FCFS}[t_s]$

	FCFS	SCAN
$E[t_a]$	30.0 ms	14.5 ms
$E[t_z]$	40.4 ms	24.9 ms
$E[t_s]$	44.6 ms	29.1 ms
T	446.0 ms	194.2 ms

Weitere Teilergebnisse zu den in den Abschnitten 5.3.1 und 5.3.2 dargestellten Sachverhalten findet man in [5.2] und [5.3].

5.4 Datei-Verwaltung

Die Kommunikation mit den physikalischen Geräten wird durch die untere
Ebene der Geräte-Verwaltung (E/A-Prozeduren, Geräte-Treiber-Programme)
und die Unterbrechungsroutinen (vergl. Bild 5.4 aus 5.2.1) realisiert. Dieses
E/A-System regelt den Verkehr mit den verschiedenen externen Datenträgern
und liest oder schreibt Blöcke von Daten zwischen Hauptspeicher und
Sekundärspeichern bzw. umgekehrt.

*Für eine bestimmte Aufgabe bzw. unter bestimmten Gesichtspunkten
zusammengestellte Daten in einem externen Speicher eines Rechnersystems
heißen Datei.*

Häufig verfolgt man bei der Einrichtung von Dateien den Zweck, die in ihnen
enthaltenen Daten verschiedenen Programmen, gegebenenfalls auch der
Abfrage durch dazu berechtigte Personen, zugänglich zu machen. Das setzt
eine entsprechend universale Struktur der jeweiligen Dateien, einheitliche
Zugriffsverfahren und Datei-Verwaltung (insbesondere hinsichtlich der an den
Daten vorzunehmenden Änderungen) voraus.

Zu den grundlegenden Aufgaben der Datei-Verwaltung gehört es, für jede
Datei einen Datei-Deskriptor zu führen. Der Aufruf eines Objektes einer Datei
führt zunächst zu einer eindeutigen Zuordnung zwischen Objekt und Datei-
Deskriptor. Da in den Anwenderprogrammen symbolische Namen für die
referierten Objekte verwendet werden können, muß dieser symbolische Name
mittels eines im Anwenderprogramm geführten Verzeichnisses zugeordnet
werden. Die Aufgabe des logischen Datei-Systems besteht nicht in der
Zuordnung der physikalischen Eigenschaften der Datei, sie ist vielmehr -
vergleichbar mit einem der grundlegenden Ziele der Geräte-Verwaltung -
weitgehend geräteunabhängig.

5.4.1 Grundlegende Aufgaben der Datei-Verwaltung

Um die physikalische Adresse auf einem Sekundärspeicher, die für die Ein-
oder Ausgabe notwendig ist, zu lokalisieren, benutzt die Datei-Verwaltung den
Datei-Deskriptor. Die im *Datei-Deskriptor* enthaltene Information umfaßt die
folgenden Angaben:

— den Datei-Namen

— die Adresse des Datei-Deskriptors des Gerätes, auf dem die Datei
gespeichert ist

— die Adresse des ersten Blocks der Datei (z.B. auf einer Magnetplatte in der Form: Plattenoberfläche, Spur, Sektor)

— die Adresse des folgenden Blockes (falls es sich um eine sequentielle Datei handelt)

— die Zugriffszeit (z.B. sequentiell, wahlfrei)

— die Datei-Organisation (z.B. sequentiell, index-sequentiell, partitioniert).

Datei-Deskriptoren können erzeugt und verändert werden mit einer Reihe von Grundanweisungen, die Bestandteil der Datei-Verwaltung sind (z.B. Erzeuge Datei-Deskriptor, Lösche Datei-Deskriptor, Verändere Datei-Deskriptor, Weise externen Speicherplatz zu).

Darüberhinaus verwaltet die Datei-Verwaltung den gesamten externen Speicherplatz. Um jeden Datenträger unabhängig vom jeweiligen Belegungszustand des übrigen Systems verwalten zu können, enthält jeder Datenträger (Plattenstapel, Magnetbandrolle usw.) einen *Datenträger-Deskriptor*. In dem Datenträger-Deskriptor sind u.a. die folgenden Informationen zusammengestellt

— symbolischer Name des Datenträgers zur eindeutigen Identifikation;

— der Name des (logischen, d.h. den Typ beschreibenden) Gerätes, falls der Datenträger montiert ist, andernfalls eine Kennzeichnung, daß der Datenträger nicht montiert ist;

— einen Zähler der auf diesem Datenträger gespeicherten Dateien;

— eine Tabelle mit allen Datei-Deskriptoren aller Dateien, die auf diesem Datenträger enthalten sind;

— Sicherungsinformation (vergl. Kapitel 6) über den Datenträger (Eigner, erlaubte Benutzer);

— Erzeugungsdatum.

Die Menge aller im System vorhandenen Datenträger-Deskriptoren sind im *Datenträger-Verzeichnis* der Datei-Verwaltung aufgezeichnet. Zur Verwaltung der gesamten im System vorhandenen Datenträger sind in der Datei-Verwaltung eine Anzahl von Anweisungen bereitgestellt, die u.a. die folgenden umfassen:

— ANFORDERUNG (Datenträger-Name)
Der anfordernde Prozeß wünscht, einen neuen Datenträger-Namen in das Datenträger-Verzeichnis einzutragen. Die Datei-Verwaltung prüft dann die Zulässigkeit dieser Anforderung und führt sie gegebenenfalls

durch.

— LÖSCHEN (Datenträger-Name)
Der angegebene Datenträger-Name wird aus dem Datenträger-Verzeichnis gestrichen, sofern der diese Anweisung verlassende Prozeß die Berechtigung (er ist Eigner dieses Datenträgers) hat.

— ZUORDNUNG (Datenträger-Name)
Der in dieser Anweisung angegebene Datenträger wird explizit einem Gerät zugeordnet und der Datenträger-Deskriptor wird aktualisiert, um die Zuordnung zu registrieren.

— FREIGABE (Datenträger-Name)
Die Datei-Verwaltung löst eine zuvor erfolgte Zuordnung eines Datenträgers zu einem Gerät auf und der betreffende Datenträger ist erst nach einer erneuten Anweisung ZUORDNUNG wieder les- bzw. schreibbar.

Auf diese Weise kann die Datei-Verwaltung zwei grundlegende Aufgaben durchführen:

(1)   sie organisiert und manipuliert Dateien auf den Datenträgern und

(2)   sie verwaltet die Datenträger selbst und erlaubt deren Erzeugung im System bzw. ihre Zuordnung zu physikalischen Geräten.

Die Datei-Verwaltung schafft damit die Voraussetzung für die Arbeitsfähigkeit der E/A-Prozeduren und der Geräte-Treiber-Programme.

5.4.2 Logische Datei-Systeme

Das logische Datei-System sorgt für die Abbildung der im Anwender-Programm auftretenden Namen in die im System vorkommenden Bezeichnungen (hierbei handelt es sich um die Realisierung der Namensfunktion N aus Kapitel 2). Darüberhinaus sorgt das logische Datei-System für den Aufruf der E/A-Prozedur *EA*, die eine E/A-Anforderung dann unmittelbar auslöst.

Jeder Benutzer des logischen Datei-Systems wird bei dem Zugriff auf Dateien durch einen sogen. *Betreuer-Prozeß* begleitet. Der Betreuer-Prozeß prüft und identifiziert den Umgang des Anwenderprogramms mit Dateien. Der Betreuer-Prozeß bezieht seine Information von einer Datei, die permanent zugreifbar auf einem externen Datenträger (Magnetplatte mit systemresidenter Information) abgelegt ist. Wenn ein Benutzer-Prozeß initiiert wird, wird zunächst der zugeordnete Betreuer-Prozeß konsultiert, um die durch den Benutzer-Prozeß angeforderten Dateien zu lokalisieren. Beim Terminieren des Benutzer-Prozesses sorgt der Betreuer-Prozeß für die Archivierung der durch den letzten Ablauf des Benutzer-Prozesses entstandenen Veränderungen in den Dateien, für die der betreffende Benutzer-Prozeß Eigner ist oder den Zugriff hat.

Der Betreuer-Prozeß sorgt auch für die Interpretation der vom Benutzer-Prozeß verwendeten mnemonischen Namen und ihre Zuordnung zu Dateien. So kann etwa jedem Benutzer-Prozeß (oder jeder Gruppe von Benutzer-Prozessen) ein eigenes Verzeichnis von Dateinamen zugeordnet werden (Namensfunktion N), das Zeiger zu einem gemeinsamen Datei-Verzeichnis enthält und die physikalischen Adressen der in ihnen enthaltenen Dateinamen (Speicherfunktion M) führt. Auf diese Weise hat bei einer solchen zweistufigen Datei-Referenz jeder Benutzer-Prozeß die Freiheit, lokale symbolische Namen beim Zugriff auf die Dateien zu verwenden. Weiterhin wird es damit möglich, in einfacher Form Dateien durch verschiedene Benutzer-Prozesse gemeinsam anzusprechen (shared data sets). Die Eigenschaft, gewisse Dateien in einem System gemeinsam zu benutzen, stellt eine ganz wichtige Forderung an die Flexibilität eines Betriebssystems dar. Ein Beispiel hierzu ist in dem folgenden Bild 5.9 angegeben:

Die Dateien mit der Bezeichnung 1 und 2 in dem gemeinsamen Verzeichnis sind offensichtlich gemeinsam benutzte Dateien.

Das logische Datei-System sieht eine Anzahl von Anweisungen vor, die zur Manipulation von Datei-Zugriffen auf der beschriebenen symbolischen Ebene benutzt werden können. Hierzu können etwa die folgenden Kommandos gehören:

— ERZEUGE (Datei-Name, Größe, Datenträger-Name [optional])
  Dieses Kommando wird zur Erzeugung einer neuen Datei benutzt.

— ENTFERNE (Datei-Name)
  Die angegebene Datei wird aus dem System endgültig entfernt.

— ÖFFNE (Datei-Name, Operation)
  Die angegebene Datei, die zu irgendeinem Zeitpunkt zuvor erzeugt worden ist, muß vor der erstmaligen Benutzung durch den dieses Kommando ausführenden Benutzer-Prozeß "geöffnet" werden. (Für Synchronisationszwecke ist es wichtig, daß eine zu beschreibende Datei nur von einem Benutzer-Prozeß geöffent wird!).

— SCHLIESSE (Datei-Name)
  Die bezeichnete Datei wird von dem Benutzer-Prozeß, der sie geöffnet

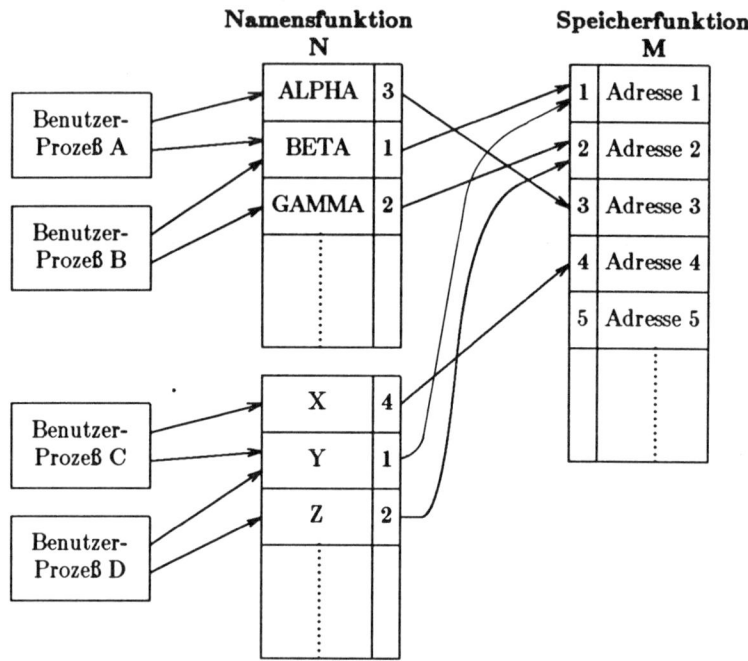

Bild 5.9. Gemeinsam benutzte Dateien

hat, nicht weiter benötigt und kann daher von diesem Zeitpunkt an wieder von einem anderen Prozeß geöffnet werden.

— LESEN (Datei-Name, Block, Anzahl, Speicher)
Von der bezeichneten Datei sollen beginnend mit Adresse 'Block' Daten der Länge 'Anzahl' gelesen werden und im Hauptspeicher ab Adresse 'Speicher' abgelegt werden.

— SCHREIBEN (Datei-Name, Block, Anzahl, Speicher)
Diese Anweisung veranlaßt eine Daten-Übertragung vom Hauptspeicher zum peripheren Gerät in analoger Weise wie das Kommando LESEN.

Diese Anweisungen werden von der Geräte-Verwaltung umgesetzt in Aufrufe der E/A-Prozedur EA und der gemäß Zuordnung angesprochenen Geräte-Treiber-Programme.

5.5 Spooling-Systeme

In einem E/A-System sind jeweils Einheiten vorhanden, die von mehreren Prozessen gemeinsam benutzt werden können (z.B. Magnetplatten) als auch solche, die zu einer Zeit nur von einem Prozeß belegt sein dürfen (z.B. Ausgabe-Drucker). Wie bereits früher erläutert, erfolgt die Zuordnung eines Datenstroms zu einem nicht gemeinsam benutzbaren Gerät zum Zeitpunkt des ÖFFNENS (open time) und die Freigabe erfolgt beim SCHLIESSEN bzw. wenn der das Gerät belegende Prozeß terminiert. Wegen der exklusiven Belegung nicht gemeinsam benutzbarer Geräte gibt es Perioden, in denen diese Geräte vollständig ausgelastet sind (oder sogar überlastet, wenn die Anzahl und zeitliche Aufeinanderfolge der Anforderungen höher ist als die Arbeitsgeschwindigkeit der Geräte) und auch Zeiträume, in denen diese Geräte unbenutzt bleiben. Es ist also aus Gründen einer gleichmäßiger verteilten Belastung des E/A-Systems wünschenswert, hier für eine gleichmäßigere Verteilung zu sorgen.

Die Lösung dieser Aufgabe führt zum sogen. *Spooling* aller Ein- und Ausgabe für nicht gemeinsam benutzbare E/A-Geräte. Anstatt die Übertragung z.B. von einem Lochkartenleser direkt in den Eingabe-Speicherbereich des anfordernden Benutzer-Prozesses vorzunehmen, wird der Datenstrom über einen dazwischen geschalteten Datenträger (üblicherweise eine Magnetplatte) geleitet. Zu Beginn eines Benutzer-Prozesses wird so etwa die gesamte Eingabe-Datei "Lochkarten-Leser" hintereinander auf die *Spool-Eingabe-Datei* dieses Benutzer-Prozesses auf die Platte geschrieben und kann dann - schrittweise entsprechend der durch den Benutzer-Prozeß vorgeschriebenen zeitlichen Reihenfolge - von dort ohne Beeinträchtigung anderer Prozesse (die Magnetplatten-Spool-Datei ist gemeinsam benutzbar beim Lesen, sie muß nur während des Schreibens exklusiv zugewiesen sein) gelesen werden.

In umgekehrter Weise läuft das Ausgabe-Spooling ab. Jedem Prozeß, der einen Ausgabe-Datenstrom zum Zeilendrucker öffnet, wird eine - aus Benutzersicht nicht explizit sichtbare - *Ausgabe-Spool-Datei* zugewiesen und der Ausgabe-Datenstrom wird durch die E/A-Prozedur auf diese Datei geschrieben. Diese Ausgabe-Spool-Datei hat hier also die Funktion eines virtuellen Zeilendruckers. Wenn der Datenstrom geschlossen wird, wird die Ausgabe-Spool-Datei in eine Warteschlange entsprechender Ausgabe-Dateien eingereiht und von da aus auf dem Zeilendrucker hintereinander ausgegeben. Da von der Warteschlange der Zeilendrucker kontinuierlich bedient werden kann, erfolgt auf diese Weise ein zeitlicher Ausgleich der sonst sehr ungleichmäßig auftretenden Anforderungen für den nicht gemeinsam benutzbaren Zeilendrucker. Die Abläufe sind in dem folgenden Bild 5.10 zusammengefaßt.

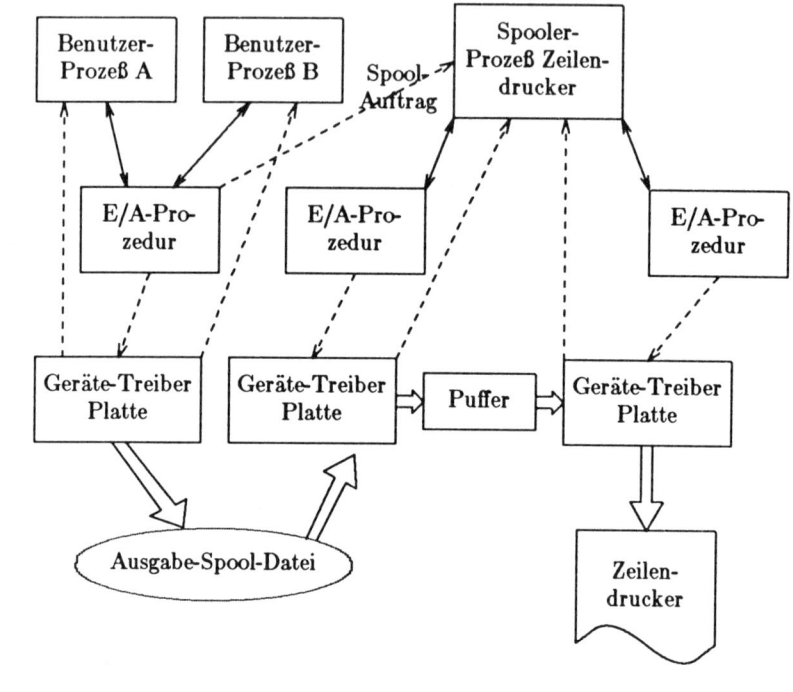

⟹ Daten-Übertragung   - - -> Synchronisation   ⟶ Prozedur-Aufrufe

Bild 5.10. Spooling am Beispiel der Ausgabe auf dem Zeilendrucker

Das Ausgabe-Spooling läßt sich durch nachstehendes Programm beschreiben:

```
repeat P(Spool-Auftrag)
      Ausgabe-Spool-Datei aus Warteschlange
      Öffne Ausgabe-Spool-Datei
      repeat E/A-Prozedur EA (Parameter, Platte)
            P(Platten-Anforderung bedient)
            E/A-Prozedur EA (Parameter Zeilendrucker)
            P(Zeilendrucker-Anforderung bedient)
      until Ausgabe-Spool-Datei-Ende
until forever
```

5.6 Übungsaufgaben zu Kapitel 5

5.1   Ein Festkopfplattenspeicher (Magnettrommel) rotiere mit einer Geschwindigkeit von 10 800 Umdrehungen/Minute und sei in 45 gleichgroße Sektoren aufgeteilt. Unter Verwendung der in 5.3.1 hergeleiteten Ergebnisse und der dort gemachten Annahmen ermittle man für die Strategie FCFS

(a)   den Mittelwert der Zugriffszeit ($E[t_z]$)

(b)   den Mittelwert der Gesamtbedienzeit ($E[t_s]$) und

(c)   die Gesamtbedienzeit T_{FCFS}, wenn die Warteschlange im Mittel 8 Anforderungen enthält.

5.2   Die Kommunikation zwischen einem E/A-Gerät und der zugeordneten Geräte-Steuereinheit werde über zwei Semaphore 'beschäftigt' und 'frei' koordiniert.

(a)   Man beschreibe die Prozedur, die bei Eintreffen einer E/A-Anforderung für das Gerät vom Geräte-Treiber-Programm ausgeführt werden muß.

(b)   Wie sind die beiden Semaphore 'beschäftigt' und 'frei' zu initialisieren?

(c)   Welche Synchronisations-Operationen hat der aufrufende Benutzer-Prozeß auszuführen?

5.3   Wie muß der Aufruf der Prozedur EA abgeändert werden, wenn die E/A-Übertragung gepuffert abläuft und genau ein Block einer anderweitig vereinbarten Länge jeweils übertragen wird?

6. Sicherungsstrukturen und Entwurfsmethodik

Die Komplexität und der unzureichende strukturelle Aufbau der meisten existierenden Betriebssysteme machen es außerordentlich schwierig, eine hinreichende *Sicherheit* beim Ablauf der von diesen Betriebssystemen unterstützten Programme zu erreichen. Um Sicherheit zu garantieren - und dies insbesondere während der ganz unterschiedlichen Anforderungen eines Betriebssystems in völlig disjunkten Anwenderumgebungen zu erreichen -, ist es notwendig, daß die Betriebssysteme in ihren Interaktionen zwischen den verschiedenen System-Komponenten klar definiert und sorgfältig kontrolliert sind. Die gleiche Kontrolle ist erforderlich, um eine hinreichende *Zuverlässigkeit* des benutzten Betriebssystems sicherzustellen. Hinzu kommt, daß ein gut strukturiertes und systematisch entworfenes Betriebssystem auch leichter zu warten und zu modifizieren ist, und daß die *Leistungsfähigkeit* eines solchen Systems in aller Regel besser ist als bei einem unstrukturierten Betriebssystem.

Die Schutzmechanismen in einem Betriebssystem, die benötigt werden, um Sicherheit zu erreichen, führen ganz automatisch zu einer stärkeren Modularität der gesamten Software. Diese Modularität wiederum steigert die Zuverlässigkeit und die *Korrektheit* des Systems. Da das Testen und die Validierung der Programme häufig mehr als 50% der gesamten Programmierkosten ausmachen, können solche Schutzmechanismen vielfach die Programmierkosten erheblich senken.

In vielen Anwendungen stellt ein möglicher *System-Zusammenbruch* (d.h. Fehlfunktionen in der Hard- oder Software - zumeist der letzteren - mit der Konsequenz des in den meisten Fällen nicht wieder aufsetzbaren Abbruchs aller zu diesem Zeitpunkt laufenden Programme) ein Sicherheits-Problem dar. In jedem Fall wird ein Betriebssystem, das entsprechende Vorkehrungen für Schutzmechanismen enthält, die meisten Quellen für software-verursachte System-Zusammenbrüche eliminieren. Darüberhinaus sind natürlich auch Hardware-Fehler und inadäquate Strategien zur von der Software unterstützten Fehler-Behandlung die Ursachen für manche Sicherheits-Probleme. Es gibt also genügend Gründe, die Anforderungen an eine entsprechende System-Sicherheit und -Verfügbarkeit als eine zusammengehörige Aufgabenstellung zu betrachten.

6.1 Schutzmechanismen

Schutz bzw. *Sicherung (protection)* ist die allgemeine Bezeichnung aller Mechanismen, die die verschiedenen Elemente eines Betriebssystems gegen ihre Umgebung abgrenzen. So sollte ein funktionierender Schutzmechanismus in der Lage sein, sowohl verschiedene Benutzer vor zufälligen oder auch beabsichtigten wechselseitigen Beeinträchtigungen untereinander zu schützen als auch ein Programm und seine Daten gegen unbeabsichtigte Störungen in sich abzusichern.

Schutzmechanismen und ihre Implementierung sind von System zu System unterschiedlich und variieren auch noch vielfach innerhalb des gleichen Systems. So ist z.B. der Schutzmechanismus für ein Datei-System üblicherweise anders konzipiert als ein solcher für den Hauptspeicher. Da in allen Rechnersystemen die Information (Programme und Daten) in irgendwelchen Speichern abgelegt ist, kann eine derartige Abgrenzung durch Aufteilung der benutzten Adreßräume erreicht werden. Der vorgesehene Schutzmechanismus wird dann nur dafür zu sorgen haben, daß der Informationsfluß zwischen diesen verschiedenen Teilen der Adreßräume kontrolliert abläuft. Jeder Teil der so aufgeteilten Adreßräume sollte also vor unberechtigten Versuchen irgendwelcher System-Komponenten geschützt werden, Information aus diesem Adreßraum-Teil zu beziehen oder zu ändern.

Die Kontrolle des Informationsflusses zwischen verschiedenen abgegrenzten Teilen von Adreßräumen impliziert zwei grundsätzliche Fragestellungen:

(1) jeder Adreßraum-Teil muß durch "Schutzwälle" von seiner Umgebung abgeschirmt werden, die vereinbarte "Eingangstore" zum Zweck der Kommunikation untereinander enthalten;

(2) die Kommunikation zwischen verschiedenen Adreßraum-Teilen muß kontrolliert ablaufen, so daß nur autorisierte Benutzer einen fremden Adreßraum-Teil erreichen können.

Aus Gründen der Leistungsfähigkeit des Systems muß sichergestellt sein, daß Referenzen innerhalb eines Adreßraum-Teils nur minimalen Kontrollen unterliegen, wohingegen Bezüge von außerhalb durch "Eingangstore" vollständig kontrolliert werden.

So können z.B. Segmente auf folgende Weise explizit geschützt werden: Bei jeder Referenz eines Segmentes mit Hilfe der Segment-Tabelle wird der Schutz-Status des die Referenz erzeugenden Prozesses geprüft. Nur wenn dieser Prozeß auch die Berechtigung für den gewünschten Zugriff zu diesem Segment besitzt, wird der Zugriff zu diesem Segment ausgeführt.

Entsprechend verläuft der kontrollierte Zugriff zu einer Datei: Wenn ein Prozeß versucht, auf eine Datei zuzugreifen, dann wird vor Ausführung dieser Anforderung zunächst geprüft, ob die Zugriffsrechte des Prozesses (abgelegt im Prozeß-Kontroll-Block) mit den im Datei-Deskriptor festgehaltenen Zugriffs-Voraussetzungen der Datei übereinstimmen. Der Datei-Deskriptor spielt hier die Rolle des "Eingangstores". Eine Datei kann daher als ein solcher Adreßraum-Teil, d.h. ein Element innerhalb des Betriebssystems, das zu schützen ist, betrachtet werden.

Elemente in einem Betriebssystem, die zu schützen sind, heißen Objekte [6.8].

Der Schutz von Objekten ist auch möglich, indem die Zugangswege zu diesen Objekten (das "Eingangstor", sein Name, seine Adresse) nur autorisierten Prozessen bekanntgemacht werden. Allerdings wird diese Art von Schutz nur unvollständig sein, da durch Zufall oder systematische Maßnahmen auch nicht-autorisierte Prozesse sich die Kenntnis des Zugangsweges zu einem auf diese Weise geschützten Objekt verschaffen können.

Eine andere Technik des Schutzes von Objekten benutzt die Kodierung der zu schützenden Information. Ein zum Zugriff berechtigter Prozeß muß den Kode-Schlüssel kennen, um die Information entschlüsseln zu können. Der Kode-Schlüssel spielt hier die Rolle des "Eingangstores".

Jeder zu schützende Adreßraum-Teil muß durch einen *Schutz-Prozeß* betreut werden, der als "Eingangstor" dient. Als Schutz-Prozeß kann z.B. der Monitor dienen, der auch gleichzeitig die Synchronisations-Anforderungen (vergl. Kapitel 2) überwacht. Bei jedem Zugriff auf den zu schützenden Adreßraum-Teil muß der anfordernde Prozeß den Schutz-Prozeß passieren. Dieser Schutz-Prozeß (Monitor) kann durch die Hardware oder (dann allerdings zeitaufwendiger) durch die Software bereitgestellt werden. Z.B. ist im IBM/370-System der Speicherschutz-Schlüssel, der in Verbindung mit dem im Programm-Status-Wort enthaltenen Schutz-Schlüssel den Zugriff auf 2K große Hauptspeicher-Bereiche kontrolliert, eine hardwaremäßige Implementierung eines solchen Schutz-Prozesses.

Der Schutz-Prozeß ist an irgendeiner Stelle des Zugriffsweges zum zu schützenden Objekt angeordnet, um den versuchten Zugriff zu überwachen. Mehrere Lösungsmöglichkeiten zur Anordnung des Schutz-Prozesses bieten sich an:

(a)   Jedes schutzbedürftige Objekt hat seinen lokalen Schutz-Prozeß.

(b)   Es gibt genau einen zentralen Schutz-Prozeß für alle Objekte im System.

(c)   Klassen gleichartiger Objekte benutzen jeweils einen Schutz-Prozeß gemeinsam (z.B. beim gemeinsamen Zugriff auf eine Datei).

Die Lösung (a) bietet zwar die individuell weitgehendsten Schutzmöglichkeiten, ist jedoch mit einem erheblichen Aufwand (infolge der Redundanz) verbunden. Im Gegensatz dazu minimiert die Lösung (b) den Verwaltungsaufwand, stellt aber bei zahlreichen konkurrenten Prozessen, die auf zu schützende Objekte zugreifen, einen möglichen Engpaß hinsichtlich der Leistungsfähigkeit des Systems dar. Eine bezüglich Aufwand und Verfügbarkeit optimalen Kompromiß stellt dagegen Lösung (c) dar.

Ein besonders wichtiges, aber auch schwieriges Sicherungsproblem ist die Kommunikation zweier *"einander mißtrauender Prozesse" (mutually suspicious processes)*.

Jeder Prozeß versucht die Zugriffsrechte des anderen Prozesses sorgfältig zu beschränken und prüft gleichzeitig weitgehend die vom anderen Prozeß empfangenen Daten. Es ist notwendig, daß in diesem Fall die beiden Prozesse zu einem wechselseitigen Verständnis ihrer Kommunikations-Erfordernisse gelangen. Ein Weg zur Lösung dieses Problems besteht in der Einführung eines dritten Prozesses, der die Aufgaben eines Schutz-Prozesses übernimmt.

6.1.1 Bereiche und Berechtigungen

Der Begriff der Adreßraum-Teile ist in vielerlei Hinsicht nicht präzise genug, um den Schutzstatus eines Systems und die Dynamik erlaubter und kontrollierter Zugriffe zu zu schützenden Objekten genau genug und dennoch hinreichend allgemein zu beschreiben.

In einer zu schützenden Umgebung gibt es aktive und passive Elemente. Passive Elemente sind die Objekte. Typische Objekte sind einzelne Daten oder auch Gruppen von Daten (z.B. Dateien). Objekte sind aber auch Prozesse, auf die zugegriffen wird bzw. die von anderen Prozessen aufgerufen werden.

Im Gegensatz dazu bezeichnet man *die aktiven Elemente, die den Zugriff zu Objekten suchen, als Subjekte* [6.5]. Ein charakteristisches Subjekt ist ein aktiver Prozeß, der Anforderungen für zu schützende Objekte erzeugt.

Während der Prozeß-Abläufe können die Rollen von Subjekten und Objekten zeitlich wechseln (s. Übungsaufgabe 1).

Da verschiedene Subjekte bezüglich unterschiedlicher Objekte vielfach vergleichbare Zugriffsrechte haben, ist es zweckmäßig, Klassen von Zugriffsrechten einzuführen und diese als neue Einheiten zu betrachten.

Ein Bereich wird definiert als eine Menge von Zugriffsrechten [6.8]. Anstatt Zugriffsrechte den Subjekten zuzuordnen, assoziiert man diese in Bereichen. Dies hat den Vorzug, daß jeder Prozeß unter Kontrolle eines Bereiches abläuft und gemeinsame Zugriffsrechte in einem Bereich festgelegt werden können. Der Schutz-Status eines Prozesses wird geändert, indem der die Zugriffsanforderungen des Prozesses kontrollierende Bereich geändert wird. Damit ist es möglich, daß die Zugriffsrechte zu Subjekten geändert werden können, ohne daß die Subjekte geändert werden. Außerdem ist mit diesem Prinzip auch unmittelbar die Vorgabe unterschiedlicher Zugriffsrechte zum gleichen Objekt realisierbar, da die verschiedenen zugreifenden Subjekte lediglich verschiedene Bereiche zu benutzen brauchen.

Objekte, Subjekte und Bereiche werden mit eindeutigen Namen identifiziert. Damit kann ein Schutz-Prozeß die ihm übertragene Überwachung der Zugriffsrechte eines Subjekts über ein Objekt vollziehen.

Die Zugriffsrechte beschreiben die erlaubten Operationen eines Subjekts mit einem Objekt. Die Art der Operationen hängt vom Objekt ab. Mögliche Operationen sind:

— Lesen

— Schreiben

     • (teilweiser) Austausch eines vorhandenen Objekts

     • schreibendes Ergänzen (Anfügen)

— Ausführen (einer Prozedur)

       • ohne Veränderung (wiedereintritts-invariante Prozedur)

       • mit Veränderung.

Objekte sind identifizierbare Betriebsmittel im System. Software-Objekte umfassen Daten, Dateien, Programme, Semaphore und Deskriptoren bzw. Kontroll-Blöcke. Zu den Hardware-Objekten gehören u.a. Speicherbereiche, Spuren auf einer Magnetplatte, Datenendgeräte (Terminals), Datenpfade der Ein/Ausgabe und Magnetbänder. Objekte werden nach Typen klassifiziert. *Ein Typ eines Objektes wird erklärt durch die Menge der Operationen, die für die Objekte dieses Typs anwendbar sind.*

Zwei Objekte sind von verschiedenem Typ, wenn die erlaubten Operationen der beiden Objekte verschieden sind.

Nach [6.2] beschreibt man ein spezielles Zugriffsrecht eines Subjektes über ein Objekt als Berechtigung (capability). So ist z.B. der nur lesende Zugriff eines

Prozesses einer Datei eine Berechtigung dieses Prozesses für die betreffende Datei. Gleichzeitig kann in einer anderen Berechtigung für einen weiteren Prozeß zur gleichen Datei ein Lese/Schreib-Zugriff festgelegt sein.

Die Veränderung der Zugriffsrechte in Berechtigungen wirft einige Fragen auf. Es lassen sich mehrere grundsätzlich verschiedene Möglichkeiten hierzu unterscheiden:

(1)   Am einfachsten ist es, wenn man festlegt, daß ein Subjekt niemals die Berechtigung für ein Objekt verändern darf. Allerdings kann man eine Berechtigung von einem gewissen Zeitpunkt an für ungültig erklären mit der Konsequenz, daß über diese Berechtigung dann überhaupt kein Zugriff mehr zu dem betreffenden Objekt möglich ist.

(2)   Flexibler ist die Möglichkeit, daß demjenigen Prozeß, der initial eine Berechtigung festlegt, auch erlaubt wird, diese Berechtigung zu einem späteren Zeitpunkt wieder zu ändern. So ist etwa ein Betriebsmittel-Verwalter (z.B. Speicher-Verwaltung) in der Lage, alle oder einen Teil der Berechtigungen, die den Zugriff zu den von ihm verwalteten Betriebsmitteln kontrollieren, zu ändern oder auch für ungültig zu erklären. Allerdings wirft diese Lösung einige Probleme auf, wenn es sich um den wechselseitigen Zugriff "einander mißtrauender Prozesse" (vergl. 6.1) handelt.

6.1.2 Implementierungsformen

Um Implementierungsformen für Schutzmechanismen beschreiben zu können, benutzen wir zunächst eine etwas stärker formalisierte Betrachtungsweise der bisher dargestellten Zusammenhänge.

Der Schutz-Status eines Systems kann durch folgendes einfache Modell charakteriesiert werden. Zu jedem Zeitpunkt existieren eine Menge von Bereichen

$$\underline{X} = \{x_1, \cdots, x_n\}$$

und eine Menge von Objekten

$$Y = \{y_1, \cdots, y_m\}$$

Der Schutz-Status eines Systems wird beschrieben durch die Abbildung S

$$\underline{X} \times Y \to Z,$$

wobei

$$Z = \{z_1, \cdots, z_r\}$$

eine Menge von Zugriffsrechten (wie Lesen, Lesen/Schreiben, Ausführen usw.) bedeutet. Die Bereiche werden unabhängig von den Subjekten betrachtet, um die Operationen der Subjekte zu isolieren. Es wird angenommen, daß ein Verfahren der Zuordnung eines Subjektes zu einem Bereich existiert. Der so erklärte Schutz-Status des Systems ist in dem Sinne dynamisch, daß Bereiche und Objekte ständig entsprechend vorgegebener Regeln geändert werden können. Subjekte verändern also alle Bereiche, indem sie in diesen arbeiten. Das angegebene Modell stellt mithin eine Momentaufnahme des beschriebenen Systems dar.

Hängt die Abbildung $S(x, y)$ nur von x und y ab, so kann man den Schutz-Status durch eine *Zugriffsmatrix* ausdrücken, in der die Bereiche die Zeilen und die Objekte die Spalten darstellen (Bild 6.1).

Objekte

Z	y_1	y_2	...	y_m
x_1	Lesen	Ausführen		Lesen/ Schreiben
x_2	Lesen	Lesen/ Schreiben		Ausführen
. . .			. . .	
x_n	Lesen/ Schreiben	Lesen		Lesen

Bereiche

Bild 6.1. Zugriffsmatrix

Für jeden Bereich definiert die Zugriffsmatrix die Zugriffsrechte über das betreffende Objekt. Da nicht ein Bereich üblicherweise Zugriffsrechte über sämtliche Objekte des Systems besitzt, können gewisse Elemente der Zugriffsmatrix auch leer sein.

In der Zugriffsmatrix dürfen keine Einträge unkontrolliert geändert werden, da andernfalls der Schutz der betroffenen Objekte verloren geht. Eine notwendige Änderung von Zugriffsprivilegien kann aber so vollzogen werden, daß Bereiche ihrerseits als Objekte aufgefaßt und in die Zugriffsmatrix aufgenommen werden. Auf diese Weise können Änderungen im Rahmen zulässiger Grenzen - in den Elementen der Zugriffsmatrix festgelegten Umfangs - kontrolliert vollzogen werden. Nach einem Vorschlag von Lampson [6.8] kann die

Änderung von Zugriffsrechten in der Zugriffsmatrix dadurch in kontrollierter Weise realisiert werden, daß die Bereiche (wie bisher) die Zeilen der Zugriffsmatrix bilden und in den Spalten die Objekte **und** die Bereiche aufgenommen werden. Neben den üblichen Zugriffsrechten (Lesen, Lesen/Schreiben, Ausführen) gibt es weitere, die man

— Eigentümer

— Ändern

— Kopieren

nennt. Das Zugriffsrecht "Ändern", das etwa der Bereich x_i über den Bereich x_k besitzt, bedeutet, daß x_i den Bereich x_k vollständig kontrolliert. Das Zugriffsrecht "Eigentümer" des Bereiches x_i über das Objekt y deutet an, daß x_i das Objekt y besitzt. Mit dem Zugriffsrecht "Kopieren" wird dem Bereich x_i die Erlaubnis eingeräumt, ein Zugriffsrecht in einen anderen Bereich zu kopieren.

Mit dem folgenden Satz von Regeln zur Änderung der Zugriffsmatrix wird der Schutz-Status des Systems kontrolliert:

(1)   Ein Bereich s_i kann aus $Z(x_k, y)$ Zugriffsrechte entfernen, wenn der Bereich x_i für x_k das Zugriffsrecht "Ändern" besitzt.

(2)   Ein Bereich x_i kann das Zugriffsrecht z nach $Z(x_k, y)$ kopieren, wenn $z = Z(x_i, y)$ und x_i für x_k das Zugriffsrecht "Kopieren" hat.

(3)   Unabhängig davon, ob x_i über x_k das Zugriffsrecht "Kopieren" besitzt, kann x_i Zugriffsrechte nach $Z(x_k, y)$ übertragen, falls x_i "Eigentümer" des Objekts y ist.

Diese Regeln erlauben jedoch nicht, einmal gewährte Zugriffsrechte zu widerrufen. Um einem Bereich auch die Möglichkeit einzuräumen, bestehende Zugriffsrechte rückgängig zu machen, kann man den obigen drei Regeln noch die folgende hinzufügen:

(4)   Ein Bereich x_i kann aus $Z(x_k, y)$ Zugriffsrechte entfernen, falls x_i "Eigentümer" von y ist und x_k überhaupt Zugriff zu y hat, d.h. $Z(x_k, y)$ nicht leer ist.

Es ist naheliegend, die in Bild 6.1 beschriebene Zugriffsmatrix, bestehend aus Bereichen, Objekten und Zugriffsrechten, direkt in einer gemeinsamen Tabelle T zu implementieren, die immer dann herangezogen wird, wenn ein Zugriffsrecht $Z(x, y)$ benötigt wird. Eine solche direkte Implementierung hat jedoch eine Reihe schwerwiegender Nachteile:

— die Tabelle T ist in der Regel zu groß, um resident im Hauptspeicher abgelegt zu werden

— früher beschriebene Zusammenfassungen von Bereichen oder auch Objekten mit gleichen Zugriffsrechten sind nicht ohne weiteres möglich.

Um diese Nachteile zu umgehen, kann man stattdessen die folgenden Überlegungen anstellen:

(a)   Man gruppiert alle Objekte, zu denen ein Bereich Zugriff hat, in einer sogen. *Berechtigungs-Liste* und ordnet diese wieder einem Bereich zu. Die Berechtigungs-Liste hat Eingänge der Form $(y, Z(x, y))$, in denen die Berechtigungen den Zugriffsrechten des Bereiches x über das (die) Objekt(e) y entsprechen. Es ist dann etwa möglich, die Berechtigungs-Listen in speziellen Hauptspeicher-Bereichen abzulegen, die ihrerseits über Speicherschlüssel (vergl. System IBM/370) geschützt sind. Auf diese Weise kann nur der Schutz-Prozeß, der in seinem Programm-Status-Wort den zugehörigen Speicherschlüssel hat, auf die ihm zugeordnete Berechtigungs-Liste zugreifen.

(b)   Man kann auch alle Bereiche, die zu einem bestimmten Objekt Zugriff haben, in einer sogen. *Zugriffs-Kontroll-Liste* zusammenfassen und diese dem betreffenden Objekt zuordnen. Die Zugriffs-Kontroll-Liste hat Einträge der Form $(x, Z(x, y))$, die die Zugriffsrechte für jeden Bereich, der Zugriff auf das Objekt hat, angeben. Für jedes Objekt wird durch das Subjekt, das Eigentümer dieses Objekts ist, die Zugriffs-Kontroll-Liste zur Verfügung gestellt. Darüberhinaus ist dem betreffenden Subjekt noch eine Prozedur zugeordnet, die die Funktionen des Schutz-Prozesses wahrnimmt, d.h. den Zugriff aller Bereiche zu dem Objekt kontrolliert.

(c)   Eine andere Form der Implementierung benutzt einen *Schutz-Schlüssel-Mechanismus*[1], bei dem jedem Bereich eine Liste von Objekten zusammen mit einem Bit-Muster für jedes Objekt zugeordnet ist. Dieses Bit-Muster dient als Beschreibung der Zugriffsrechte zu dem Objekt. Weiterhin ist dann jedem Objekt eine Liste eindeutiger Bit-Muster zsammen mit den assoziierten Zugriffsrechten für jedes Bit-Muster zugeordnet. Die Liste der Bit-Muster eines Objektes bildet die Schlösser,

---

1. Es muß darauf hingewiesen werden, daß dieser Schutz-Schlüssel-Mechanismus nichts gemeinsam hat mit dem früher erläuterten Speicherschlüssel (vergl. System IBM/370), der lediglich zusammenhängende Hauptspeicher-Bereiche einer festen Größe sichert.

für die ein Subjekt, das auf dieses Objekt zugreifen will, das passende Bit-Muster als Schlüssel besitzen muß. Die Prüfung, ob der "Schlüssel zu dem Schloß paßt", übernimmt wie zuvor der Schutz-Prozeß und gewährt bzw. verweigert den Zugriff zum Objekt in Abhängigkeit vom festgelegten Zugriffsrecht und der Art des gewünschten Zugriffs.

(d)   Eine weitere nützliche Zuordnung assoziiert die Objekte mit dem Schutz-Prozeß, der den Zugriff auf die Objekte kontrolliert. Jede Berechtigung besteht aus drei Elementen

— dem Schutz-Prozeß

— dem Objekt und

— den Zugriffsrechten zu diesem Objekt.

Ein Subjekt, das über diese Berechtigung verfügt, kann auf diese Weise schnell und effektiv auf das Objekt zugreifen.

Es sind zahlreiche weitere Gruppierungen bzw. Anordnungen von Subjekten, Objekten, Bereichen bzw. Berechtigungen möglich. Für die Praxis ist es wesentlich, daß der damit verbundene Verwaltungsaufwand (Speicher, Zeit) minimal gehalten wird. Logische komplexe und elegante Ansätze tendieren leider häufig dazu, nur mit unvergleichbar hohem Aufwand - wenn überhaupt - implementierbar zu sein.

6.2 Realisierungen von Schutzmechanismen

Obwohl zahlreiche experimentelle Ansätze[2] zur Realisierung von Schutzmechanismen in Betriebssystemen existieren, haben die meisten von ihnen nie die Bedeutung eines kommerziellen Produkts erlangt. Trotzdem hat die Idee der Bereiche und Berechtigungen soviel Attraktivität, daß in zahlreichen Forschungs- und Entwicklungs-Laboratorien intensiv weiter daran gearbeitet wird.

---

2. - CAL-TSS System [6.6],[6.9]
    - BCC 5000 der Berkeley Computer Corporation [6.7]
    - IBM/360 im SUE System der University of Toronto [6.12]
    - HYDRA System der Carnegie Mellon University [6.1]
    - Cambridge Capability System [6.10]

In diesem Abschnitt sollen daher stellvertretend für viele andere Vorschläge zwei Realisierungen besprochen werden, die besonders deshalb interessant sind, weil sie

— einmal zu einem relativ frühen Zeitpunkt (späte 60-er Jahre) ein recht allgemeines hierarchisches Schutz-System (MULTICS) beschreiben und

— zum anderen auf Berechtigungen basierende Adressierungsschemata beinhalten, die möglicherweise zukünftig die in Kapitel 3 erläuterten traditionellen Verfahren ersetzen könnten (PLESSEY).

6.2.1 MULTICS System

Bereiche werden im MULTICS System in sogen. *Schutz-Ringen* zusammengefaßt, die jeweils die Berechtigungen enthalten. Die Schutz-Ringe sind konzentrisch angeordnet (Bild 6.2) und die Zugriffsprivilegien nehmen von außen nach innen zu (vergl. [6.11]).

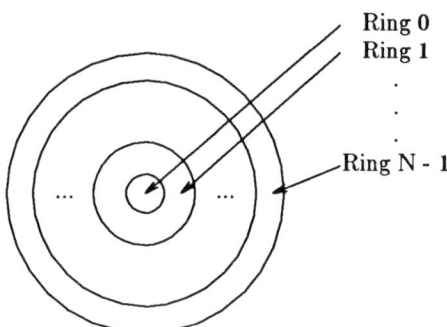

Bild 6.2. Schutzringe

Auf diese Weise wird ein hierarchischer Schutz-Mechanismus realisiert, der als Verfeinerung des heute in vielen kommerziell verfügbaren Systemen (IBM/370, Siemens 7.700, Siemens 7.500) vorhandenen zweistufigen Prinzips (Betriebssystem-Modus: privilegiert, Benutzerprogramm-Modus: nicht privilegiert) betrachtet werden kann.

Ein Schutz-Ring stellt in MULTICS eine Menge von Segmenten dar. Jedes Segment gehört eindeutig zu einem bestimmten Ring. Prozeduren, die weitergehende Zugriffsrechte benötigen, sind den inneren Ringen zugeordnet und solche, die geringere Zugriffsprivilegien benötigen oder die als nicht a priori fehlerfrei betrachtet werden können (z.B. die Anwender-Programme) werden in den äußeren Ringen angesiedelt sein[3].

Um die Zuordnung eines Segmentes zu einem Schutz-Ring eindeutig zu gewährleisten, wird jeder Eintrag in der Segment-Tabelle um ein Feld erweitert, das die Ring-Nummer enthält (Bild 6.3). Darüberhinaus wird der Programmzähler[4] um die Angabe erweitert, die die Ring-Nummer festlegt, unter der der laufende Prozeß abläuft.

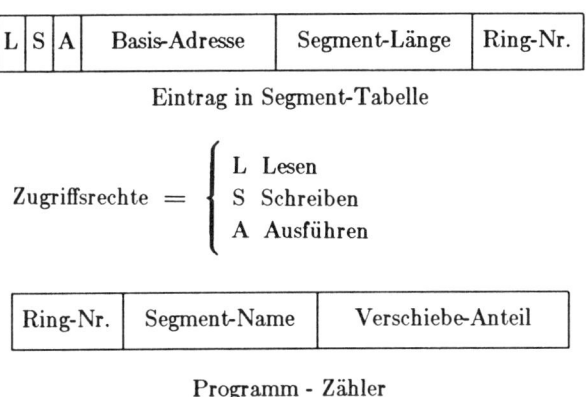

Eintrag in Segment-Tabelle

$$\text{Zugriffsrechte} = \begin{cases} L & \text{Lesen} \\ S & \text{Schreiben} \\ A & \text{Ausführen} \end{cases}$$

Programm - Zähler

Bild 6.3. Programmzähler und Segment-Tabellen-Eintrag in MULTICS

Die Zugriffsrechte sind ebenfalls Bestandteil des Eintrags in der Segment-Tabelle.

Ein Prozeß, der in einem Segment in Ring i abläuft, hat keinen Zugriff zu Segmenten in Ring k, wenn $k < i$. Die Zugriffsrechte im Eintrag der Segment-Tabelle kontrollieren nur den Zugriff zu Segmenten in Ringen l, für die $l \geq i$ gilt.

---

3. Vergl. hierzu auch Abschnitt 6.3.1, in dem - nicht nur aus der Sicht der Sicherungsstrukturen - entsprechende Schichtenkonzepte entwickelt werden.
4. Der Programmzähler enthält u.a. den Platz der nächsten Instruktion; in vielen Systemen ist er aber auch eingebettet in zahlreiche weitere Informationen, die die laufende Programm-Umgebung beschreiben.

Weiter oben war angegeben worden, daß jedes Segment genau einem Schutz-Ring zugeordnet ist. Dies stellt jedoch eine Verbindung mit dem erlaubten Zugriff zu Segmenten in nur weiter außen liegenden Ringen eine zu starke Einschränkung dar. In MULTICS wird stattdessen die Möglichkeit vorgesehen, daß ein Segment zu einer Anzahl konsekutiver Ringe gehört. Zu diesem Zweck wird in jedem Eintrag der Segment-Tabelle statt einer isolierten Ring-Nummer ein *Schutz-Ring-Intervall* (a, b) mit $a \leq b$ angegeben, in dem die beiden ganzen Zahlen a und b die untere bzw. die obere Grenze der Ring-Nummern angeben, innerhalb derer der in diesem Segment ablaufende Prozeß auf der Grundlage der im Segment-Tabellen-Eintrag festgelegten Zugriffsrechte ablaufen und auf Objekte zugreifen darf.

Für einen Prozeß i in $a \leq i \leq b$ läuft der Zugriff also entsprechend der festgelegten Zugriffsrechte ab, für $i < a$ bzw. $i > b$ generiert der in Ring 0 enthaltene Schutz-Prozeß eine Unterbrechung, die signalisiert, daß ein illegitimer Zugriff außerhalb des definierten Schutz-Ring-Intervalls versucht wurde. Der Fall $i > b$ ist dabei einfacher zu behandeln [5] als der Fall $i < a$[6]. Um die grundsätzliche Schwierigkeit des Aufrufs eines Objektes in einem inneren Ring zu lösen[7], kann man dem Schutz-Ring-Intervall (a, b) eine dritte ganze Zahl c mit $c \leq a \leq b$ hinzufügen, die festlegt, daß ein im Ring i mit $a \leq i \leq b$ ablaufender Prozeß auf Segment k aus $c \leq k \leq b$ über im Segment-Tabellen-Eintrag von Segment k festgelegte Eingänge (das sind die in 6.1 genannten "Eingangstore") entsprechend der in k angegebenen Zugriffsrechte zugreifen darf.

Der Nachteil solcher hierarchischer Sicherungsstrukturen ist darin zu sehen, daß ein im Bereich x_1 zugreifbares Objekt, das aber nicht im Bereich x_2 erreichbar ist, eine höhere Anordnung von x_1 (ein innerer Ring) in der Hierarchie impliziert als x_2. Beim Entwurf von Schutzmechanismen muß ja immer darauf geachtet werden, einem Prozeß ein Minimum an Zugriffsprivilegien einzuräumen. Bei dem geschilderten Fall wird jedoch zwangsläufig jedes in x_2 zugreifbare Objekt notwendigerweise auch von x_1 aus

---

5. Der Aufruf eines Segmentes in einem Ring $i > b$ referiert ein Objekt mit nach Definition geringerem Schutzstatus und kann - unter Berücksichtigung der durch die Zugriffsrechte festgelegten Möglichkeiten - prinzipiell erlaubt werden.

6. Mit dem Aufruf $i < a$ werden in jedem Fall höhere Zugriffsprivilegien in Anspruch genommen und sind nach dem Bisherigen zunächst verboten.

7. Trotz des strukturierten Entwurfs eines Betriebssystems kann dieser Fall nicht immer ausgeschlossen werden.

erreichbar sein.

6.2.2 PLESSEY System

Eine Berechtigung im PLESSEY 250 Rechner-System ([6.4]) besteht aus den Zugriffsrechten, der Basis-Adresse und der Grenz-Adresse eines Segmentes. Die Berechtigungen des laufenden Prozesses sind in einem Satz von Registern, den sogen. *Berechtigungs-Registern*, abgelegt. Eine Objektadresse besteht daher aus einem Paar (u, v), wobei u das Berechtigungs-Register und v den Verschiebe-Anteil bezeichnet. Die referierte Speicheradresse wird ermittelt aus der Addition von Basis-Adresse und Verschiebe-Anteil (aus dem Berechtigungs-Register) und die Grenz-Adresse und die Zugriffsrechte werden benutzt, um Verletzungen der vorgesehenen Zugriffsprivilegien zu erkennen.

Im Gegensatz zur Segment-Tabelle, die unter Kontrolle der Speicher-Verwaltung des Betriebssystems steht, werden die Berechtigungs-Register vollständig durch das Anwender-Programm (bzw. durch den Benutzer-Prozeß) kontrolliert. Basis- und Grenz-Adressen aller Segment sind in einer *System-Berechtigungs-Tabelle* abgelegt und sämtliche gespeicherten Berechtigungen referieren Segmente ausschließlich mit Hilfe dieser Tabelle. Verschiebungen von - insbesondere durch mehrere Prozesse gemeinsam benutzten - Segmenten erfordern daher nur eine Änderung des (der) Eintrages (Einträge) in der System-Berechtigungs-Tabelle und nicht der Berechtigung jedes betroffenen Segmentes. In Bild 6.4 ist der Ladevorgang von Berechtigungs-Register $b(k)$ aus $b(l)+i$, d.h. aus dem i-ten Eintrag des durch $b(l)$ angegebenen Segmentes, dargestellt.

Die Berechtigungen sind, wie in Bild 6.4 erläutert, in Berechtigungs-Segmenten zusammengefaßt, wobei das benutzte Berechtigungs-Segment über das aktuelle Berechtigungs-Register (in Bild 6.4) Berechtigungs-Register $b(l)$), das nur der Speicher-Verwaltung des Betriebssystems zugänglich ist, referiert wird. Für die übrigen Prozesse im System ist das Berechtigungs-Register intransparent, wodurch ein hinreichender Schutz insbesondere der Berechtigungen selbst gewährleistet ist.

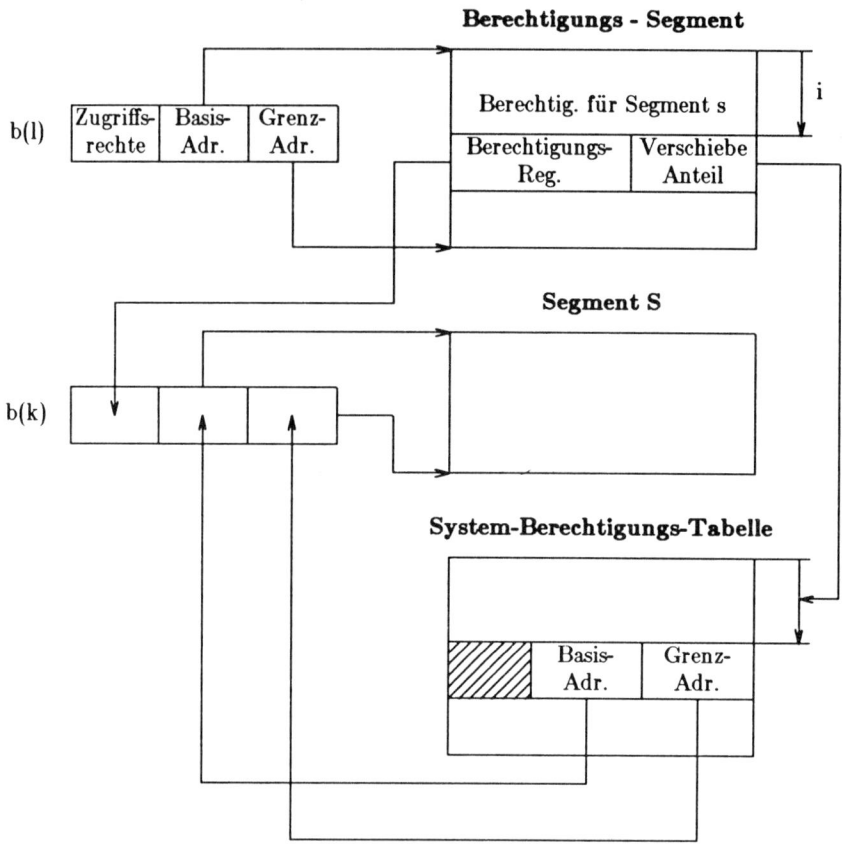

Bild 6.4. Ladevorgang des Berechtigungsregisters beim PLESSEY-System

6.3 Entwurfsprinzipien

Betriebssysteme stellen sehr große und komplizierte Software-Systeme dar. Die Methoden des Entwurfs und der Implementierung müssen daher entsprechend organisiert und projektmäßig geplant werden, um die Vorgaben - das sind die Realisierung einer vorgelegten Aufgabenstellung in begrenzter Zeit und mit limitierten Personalaufwand - einzuhalten.

Beim Entwurf von Betriebssystemen gibt es eine Reihe verschiedener methodischer Vorgehensweisen, die alle ihre Vor- und Nachteile haben. In den meisten existierenden Systemen gelangen vielfach mehrere dieser Techniken in einem System zur Anwendung.

Der Entwurf eines Systems impliziert zeitlich nacheinander eine Folge von Entscheidungen, und ein verwendetes Entwurfskonzept muß darauf angelegt sein, diese Entscheidungen zu ordnen und zu erleichtern.

Beim Entwurf eines komplexen Systems kann man immer verschiedene Ebenen der Detaillierung unterscheiden. Um diese verschiedenen Grade der Detaillierung systematisch auszunutzen, bietet sich das *Konzept der Abstraktion* an.

Durch Abstraktion kann man erreichen, daß man zu einer Zeit nur eine makroskopische Sicht des Systems erhält und auf diese Weise die der Abstraktion entsprechenden charakteristischen Eigenschaften des geplanten Systems zu entwerfen in der Lage ist.

Bei Betriebssystemen sind viele verschiedene Abstraktionen möglich. Häufig geht man so vor, daß man von einer Abstraktion a_1 ausgeht und zu dieser eine Verfeinerung a_2 entwirft. Dann beschreibt a_2 die gleichen Strukturen und Eigenschaften des zu entwerfenden Systems wie a_1, nur daß a_2 einen weitergehenden Detaillierungsgrad hat als a_1. Auf diese Weise kann man zu mehreren Stufen der Abstraktion gelangen, und man spricht von höheren bzw. niederen Abstraktionsstufen. Die oberste Abstraktionsstufe in einem Betriebssystem stellt z.B. die funktionelle Benutzerschnittstelle dar. Die Kontrollanweisungen, mit denen der Benutzer die für seinen Auftrag gewünschten Leistungen des Betriebssystems beschreibt, stellen die Abstraktionsstufe dar, die der Benutzer aus seiner Sicht als Betriebssystem sieht. Im Gegensatz dazu bilden die Kommunikationsprozeduren, die das Zusammenwirken einzelner Prozesse steuern, eine niedere Abstraktionsstufe in einem Betriebssystem.

Ein anderes Entwurfskonzept bei der Beschreibung und Entwicklung von Betriebssystemen ist das *Prinzip virtueller Maschinen*[8]. *Unter einer virtuellen Maschine versteht man eine Menge von Elementaroperationen, die das Betriebssystem oder Teile desselben beschreiben.* Da diese Elementaroperationen nicht nochtwendig durch die Eigenschaften der Hardware bereitgestellt werden müssen, spricht man von einer "virtuellen" statt realen Maschine. Aufgabe einer Implementierung einer virtuellen

---

8. Vergl. hierzu den Begriff des virtuellen Gerätes aus Kapitel 5.

Maschine wird es dann sein, eine geeignete Abbildung der Elementaroperationen, die die virtuelle Maschine konstituieren, auf die reale Hardware eines Rechnersystems vorzunehmen.

6.3.1 Schichtenkonzept des Entwurfs

Beide Entwurfsprinzipien - verschiedene Stufen der Abstraktion, virtuelle Maschinen - benutzen den gleichen Ansatz, die verschiedenen Funktionen eines Betriebssystems in einer solchen Weise zu ordnen, daß mehrere Schichten unterschieden werden können, *die gegeneinander sorgfältig abgegrenzte Aufgaben wahrnehmen.* Dabei ist die unterste Schicht die Hardware des Rechnersystems und die oberste Schicht bildet die Benutzerschnittstelle. Abhängig von der Orientierung bzw. von der Reihenfolge beim Entwurf dieser Schichten unterscheidet man zwei unterschiedliche Vorgehensweisen.

Beim *bottom-up-Entwurf* startet man mit der Hardware des Rechners als unterster Schicht bzw. Maschine. Hierzu fügt man weitere Schichten hinzu, wobei sich jede folgende Schicht auf die Gesamtheit aller darunter liegenden stützt.

Bezeichnet man mit $M_0, M_1, \cdots, M_k$ virtuelle Maschinen, wobei M_0 die gegebene Hardware des Rechnersystems bedeutet, und seien weiterhin $P_0, P_1, \cdots, P_{k-1}$ Programme in der Weise, daß ein Programm P_i auf einer virtuellen Maschine M_i ablaufen kann. Dann erzeugt das auf Maschine M_i laufende Programm P_i die nächste Schicht unseres Systems, nämlich die Maschine M_{i+1}. Die virtuelle Maschine M_K stellt dann als äußerste bzw. oberste Schicht die virtuelle Maschine dar, die das Betriebssystem repräsentiert.

Jede dieser Schichten stellt gewisse Funktionen zur Verfügung. Es sind zwei extremale Fälle zu unterscheiden:

(a)   die virtuelle Maschine M_i hat Zugriff zu den ausschließlich von Schicht M_{i-1} bereitgestellten Funktionen oder

(b)   die virtuelle Maschine M_i kann explizit alle Funktionen benutzen, die die unter M_i liegenden Schichten $M_{i-1}, \cdots, M_1, M_0$ zur Verfügung stellen.

Zwischen diesen beiden extremen Fällen muß noch als Übergang der eingeschränkte Zugriff zu einer gewissen Klasse von Funktionen der unter M_i liegenden Schichten unterschieden werden.

Jeder dieser genannten Fälle hat seine Vor- und Nachteile. Wenn jeweils nur die nächstniedere Schicht erreichbar ist, so ist beim Entwurf der Schichten lediglich darauf zu achten, daß bei der Kommunikation von M_i mit M_{i-1} keine Interferenzen auftreten. Da auf diese Weise alle relevanten Systemcharakteristika isoliert werden, impliziert die Korrektheit der Schicht M_{i-1} und des in ihr ablaufenden Programms P_{i-1} die Korrektheit der Schicht M_i. Andererseits darf man trotz dieses strukturellen Vorteils aber auch nicht die Ineffizienz einer solchen Lösung übersehen. Eine von M_i bereitgestellte Funktion muß, wenn sie von M_i benötigt wird, auch von allen Zwischenschichten $M_2, M_3, \cdots, M_{i-1}$ zur Verfügung gestellt werden. Dieser Nachteil wird beseitigt, wenn eine Schicht M_i beliebig auf alle Funktionen der darunterliegenden Schichten durchgreifen kann. Damit implizierte Probleme mangelnder Kommunikations- bzw. Einflußgrenzen können durch eine Zwischenlösung abgeschwächt werden, in die die Schichten als Baumstruktur angelegt sind. In diesem Fall kann eine Schicht nur auf seine Vorfahren zurückgreifen und nicht erforderliche Kommunikationswege können durch disjunkte Vorfahren ausgeschlossen werden.

Ein Beispiel für ein nach dem bottom-up-Prinzip entworfenes System ist das *THE-Multiprogramming-System* (Dijkstra [6.3]). Dieses System besteht aus einer Menge kooperierender sequentieller Prozesse, die unter einer seitenverwalteten Speicherorganisation ablaufen. Das System enthält *sechs Schichten* von virtuellen Maschinen.

In *Schicht 0* wird der Prozessor allen Prozessen zugeordnet, die sich nicht im Zustand "blockiert" befinden. Unterbrechungen werden auf dieser Schicht behandelt, soweit sie durch Hardware-Fehler bzw. durch die Realzeit-Uhr (Zeitscheiben-Verwaltung) hervorgerufen werden. Oberhalb dieser Schicht verfügt jeder Prozeß über seinen eigenen virtuellen Prozessor. In *Schicht 1* wird die Speichersegment-Verwaltung und der Seitenaustausch zwischen Hauptspeicher und Magnettrommel betreut. Es erfolgt die Synchronisation sequentieller Prozesse auf den höheren Schichten (Ein-Ausgabe-Unterbrechungen). Oberhalb dieser Schicht gibt es vom Konzept her nur ein einstufiges Speichersystem. In *Schicht 2* ist der Nachrichten-Interpretierer untergebracht, der für die Kommunikation zwischen den Prozessen sorgt. Die Aufgabe des Nachrichten-Interpretierers besteht in der Weiterleitung gesendeter Nachrichten an den Empfänger-Prozeß. *Schicht 3* betreut die sequentiellen Prozesse zur Pufferung von Eingabeströmen und zur Entpufferung von Ausgabeströmen. Oberhalb dieser Schicht kommunizieren die Prozesse ausschließlich mit logischen Einheiten. Die Benutzer-Prozesse sind in *Schicht 4* enthalten und der Bediener des Systems (operator) arbeitet in *Schicht 5*.

Neben der Klarheit des Konzepts besteht der Hauptvorteil des bottom-up-Entwurfs darin, daß das gleiche Prinzip auch bei der Implementierung angewendet werden kann. Jede zusätzliche Schicht beschreibt eine neue virtuelle Maschine, die auf der Basis der bestehenden entwickelt und ausgetestet werden kann. Schwierigkeiten bei diesem Verfahren bereitet im allgemeinen die Wahl der Schichten und ihre zweckmäßige hierarchische Anordnung. Obwohl das Beispiel des THE-Systems hier als Muster verwendet werden kann, müssen für Systeme mit veränderten funktionellen Aufgabenstellungen unter Umständen erheblich modifizierte Aufgaben der einzelnen Schichten festgelegt werden.

Einen alternativen Weg geht man beim *top-down-Entwurf*. Hierbei geht man von einer allgemeinen Beschreibung des Systems aus und verfeinert diesen Entwurf schrittweise so lange, bis das System auf einer Maschine realisierbar ist. Die sukzessiven Schichten des Systems, die durch Verfeinerung entstehen, werden durch ihr Verhalten an der Schnittstelle nach "unten", d.h. zur nächsten durch weitere Detaillierung zu entwickelnden Schicht, beschrieben. Wenn nur k solcher Schritte der Verfeinerungen durchgeführt sind, dann besteht der $(k+1)$-te Schritt in der Aufteilung einer Schicht in eine Folge detaillierterer Moduln der nächstniederen Schicht. Dieser Vorgang wird so lange fortgesetzt, bis zum Schluß eine einzelne funktionelle Spezifikation in einer unmittelbar zur Realisierung geeigneten Form (z.B. als Makro) vorliegt. In der Praxis besteht dieser Entwurfsvorgang aus einer Folge sukzessive detaillierterer Simulationsprogramme. Bei Erreichen des letzten Schrittes ist das endgültige Simulationsprogramm das vollständige Betriebssystem ([6.13]).

Ein beträchtlicher Vorteil dieses Verfahrens besteht darin, daß zu Beginn des Entwurfs die aktuelle Hardware noch nicht explizit bekannt sein muß. Es ist lediglich erforderlich, daß die funktionellen Eigenschaften festgelegt sind. Der Nachteil dieses Verfahrens liegt in der Tendenz, durch sukzessive Verfeinerungen eine nichtendliche Iteration in Gang zu setzen. Dazu kommt als Nebenprodukt die Gefahr, daß die letzte Schicht schließlich relativ ineffizient mit der existierenden Hardware kommuniziert. Existierende Systeme werden in der Regel nur partiell nach dem top-down-Konzept entworfen, falls dieses Prinzip überhaupt Anwendung findet.

Gelegentlich wird auch eine Mischform der beiden genannten Vorgehensweisen praktiziert. Man entwirft ein Betriebssystem nach dem top-down-Prinzip und nimmt dabei alle Vorteile der schrittweise verfeinerten funktionellen Beschreibung in Anspruch und implementiert dann den Entwurf nach dem bottom-up-Verfahren.

Es ist nahezu unmöglich, diese beiden Entwurfsprinzipien objektiv hinsichtlich ihrer Vor- und Nachteile gegeneinander abzuwägen. Man sollte beim Entwurf von Betriebssystemen lediglich im Auge behalten, daß es strukturierte Prinzipien der Entwicklung gibt und diese von anderen technologischen Entwurfsmethoden nicht substantiell abweichen.

6.3.2 Pragmatische Entwurfsverfahren

Es gibt eine Vielzahl weiterer Entwurfsprinzipien, wie sie hauptsächlich beim Entwurf bestehender Betriebssysteme angewendet worden sind. Einige dieser Verfahren sollen hier noch kurz besprochen werden.

Von den in diesem Unterabschnitt beschriebenen Verfahren gehört die *Methode der Nukleus-Erweiterung* noch zur Klasse strukturierter Entwurfsprinzipien, wohingegen die anschließenden Verfahren nicht mehr dazu gerechnet werden können. Dieses auf Brinch Hansen [0.6] zurückgehende und bei der Entwicklung des Betriebssystems für das Rechnersystem RC-4000 angewandte Verfahren beschränkt sich zunächst auf die Festlegung der minimalen Elemente des Betriebssystems. Aus diesen Komponenten entsteht dann durch deren Vereinigung der Nukleus des Systems. In ähnlicher Weise wie beim bottom-up-Entwurf entstehen jetzt aus dem Nukleus, der für die Erzeugung, Kontrolle und Terminierung von Prozesses sowie deren Kommunikation untereinander zuständig ist, durch Erweiterung weitere Komponenten des Systems. Im Gegensatz jedoch zum bottom-up-Entwurf geschieht die Erweiterung des Nukleus sowie der nachfolgenden Komponenten im Sinne einer Baumstruktur, d.h., jede Komponente hat ihren eindeutigen Vorgänger, möglicherweise aber mehr als einen Nachfolger. Dieses Entwurfsprinzip ist auch bei der Entwicklung des SUE-Systems [6.12] angewendet worden. Bei SUE handelt es sich um ein Basis-Betriebssystem für die Rechnerfamilie IBM/360-370, das an der Universität von Toronto, Kanada, entwickelt wurde. Der Vorteil dieses Entwurfsprinzips liegt vornehmlich in dem geringen Aufwand, der bei der Entwicklung eines Elementarsystems getrieben werden muß. Der Nachteil liegt allerdings darin, daß mehr Systementwicklungsaufwand zu Lasten des Anwenders geht.

Ein bei mehreren großen, kommerziell verfügbaren Betriebssystemen zur Anwendung gekommenes Entwurfsverfahren ist das *Modul-Schnittstellen-Konzept*. Die Aufgaben des Betriebssystems werden zu Beginn der Entwurfsphase so detailliert wie möglich in Funktionen zerlegt, und jede Funktion wird durch einen Modul beschrieben, dessen Schnittstellen zu angrenzenden Moduln definiert werden. Hauptvorteil dieses Verfahrens ist der geringe initiale Planungsaufwand, der beträchtlich unter dem der vorangegangenen Verfahren liegt. Es kommt dazu, daß durch die Aufteilung der verschiedenen Aufgaben auf verschiedene Moduln gleichzeitig eine Verteilungsmöglichkeit auf zahlreiche Personen bei der Systemimplementierung besteht. Letzteres dürfte vermutlich einer der Gründe sein, warum große existierende Systeme nach diesem Prinzip entworfen und implementiert wurden (z.B. IBM-OS, UNIVAC EXEC8, MULTICS). Allerdings dürfen auch nicht die Nachteile dieses vergleichsweise simplen Entwurfsverfahrens übersehen werden. Die Zeitvorgaben bei der Implementierung eines solchen Systems können schwer eingehalten werden. Häufig wird die Komplexität der Moduln auf Kosten der Komplexität der Schnittstellen minimiert. Nach diesem Verfahren realisierte Systeme verhalten sich gegen Änderungen außerordentlich sensitiv, da bereits relativ geringfügige Modifikationen unter Umständen schon ziemlich viele Moduln betreffen können. Dazu kommt, daß kritische Verhaltensweisen eines solchen Systems immer erst a posteriori bekannt werden und daß infolgedessen eine Korrektheit eines solchen Betriebssystems auch nicht teilweise sicherzustellen ist.

6.4 Implementierung

Der Unterschied zwischen dem Entwurf und der Implementierung eines Systems besteht darin, daß für das erstere in der Regel eine abstrakte oder informelle Notation verwendet wird, während die Implementierung mit Hilfe einer Programmiersprache durchgeführt wird.

Die Implementierung eines Betriebssystems beeinflußt in ganz maßgeblicher Weise die Qualität und die Leistungsfähigkeit eines Rechnersystems. Da ein Betriebssystem nicht unbeträchtliche Teile der Betriebsmittel des Rechnersystems zur Wahrnehmung seiner eigenen Aufgaben benötigt, ist es unmittelbar einleuchtend, daß eine ineffiziente Implementierung ein ineffizientes Gesamtsystem zur Folge hat.

Um also ein System auch im Laufe der Zeit weiter verbessern zu können, ist es von entscheidender Bedeutung, daß die Implementierung verständlich und gut dokumentiert ist. Wenn die verschiedenen Programme, die in ihrer Gesamtheit das Betriebssystem ausmachen, Konstruktionen enthalten, die ihre Lesbarkeit verbessern, so wird das die Dokumentation des Systems vereinfachen. Z.B. sollten die Programme sauber gegliedert sein, ausführliche Kommentare enthalten und mnemonische Objektbezeichnungen benutzen, die selbstdokumentierend sind.

Schließlich muß eine Implementierung eines Betriebssystems zu einem sicheren, zuverlässigen und stabilen System führen. Es ist normalerweise außerordentlich schwer und aufwendig, ein unsicheres und instabiles Betriebssystem zu verbessern, weil die Korrektur eines Fehlers oder die Beseitigung einer Schwachstelle schnell zu neuen Fehlern bzw. Unsicherheiten im System führt (die großen, kommerziell verfügbaren Betriebssysteme mögen als Beweis für diese Aussage gelten!).

Die Ziele einer Betriebssystem-Implementierung, ein zuverlässiges, effizientes und gut dokumentiertes System zu erzeugen, werden maßgeblich durch die Wahl der Implementierungssprache beeinflußt. In der Vergangenheit war es die Regel, daß Betriebssysteme in Assemblersprachen implementiert wurden. Die Begründung dafür war meistens, auf diese Weise effizientere Programme zu erhalten als bei Benutzung einer höheren Programmiersprache. Allerdings gibt es auch schon frühe Beispiele für die Implementierung von Betriebssystemen in höheren Programmiersprachen (MULTICS in PL/1, UNIX in C).

Heute gibt es zahlreiche Sprachen, die für Anwendungen im Bereich der Systemprogrammierung entworfen wurden (BCPL, PL/360, EULER, PS440, LIS, BLISS, MARY, BALG, MODULA, ADA u.v.a.). Generelle Empfehlungen und objektive Kriterien zur Bewertung einer Systemimplementierungs-Sprache können nicht aufgestellt werden. Die Auswahl einer Sprache muß durch die speziellen Aufgaben des zu implementierenden Systems bestimmt werden. Allerdings muß im Falle der Implementierung von Betriebssystemen als unentbehrliche Forderung neben Eigenschaften zur Beschreibung der relevanten Kontrollstrukturen vor allem das Vorhandensein von Prüf- und Testkonstruktionen sowohl während der Übersetzungszeit als auch während der Laufzeit des Systems vorausgesetzt werden.

6.5 Zuverlässigkeit von Betriebssystemen

Eine wesentliche Voraussetzung für die Zuverlässigkeit eines Systems ist die logische Richtigkeit des Entwurfs und der Implementierung und eine gewisse Toleranz gegenüber auftretenden Fehlerbedingungen. Allerdings darf man nicht erwarten, daß die Zuverlässigkeit eines Betriebssystems größer ist als die der beherbergenden Hardware (vergl. Abschn. 6.3.1 bottom-up-Entwurf).

Beim Entwurf und auch bei der Implementierung eines Systems muß darauf geachtet werden, daß die *Auswirkungen möglicher auftretender Fehler lokal bleiben* und damit die Auffindung der Fehlerursache erleichtern. Hauptproblem in Verbindung mit Zuverlässigkeit ist die *Integrität*, d.h. Schutz gegen den Verlust von Information bei auftretenden Fehlern. Folgende Techniken werden üblicherweise benutzt, um die Integrität eines Systems zu erreichen.

1. Mit wachsender Wichtigkeit von Daten in Systemen muß die Wahrscheinlichkeit ihres Verlustes fallen. Ein Maß für die Wichtigkeit von Daten ist der Zeitanteil, in dem die betreffenden Daten referiert werden.

2. Mit der Wichtigkeit der Daten muß ihre Redundanz wachsen, d.h., für das Betriebssystem lebenswichtige Systemtabellen müssen aus anderen Systemtabellen rekonstruiert werden können. Redundante Kopien wichtiger Systemtabellen müssen auf getrennten Speichermedien untergebracht werden[9].

3. Im Ablauf des Betriebssystems (zeit- und funktionsbezogen) werden sogen. Kontrollpunkte eingerichtet, um an diesen Kopien aller wichtigen Systemdaten herzustellen und im Falle eines System-Zusammenbruchs an diesen Kontrollpunkten das System wieder starten zu können.

4. Im Betriebssystem werden standardmäßig Funktionen zur Systemgenerierung und zum Wiederstart vorgesehen.

Im Übrigen müssen Hardware-Fehler ganz realistisch gesehen werden. Die Schwachstellen jeder Komponente des Rechnersystems müssen von vornherein mit in den Systementwurf einbezogen werden. Hardware-Fehler müssen durch das Betriebssystem mitbehandelt werden.

---

9. Diese Technik ist die Grundlage für das Verfahren zur sogen. System-Erholung (system recovery), d.h. bei auftretenden Hard- oder Software-Fehlern kann durch solche Maßnahmen ein System-Zusammenbruch vermieden werden.

6.6 Übungsaufgaben zu Kapitel 6

6.1   Während der Prozeßabläufe können die Rollen von Subjekten und Objekten zeitlich wechseln. Man betrachte 3 Koroutinen A, B und C, die sich einander zu den angegebenen Zeitpunkten wechselseitig aufrufen:

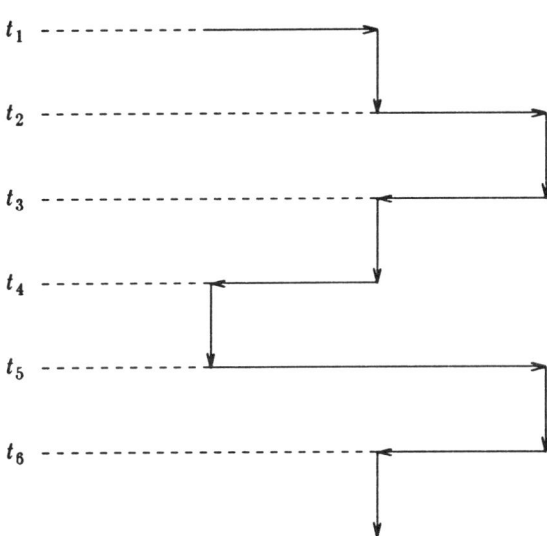

Koroutine A   Koroutine B   Koroutine C

Man gebe in einer tabellarischen Übersicht an, welche der Koroutinen zu den Zeitpunkten $t_1, \cdots, t_6$ Subjekt bzw. Objekt ist.

6.2   Man beschreibe eine einfache Methode, mit der man ohne erheblichen Implementierungsaufwand den Zugriff eines Prozesses in Art (erlaubte Operationen) und Umfang (vorgesehene maximale Anzahl von Operationen) auf ein E/A-Gerät kontrollieren kann.

6.3   Zur Wahrung der Integrität eines Betriebssystems kommt es darauf an, daß mit wachsender Bedeutung von Systemdaten ihre Sicherheit (Schutz gegen Verlust oder Zerstörung) steigen muß. Man gebe in einem Beispiel 4 Gruppen von Systemdaten mit wachsender Wichtigkeit für die Systemintegrität an.

7. Modellierung, Durchsatz

Durch die wachsende Komplexität sowohl der Hardware als auch der umgebenden Betriebssysteme wird es zunehmend schwieriger, diese qualitativ im Hinblick auf die bereitgestellten Funktionen als auch quantitativ bezüglich der erbrachten Leistung miteinander zu vergleichen. Hersteller und Anwender (hier stärker die Betreiber als die Endbenutzer) haben ein Interesse daran, daß geeignete Modelle zur Verfügung stehen, die die Beurteilung des Gesamtsystems erlauben. Derartige Modelle werden darüberhinaus in zunehmend stärkerem Umfang bereits beim Entwurf besonders der Betriebssysteme eingesetzt, um deren Leistungsverhalten in bestimmten *Arbeitslast*-Umgebungen[1] zu prognostizieren.

Nach Lucas [7.7] unterscheidet man drei verschiedene Arten der Rechner- und Betriebssystem-Bewertung:

— die *Auswahl-Bewertung* wird unter besonderer Berücksichtigung des Leistungsverhaltens zur Auswahl eines Rechnersystems aus mehreren möglichen Herstellerangeboten eingesetzt; außer Leistungsfaktoren spielen in der Regel auch noch andere Kriterien eine Rolle (z.B. Umfang der Software, Wartungsbedingungen für das System, Erweiterbarkeit der angebotenen Konfiguration etc.);

— die *Leistungs-Prognose* wird eingesetzt, wenn ein neues (Betriebs-) System entworfen wird und wenn Entscheidungen über die zu verwendenden Konzepte (z.B. bestimmte Strategien wie etwa der benutzte Seitenaustausch-Algorithmus) getroffen werden sollen;

— die *Leistungs-Beobachtung* (engl. performance monitoring) liefert Daten über das tatsächliche Leistungsverhalten eines existierenden Systems unter einer gegebenen Arbeitslast; Leistungs-Beobachtung kann auch benutzt werden, um a posteriori Aufschluß zu geben über die bei der System-Generierung (vergl. 7.2) verwendeten Parameter.

---

1. Unter der Arbeitslast eines Rechner- bzw. Betriebssystems versteht man die Menge aller Aufträge, bestehend aus Programmen, Daten und Kontrollanweisungen, die zu einem gegebenen Zeitpunkt dem System zur Bearbeitung übergeben werden.

Um das quantitative Verhalten eines Rechnersystems beurteilen und vor allem prognostizieren zu können, benutzt man vorzugsweise *analytische Modelle* als mathematisch exakt beschriebene Repräsentanten des betreffenden Rechnersystems. Mittels einer solchen Modellbildung ist es innerhalb der zulässigen Parametergrenzen, die durch den Gültigkeitsbereich für den gewählten mathematischen Ansatz gegeben sind, möglich, den Einfluß von System-Änderungen, d.h.

— Veränderung der Arbeitslast

— Modifikation der Systemparameter (zur System-Generierungs- oder auch zur System-Laufzeit)

— Wechsel der System-Strategien (z.B. Betriebsmittel-Verwaltungs-Strategien)

quantitativ abzuschätzen.

Neben analytischen Modellen können auch *empirische Modelle* benutzt werden, um das Leistungsverhalten eines existierenden oder projektierten Systems zu beschreiben. Bei existierenden Systemen wird diese Beschreibung durch Leistungs-Beobachtung am realen System erzielt und bei geplanten Systemen kann die Leistungs-Vorhersage durch Simulation erfolgen.

7.1 Leistungs-Maße und Leistungs-Beziehungen

Um die Leistung eines Rechner- und Betriebssystems[2] beurteilen zu können, bedarf es geeigneter Meßgrößen. Die wesentlichen Meßgrößen sind:

— der *Durchsatz* (engl. throughput), der den pro Zeiteinheit für eine gegebene Arbeitslast geleisteten Verarbeitungsumfang beschreibt;

— die *Umlaufzeit* (engl. tourn-around-time), die die durchschnittliche Zeit angibt, die ein Auftrag in einem Stapelverarbeitungs-System vom Zeitpunkt des Eingangs bis zu seinem vollständigen Abschluß verbringt;

---

2. Rechner- und Betriebssystem werden in diesem Abschnitt immer als Einheit betrachtet, da das isolierte Betriebssystem ohne die zugrundeliegende Hardware nicht oder nur unvollständig beurteilt werden kann.

— die *Antwortzeit* (engl. response time), die die durchschnittliche Zeit beschreibt, die ein interaktives System (Dialogsystem) zur Bearbeitung einer Transaktion (d.h. Dialog-Kommando) benötigt (vergl. auch Kapitel 4)

— die *Verfügbarkeit* (engl. availability), die ein Maß für den Anteil an produktiver Arbeit angibt, die pro Zeiteinheit bewältigt werden kann[3].

Die Verfügbarkeit eines Rechner- und Betriebssystems wird offensichtlich durch den (gelegentlich beträchtlichen) Verwaltungsaufwand des Betriebssystems (engl. overhead) mehr oder weniger eingeschränkt. Wie später noch im einzelnen gezeigt werden wird, besteht - intuitiv verständlich - ein direkter Zusammenhang zwischen Verfügbarkeit und Antwortzeit bzw. Umlaufzeit. Je größer nämlich die Verfügbarkeit eines Systems sein wird, desto geringere Antwort- bzw. Umlaufzeiten darf man erwarten.

7.1.1 Einige elementare Zusammenhänge

Bei der Analyse von Rechner- und Betriebssystemen konzentriert sich das Hauptinteresse auf die folgenden 3 Schritte:

(1)   Bestimmung mathematischer Ausdrücke, die Beziehungen zwischen im System gemessenen Größen oder auf andere Weise ermittelten Daten herstellen, d.h. die empirisch zu beschreibenden Werte abzuleiten erlauben;

(2)   Ermittlung von Zusammenhängen, die die Konsistenz der gemessenen Leistungsdaten bestätigen;

(3)   Aufstellung von Formeln, die die Auswirkung gewisser Änderungen des Systems oder der betrachteten Arbeitslast zu prognostizieren gestatten (z.B. die Veränderung des Durchsatz- oder Antwortzeit-Verhaltens).

Um derartige Beziehungen abzuleiten, geht man folgendermaßen vor

(a)   Man definiert eine Reihe operationaler Variabler, die in direkter Weise den intuitiven Zusammenhängen entsprechen, die Gegenstand der Analyse sind (z.B. Durchsatz, Geräte-Auslastung, Bedienzeiten etc.);

---

3. Gelegentlich wird auch die mittlere Zeit zwischen zwei aufeinanderfolgenden Fehlern (engl. mean time between failure = MTBF) als Maß für die Verfügbarkeit eingeführt.

(b)   Man leitet mathematische Beziehungen zwischen diesen operationalen Variablen her, die das Systemverhalten während eines Betrachtungsintervalls charakterisieren;

(c)   Man wendet die so erhaltenen mathematischen Beziehungen an, um die in den o.g. Schritten (1) - (3) gelisteten Aufgaben zu lösen.

Zu diesem Zwecke betrachten wir die folgenden Größen:

T bezeichnet die Länge des Betrachtungsintervalls, in dem das Systemverhalten beschrieben werden soll bzw. in dem Systemdaten (wie Durchsatz, Antwortzeiten etc.) gemessen oder auch prognostiziert werden sollen;

N sei die Anzahl der Aufträge, die während des Beobachtungsintervalls T vom System vollständig bearbeitet werden. Aufträge sind Jobs in Stapelverarbeitungs-Systemen oder auch interaktive Anweisungen (Transaktionen, Dialog-Kommandos) in einem Dialogsystem;

D beschreibe den Durchsatz im Intervall T, d.h. es gilt

$$D = \frac{N}{T} \; ;$$

$A(i)$ sei das absolute Zeitintervall, in dem der Prozessor i (z.B. der Rechnerkern, ein E/A-Prozessor oder Kanal, ein Gerät) während des Beobachtungsintervalls T im Zustand "Aktiv"(im aus den Kapiteln 1 und 4) ist; $A(i)$ beschreibt also die Zeit, in der Prozessor i beschäftigt ist;

$B(i)$ charakterisiere den relativen Anteil in T, in dem Prozessor i "Aktiv" ist, d.h. die Auslastung des Prozessors i. Offensichtlich gilt

$$B(i) = \frac{A(i)}{T} \; ;$$

$C(i)$ zähle die Anzahl der im Beobachtungsintervall T für Prozessor i abgeschlossenen Bedienanforderungen;

$Z(i)$ sei die durchschnittliche Zeit, die je Bedienanforderung für Prozessor i benötigt wird. $Z(i)$ kann also auch in der Form

$$Z(i) = \frac{A(i)}{C(i)}$$

ausgedrückt werden;

$X(i)$ beschreibe schließlich die durchschnittliche Anzahl von Bedienanforderungen für Prozessor i je bearbeiteten Auftrag, d.h.

$$X(i) = \frac{C(i)}{N} \ .$$

Nach Buzen [7.3] ergibt sich nun unmittelbar die sogen. *Durchsatz-Beziehung:*

Für jeden Prozessor i im System gilt

$$D = \frac{B(i)}{Z(i) \cdot X(i)} \ ,$$

d.h. der Durchsatz des Prozessors i ist proportional seiner Auslastung und umgekehrt proportional dem Produkt aus der Anzahl der Bedienanforderungen und der durchschnittlichen Zeit je Bedienanforderung.

Wegen

$$\frac{B(i)}{Z(i) \cdot X(i)} = \frac{A(i)}{T} \cdot \frac{C(i)}{A(i)} \cdot \frac{N}{C(i)} = \frac{N}{T} = D$$

folgt unmittelbar die Richtigkeit dieser Beziehung.

Es bleibt anzumerken, daß diese Beziehung unabhängig ist von einer Vielzahl von Größen, die üblicherweise zur Beschreibung des Durchsatzes verwendet werden, wie z.B.

— der *Grad der Mehrprogramm-Verarbeitung* (das ist die Anzahl der im Mehrprogramm-Betrieb gleichzeitig nebeneinander bearbeiteten unabhängigen Benutzerprogramme, engl. multiprogramming degree)

— die verschiedenen *Bedienzeit-Verteilungen* für die unabhängig voneinander betrachteten Prozessoren.

Als Beispiel betrachten wir ein System, das eine durchschnittliche Rechnerkern-Auslastung von 80% (d.h. $B=0.8$) hat und die durchschnittliche Bedienzeit je Anforderung an den Rechnerkern betrage $Z = 15$ ms. Wenn jeder Auftrag (Job) sich im Mittel aus 5000 Anforderungen an den Rechnerkern[4] zusammensetzt, dann beträgt der Durchsatz im Mittel

$$D = \frac{0.8}{5000 \cdot 15} \quad \text{Aufträge pro Millisekunde}$$

$$= \frac{3\,600\,000 \cdot 0.8}{5000 \cdot 15} \text{Aufträge pro Stunde}$$

$$= 64 \text{ Aufträge pro Stunde} \ .$$

Eine ganz ähnliche Betrachtung läßt sich auch für Dialog-Systeme und die zu deren Beurteilung wichtige Antwortzeit aufstellen. Um für die Antwortzeit eine vergleichbare Beziehung herleiten zu können, muß zunächst das dafür benutzte Modell hinsichtlich der darin festgelegten Annahmen beschrieben werden.

Man geht davon aus, daß das Modell eine feste Anzahl interaktiver Datenstationen (Terminals) enthält und daß jede Datenstation genau einen interaktiven Prozeß bearbeitet. Ein interaktiver Prozeß wechselt zyklisch zwischen den Zuständen bzw. Zeitintervallen

— Vorbereitung (d.h. "Denkzeit" des am Terminal sitzenden Benutzers zur Vorbereitung und - gepufferten - Eingabe der nächsten interaktiv zu bearbeiteten Anweisung; während dieser Zeit befindet sich der Prozeß im Zustand "Blockiert").

— Bearbeitung (d.h. "Systemzeit", das ist die Zeit, in der die anstehende Transaktion verarbeitet wird, also der Prozeß sich im Zustand "Aktiv" befindet oder auf die Bearbeitung in der Bereit-Warteschlange wartet).

Die Antwortzeit entspricht dem Zeitintervall "Bearbeitung". Jedesmal, wenn ein interaktiver Prozeß eine Bearbeitung abgeschlossen hat, ist eine Transaktion verarbeitet.

Basierend auf den beschriebenen Modellannahmen können nun die folgenden operationalen Variablen eingeführt werden:

M sei die Anzahl der interaktiven Datenstationen. M ist während des Beobachtungsintervalls T fest und über die M Terminals werden N Transaktionen (das sind die Aufträge in einem interaktiven System) an das System zur Bearbeitung übergeben;

$r(k)$ beschreibe die Gesamtzeit, die der k-te interaktive Prozeß im Bearbeitungszustand (d.h. die Summe aller "Aktiv" und "Bereit"-Zeiten) zubringt;

$y(k)$ bezeichne die Summe aller Vorbereitungszeiten ("Denkphasen") des k-ten interaktiven Prozesses;

---

4. Der Zustandskreislauf "Aktiv-Blockiert-Bereit" wird also 5000 mal durchlaufen oder anders ausgedrückt, es treten z.B. nacheinander 5000 E/A-Anforderungen auf, die das jeweilige Aktiv-Zeitintervall für den Prozessor beenden.

R gibt dann die durchschnittliche Antwortzeit an, d.h. die mittlere Zeit, die ein Prozeß je Transaktion im Bearbeitungszustand ist. Da R die durchschnittliche Bearbeitungszeit je Anforderung beschreibt, gilt

$$R = \frac{1}{N} \cdot \sum_{k=1}^{M} r(k) \, ;$$

Y charakterisiert dann offensichtlich die durchschnittliche "Denkzeit" je Transaktion, die notwendig ist, um einen interaktiven Einzelauftrag zu erzeugen. Ähnlich wie für die durchschnittliche Antwortzeit gilt für die durchschnittliche Vorbereitungszeit

$$Y = \frac{1}{N'} \cdot \sum_{k=1}^{M} y(k) \, ,$$

wobei

N' angibt, wie oft im Beobachtungsintervall der Wechsel: Vorbereitungszustand $\rightarrow$ Bearbeitungszustand erfolgt.

Eine Kombination der für dieses Modell eingeführten Größen in Verbindung mit den bei der Durchsatz-Beziehung hergeleiteten Ergebnissen führt zur sogen. *Antwortzeit-Beziehung:*

Die mittlere Antwortzeit in einem interaktiven System beträgt

$$R = \frac{M}{D} - \frac{N'}{N} \cdot Z.$$

Zur Herleitung dieser Beziehung beachte man, daß die Summe der Gesamtzeiten, die der k-te interaktive Prozeß im Vorbereitungszustand und im Bearbeitungszustand ist, der Länge des Beobachtungsintervalls entspricht, d.h.

$$y(k) + r(k) = T \, .$$

Summiert man über alle M interaktiven Prozesse, so erhält man

$$\sum_{k=1}^{M} y(k) + \sum_{k=1}^{M} r(k) = M \cdot T$$

und daraus unter Verwendung der angegebenen Beziehungen für R und Y (nach Division durch N)

$$\frac{N'}{N} \cdot Y + R = M \cdot \frac{T}{N}$$

und wegen

$$X = \frac{N}{T}$$

die Antwortzeit-Beziehung.

Eine Vereinfachung dieser Antwortzeit-Beziehung ergibt sich, wenn man annimmt, daß $M \gg N$. Diese Annahme ist immer dann gerechtfertigt, wenn das Beoachtungsintervall sehr viel größer als die durchschnittliche Antwortzeit des Systems ist. In diesem Fall gilt dann wegen $\mid N' - N \mid \leq M$ *auch* $N \approx N'$ und damit

$$R = \frac{M}{D} - Y \; . \tag{*}$$

Die Anwortzeit-Beziehung illustriert den fundamentalen Zusammenhang zwischen Durchsatz- und Antwortzeit-Verhalten: *Durchsatz und Antwortzeit verhalten sich umgekehrt proportional zueinander*, d.h. eine Verbesserung des Durchsatzes (und damit der Geräte-Auslastung) verringert die Verfügbarkeit des Systems (und verschlechtert damit das Antwortzeit-Verhalten). Oder: *Durchsatz und Antwortzeit können nicht gleichzeitig optimiert werden.*

Ein Beispiel soll noch die Antwortzeit-Beziehung illustrieren: Das interaktive System bestehe aus $M=40$ Terminals, die mittlere "Denkzeit" je Interaktion betrage $Y=30$ Sekunden, die durchschnittliche Anzahl von Rechnerkernanforderungen sei $X(i)=8$, die Auslastung des Rechnerkerns betrage 40% ($B(i)=0.4$) und die mittlere Bedienzeit je Anforderung sei $Z(i)=50$ ms. Dann erhalten wir als durchschnittliche Antwortzeit (unter Benutzung der vereinfachten Antwortzeit-Beziehung (*) und der Durchsatz-Beziehung)

$$R = \frac{40 \cdot 0.05 \cdot 8}{0.4} - 30 = 10 \text{ Sekunden} \; .$$

Zur weiteren Vertiefung variieren wir dieses Beispiel noch etwas und stellen die folgende Frage:

Wie verbessert (verschlechtert) sich die mittlere Antwortzeit, wenn unter sonst ungeänderten Annahmen, die Zahl der Terminals auf 50 erhöht wird, durch einen schnelleren Rechner aber die Bedienzeit je Anforderung auf $Z(i)=45$ ms verkleinert wird?

Die Antwort lautet dann:
Wegen

$$R = \frac{50 \cdot 0.045 \cdot 8}{0.4} - 30 = 15 \text{ Sekunden}$$

wächst die mittlere Antwortzeit um 50%.

7.1.2 Ein interaktives Rechnersystem-Modell

In diesem Abschnitt soll ein interaktives System-Modell betrachtet werden, das über graphische Datenstationen Transaktionen dem Rechner zur Bearbeitung übergibt. Die Verarbeitung neu im System ankommender Transaktionen wird nicht sofort gestartet, sondern so lange verzögert, bis im Hauptspeicher für die neue Transaktion Platz vorhanden ist. Bei dem Modell wird also von einem konstanten Grad G der Mehrprogramm-Verarbeitung ausgegangen. Nachdem eine Transaktion gestartet ist, bewirbt sie sich konkurrierend mit den anderen im Verarbeitungs-Zustand befindlichen Transaktionen um die wechselseitig benötigten Betriebsmittel (Rechnerkern, E/A-Geräte). Eine Transaktion durchläuft während des gesamten Verarbeitungs-Intervalls zyklisch die Zuteilung zum Prozessor (Rechnerkern), zu einem E/A-Gerät, zum Prozessor usw. Wenn eine Transaktion ihre Verarbeitungs-Phase abschließt, rückt aus der Hauptspeicher-Warteschlange eine neue Transaktion nach. Gleichzeitig geht das Terminal (bzw. der zugeordnete Benutzer-Prozeß) in die Denk-Phase über, um eine neue Transaktion zu generieren. Den vollständigen Transaktionsfluß gibt Bild 7.1 wieder.

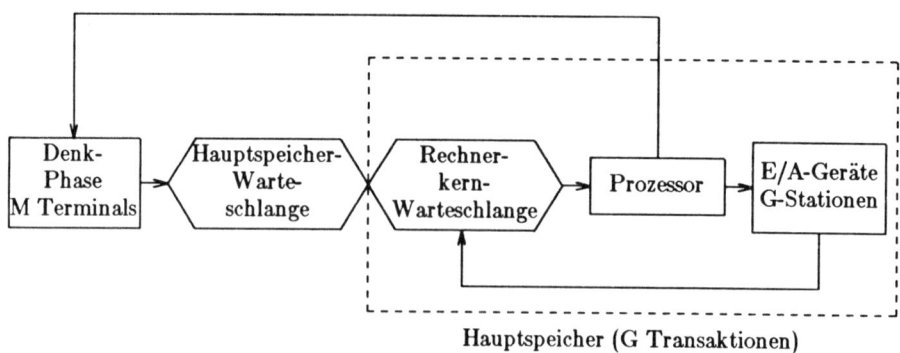

Bild 7.1. Modell eines interaktiven Rechnersystems

Im Modell werden genau G parallele E/A-Bedienstationen vorgesehen, so daß eine Transaktion sich entweder

— in der Prozessor-Warteschlange

— in der Prozessor-Bearbeitung oder

— in der E/A-Bearbeitung

befindet. Wenn man aus Vereinfachungsgründen annimmt, daß alle G E/A-Stationen identisch sind, so ist eine E/A-Warteschlange entbehrlich. Wenn alle G Transaktionen, die sich im Hauptspeicher zur Bearbeitung befinden, gleichzeitig E/A-Operationen ausführen, so steht der Prozessor "leer" (engl. idle).

Das Modell soll Auskunft darüber geben, welchen Anteil der Gesamtzeit der Prozessor ausgelastet ist. Hieraus läßt sich dann das Antwortzeit-Verhalten des Systems ermitteln.

Wenn man davon ausgeht, daß in dem betrachteten System für eine Transaktion nicht simultan Prozessor-Bearbeitung und Ein-Ausgabe stattfindet, eine Transaktion also zu einer Zeit entweder auf dem Prozessor abläuft oder Ein-Ausgabe vorgenommen wird, dann lassen sich nach Boyse und Warn [7.2] in Übereinstimmung mit den in 7.1.1 abgeleiteten Resultaten folgende Ergebnisse zeigen[5]:

Sei

P die durchschnittliche Prozessorzeit je Transaktion

p die mittlere Prozessorzeit zwischen zwei aufeinanderfolgenden E/A-Operationen, d.h. $p \leq P$ und

e die mittlere Bedienzeit für eine E/A-Operation,

dann gilt (bei gleicher Notation wie in 7.1.1) für die *Prozessor-Auslastung A* (siehe Prozessor-Intensität in Kapitel 4):

(a)   bei konstanter Verteilung der Prozessor- und E/A-Zeiten

$$A = \begin{cases} \dfrac{G}{1+\dfrac{e}{p}} & \text{falls } G \leq 1 + \dfrac{e}{p} \\[2em] 1 & \text{sonst} \end{cases}$$

---

5. Für die Herleitung der Ergebnisse sei auf die Originalliteratur [7.2] verwiesen.

(b) bei exponentiell verteilten Prozessor- und E/A-Zeiten (vergl. Kapitel 4) mit den Mittelwerten p und e

$$A = 1 - \cfrac{1}{G! \displaystyle\sum_{K=0}^{G} \cfrac{1}{(G-K)!}} \left(\frac{p}{e}\right)^k ,$$

für den *Durchsatz* D, d.h. die Anzahl Transaktionen pro Zeiteinheit

$$D = \frac{A}{P}$$

und für die *Antwortzeit R*

$$R = \frac{M \cdot P}{A} - Y .$$

7.2 Systemgenerierung

Betriebssysteme werden - von experimentellen Einzelentwicklungen abgesehen - jeweils für eine breite Klasse von Anwendungen einer bestimmten Rechnerfamilie (z.B. Siemens 7.700, IBM/370) entwickelt und sind daher in Verbindung mit der benutzten Hardware einer Vielzahl wechselnder Einsatzfälle ausgesetzt.

Die Steuerungs- und Kontrollaufgaben des Betriebssystems müssen zum einen

— unterschiedlichen *Hardware-Konfigurationen,* d.h. der Art und Anzahl der benutzten Prozessoren (Zentraleinheiten), der Größe des benutzten Hauptspeichers, Art und Anzahl der vorhandenen E/A-Prozessoren bzw. Kanäle sowie den an diesen angeschlossenen Steuereinheiten und E/A-Geräte und zum anderen

— verschiedenartigen *Software-Konfigurationen* des Betriebssystems und der von diesem unterstützten Service- und Anwendungs-Programme, d.h. Festlegung der benutzten Betriebsart (Stapel-Betrieb, Dialog-Betrieb, Realzeit-Betrieb), Verteilung der realen Haupt- und Hintergrund-Speicherbelegung, Auswahl der im System zur Verfügung stehenden Übersetzersysteme für die verwendeten höheren Programmiersprachen u.a.

angepaßt werden.

Unter Systemgenerierung versteht man daher den Vorgang der Anpassung eines allgemeinen Betriebssystems an die spezifische Hardware- und Software-Konfiguration und die operationellen Erfordernisse einer bestimmten Rechnerinstallation.

Dieser Anpassungsvorgang mit dem Ziel der Erzeugung eines für eine bestimmte Rechnerinstallation "maßgeschneiderten" Betriebssystems schließt zwei im wesentlichen nacheinander zu treffende *Auswahl-Entscheidungen* ein:

(1) *Festlegung der* in das zu erzeugende Betriebssystem *aufzunehmenden Komponenten* (z.B. Prozeß-Verwaltung für Mehrprogramm-Betrieb, Geräte-Treiber-Programm für E/A-Gerät vom Typ X, Einschluß des Datenbank-Verwaltungs-Systems Y, Generierung des PASCAL-Compilers) und

(2) *Parametrisierung der* für das Ziel-Betriebssystem *ausgewählten Komponenten* (z.B. Grad der Mehrprogramm-Verarbeitung höchstens N, Haupspeicher-Residenz für gewisse Betriebssystem-Moduln, Größe und Anzahl der Pufferbereiche für das Datenbank-Verwaltungs-System Y, PASCAL-Compiler zur Benutzung im wiedereintrittsvarianten Modus).

Der Vorgang der Systemgenerierung läuft auf der Hardware-Konfiguration des Zielsystems unter Kontrolle des sogen. *Basis-Betriebssystems* ab, das in Eigenschaften und Umfang eine echte Teilmenge des zu erzeugenden Betriebssystems darstellt. Damit dieses für die Systemgenerierung benutzte Basis-Betriebssystem auf jeder Anlage der betreffenden Rechnerfamilie lauffähig ist, muß es minimal sein, d.h. die kleinstmögliche Hardware-Konfiguration voraussetzen, die üblicherweise auf jedem Rechnersystem der betreffenden Rechnerfamilie vorhanden ist.

Das Basis-Betriebssystem enthält die für die Ablaufsteuerung von Programmen notwendigen Komponenten sowie die elementaren Teile der Prozeß-, Speicher- und Geräte-Verwaltung. Über zahlreiche Dateien werden für den Vorgang der Systemgenerierung sämtliche optional oder alternativ für das Zielsystem zu erzeugenden und zu verbindenden Moduln und Software-Komponenten bereitgestellt und beim Generierungsvorgang gesteuert durch eine Folge von Kontrollanweisungen zum installationsspezifischen Betriebssystem vereinigt.

In einem auszugsweisen größeren Beispiel sollen die vor der eigentlichen Systemgenerierung zu treffenden Auswahlentscheidungen anhand möglicher Kontrollanweisungen für das Betriebssystem IBM/370 DOS/VS illustriert werden:

— Das Basis-Betriebssystem setzt eine Hardware-Konfiguration folgenden Umfangs voraus:

- einen Prozessor der Serie /370 mit Hauptspeicher mindestens kleinster vom Hersteller angebotener Hauptspeichergröße

- einen Kartenleser, -stanzer sowie Drucker

- eine Bedienungs-Konsole

- eine Magnetplatten-Einheit (eines bestimmten hier nicht näher erläuterten Typs) bestehend aus mindestens zwei Laufwerken.

— Für die Generierung der Hardware-Konfiguration des Zielsystems werden u.a. die folgenden Kontrollanweisungen benutzt:

MODEL = 135   zur Beschreibung des Prozessortyps

FP = YES   der Instruktionssatz des Prozessors enthält Gleitkomma-Arithmetik

DVCGEN = X'160', DVCTYP = 3340

     eine Magnetplatteneinheit vom Typ 3340 ist an einem E/A-Kanal unter der physikalischen Geräteadresse 160 angeschlossen. In dieser Form sind sämtliche zur Hardware-Konfiguration zählenden Komponenten explizit zu spezifizieren.

— für die Generierung des Betriebssystem-Kerns (Supervisor) des zu erzeugenden Betriebssystems werden u.a. die folgenden Kontrollanweisungen angegeben:

SUPVR NPARTS = 5

     gibt an, daß der für Benutzerprogramme vorgesehene Hauptspeicherbereich in 5 Teile zerfällt und daher Mehrprogramm-Betrieb mindestens des Grades 5 vorgesehen ist

AP = YES   in jedem der in NPARTS angegebenen Hauptspeicherbereiche wiederum Mehrprogramm-Betrieb ablaufen kann

TP = BTAM   beschreibt, daß Datenfernverarbeitung (über geographisch entfernt angeschlossene E/A-Geräte) vorgesehen ist und über die Zugriffsmethode BTAM (basic telecommunication access method) abgewickelt wird

PAGEIN = 10   die zur Verwaltung des virtuellen Speichers erforderliche Warteschlange der Anforderungen

von Seiteneinlagerungen aus dem Adreß- in den
Speicherraum soll die Länge 10 haben

usw.

FOPT   in dieser Kontrollanweisung werden zusätzliche
                    Optionen   für   die   Generierung   des
                    Betriebssystem-Kerns beschrieben

PRTY = (BG,F3,F4,F2,F1)
                    gibt   die   Reihenfolge   der   Prozessor-
                    Zuteilungspriorität (dispatching priority) im
                    Mehrprogramm-Betrieb (vergl. NPARTS in
                    SUPVR) an

OLTEP = YES   schließt   die   Generierung   von   internen
                    Testprogrammen zur Wahrung der Integrität
                    (vergl. Kapitel 6) ein

usw.
usw.

— Für die Anpassung des zu generierenden Betriebssystems an die
  physikalische und logische Struktur der Geräte-Verwaltung benutzt
  man neben weiteren die folgenden Kontrollanweisungen:

PIOCS BLKMPX = YES
                    das Zielsystem unterstützt Blockmultiplex-Kanäle

TAPE = 9   die angeschlossenen Magnetbandgeräte benutzen
                    einen 9-Kanal-Aufzeichnungsmodus

usw.

IOTAB   mit dieser Kontrollanweisung werden für die
                    Geräte-Verwaltung   die   EAABs   (Eingabe-
                    Ausgabe-Anforderungs-Blöcke), vergl. Kapitel 5)
                    generiert

CHANQ = 10   die Anzahl der Einträge für die E/A-Kanal-
                    Warteschlange beträgt 10

D3340 = 12   gibt an, daß 12 Geräte des Magnetplatten-Typs
                    3340 im Zielsystem unterstützt werden sollen.

usw.
usw.

In diesem selbst lückenhaft angegebenen Beispiel wird sichtbar, daß bereits während der Generierung eines Betriebssystems zahlreiche Festlegungen erfolgen, die die qualitativen und quantitativen Eigenschaften des generierten Zielsystems maßgeblich beeinflussen.

7.3 Arbeitslast und Systemverhalten

Die initiale Festlegung der wechselseitigen Abhängigkeiten von Arbeitslast und Leistungsverhalten in einem speziellen Betriebssystem erfolgt bereits zum Zeitpunkt der Generierung des betreffenden Betriebssystems. Da allerdings die jeweilige Arbeitslast eine höchst dynamische Größe darstellt, wird es darüberhinaus darauf ankommen, während der Betriebszeit eines Betriebssystems zusätzlich ständig Betrachtungen anzustellen, die sicherstellen, daß die ursprünglich beim Entwurf des allgemeinen Systemkonzepts und später bei der Generierung des speziellen Betriebssystems verfolgten Ziele auch hinreichend mit den während der Benutzung des Betriebssystems beobachteten qualitativen und quantitativen Verhaltensweisen desselben übereinstimmen.

In der Regel wird es demzufolge notwendig sein, auch nach der zur System-Generierungs-Zeit erfolgten statischen Festlegung von Systemparametern weitere Änderungen vorzunehmen. Diesen Vorgang der während der Benutzung eines Betriebssystems ständig oder in kürzeren Abständen vorgenommenen Parameter-Änderung bezeichnet man als *System-Abstimmung (engl. tuning)*.

Sämtliche Maßnahmen zur System-Abstimmung sind ausschließlich am Leistungs-Verhalten orientiert. Um aber Entscheidungen treffen zu können, welche Systemparameter zu welchem Zeitpunkt in welcher Weise zu modifizieren sind, bedarf es entsprechender Kriterien.

Bezugsgrößen zur ständig fortgeschriebenen Leistungs-Beurteilung des Systems sind die in 7.1 eingeführten Leistungs-Maße *Durchsatz, Umlaufzeit, Antwortzeit* und *Verfügbarkeit* aber auch weitere Größen wie *Betriebsmittel-Auslastung* (Prozessor-Auslastung, Kanal- oder Geräte-Auslastung), *Grad der Mehrprogramm-Verarbeitung, Grad der Parallelität* (vergl. Kapitel 1, Bild 1.7) als Maß der internen Überlappung der Abläufe, *Anzahl der Zugriffe zu den verschiedenen Sekundärspeichern* usw.

Einflußgrößen, die letztlich die Ursache für wechselndes Leistungs-Verhalten eines Betriebssystems darstellen, werden durch die Eigenschaften der jeweiligen Arbeitslast bestimmt. Hierzu gehören u.a. die *mittlere Anzahl von*

Instruktionen pro Auftrag, die *durchschnittliche Anzahl von Prozessor-* (oder Kanal-, oder E/A-Gerät-) *Bedienanforderungen*[6] *je Auftrag*, die *durchschnittliche Länge einer Bedienanforderung*.

Sowohl Bezugs- als auch Einflußgrößen müssen gemessen werden, um zur Grundlage gewisser Maßnahmen der System-Abstimmung gemacht werden zu können. Diese Messungen können in der Hardware, in der Firmware (realisiert durch Mikroprogramme) oder in der Software, d.h. dem Betriebssystem selbst, erfolgen.

Hardware-Messungen setzen entweder voraus, daß die zugrundeliegende Rechnerarchitektur bereits gewisse Zähler und/oder Register vorsieht, die automatisch zu messende Ereignisse aufzeichnen oder daß an das zu beobachtende Rechnersystem ein Meß-Zusatz-Gerät (engl. hardware monitor) angeschlossen wird, das dann die Aufzeichnung der Ereignisse, die Bezugs- und Einflußgrößen bestimmen, übernimmt. Das periodische Auslesen dieser Zähler und deren Auswertung ist dann Aufgabe der Software, d.h. einer bestimmten dafür vorgesehenen Komponente im Betriebssystem.

Firmware-Messungen sind im Prinzip den Hardware-Messungen ganz ähnlich, nur daß durch die Realisierung in der Firmware-Ebene eines Rechnersystems (falls diese im konkreten Fall überhaupt existiert) wesentlich mehr Felxibilität hinsichtlich Art und Umfang der zu messenden Einfluß- bzw. Bezugsgrößen besteht.

Software-Messungen schließlich sind - vollständig als Aufgabe des Betriebssystems in dieses integriert - am flexibelsten geänderten Meß-bedingungen (Beobachtungsintervalle, Aufzeichnungsdichte) anzupassen. Allerdings implizieren durch die Software vorgenommene Messungen nicht nur den größten Aufwand (bezüglich der realen zur Messung benötigten Zeit), sondern sie sind in der Regel auch am wenigsten präzis. Da der Meßvorgang selbst Betriebsmittel (Prozessorzeit, Hauptspeicher, gewisse Komponenten des Betriebssystems) benötigt, wird dadurch zwangsläufig die Meßgenauigkeit beeinflußt[7].

---

6. Eine Bedienanforderung besteht immer aus mehreren Instruktionen (ein "Aktiv"-Zeit-Intervall); daher entspricht das Produkt aus der Länge und der Anzahl der Bedienanforderungen eines Auftrags gleich der mittleren Anzahl von Instruktionen pro Auftrag.

7. Soll z.B. das "Aktiv"-Zeit-Intervall einer Bedienanforderung durch die Software gemessen werden, so wird die Meßroutine im Betriebssystem selbst zur Prozessor-Auslastung beitragen und diese daher verfälschen.

In der Praxis findet meist eine Mischform der genannten drei Meßverfahren statt.

7.3.1 Darstellungsformen von Bezugs- und Einflußgrößen

Um Maßnahmen der System-Abstimmung einleiten zu können, werden zunächst die dafür herangezogenen Bezugs- und Einflußgrößen sichtbar gemacht werden müssen. Die Form, in der Resultate von Messungen dargestellt werden, kann erheblich deren Interpretation erleichtern (oder auch erschweren). Die Schwierigkeit besteht darin, daß in der Regel eine große Anzahl quantitativer Meßgrößen simultan interpretiert werden müssen. Man benutzt dafür üblicherweise zwei-dimensionale Tabellen und Diagramme. Die folgenden beiden Darstellungsformen haben sich dabei in der Praxis besonders bewährt, um *System-Auslastungs-Profile* graphisch zu illustrieren.

Die Darstellung in sogen. *Gantt-Diagrammen* ist bereits aus Kapitel 1 (Bild 1.10) bekannt. Die Auslastung der verschiedenen Systemkomponenten wird horizontal in Form von Balken über der Zeit aufgetragen. Hinsichtlich der Einzelheiten dieser Darstellung sei auf das nachfolgende Beispiel (Bild 7.2) verwiesen.

Eine andere Darstellungsform benutzt einen zirkularen Graphen, dessen Radien als Achsen für die dazustellenden Größen dienen. Für die Auswertung eines so dargestellten Modells einer System-Auslastung, das man *Kiviat-Graph* (nach [7.6]) nennt, entsteht ein mehr oder weniger regelmäßiges, sternförmiges Gebilde, das zusammenhängend betrachtet unmittelbar mögliche Schwachstellen des Systems illustriert. Die Wahl der entlang der einzelnen Achsen quantitativ dargestellten Größen ist dabei beliebig und erfolgt gemäß der Relationen der einzelnen System-Auslastungs-Faktoren, deren Zusammenhang sichtbar gemacht werden soll.

Zur Verdeutlichung betrachten wir das folgende Beispiel: Das hinsichtlich seines Leistungs-Verhaltens zu analysierende System bestehe aus einem Prozessor (Zentraleinheit) und einem E/A-Kanal. Die "Aktiv"-Zeit des Prozessors zerfällt während des Beobachtungsintervalls der Länge T in die Summe der "Aktiv"-Zeiten, in denen der Prozessor Anwender-Prozesse bearbeitete und in solche, die für die Service-Funktionen des Betriebssystems benötigt wurden. Durch Messung mögen die folgenden Größen ermittelt worden sein ([7.6]):

Bezeichnung	Gemessene Größe	Prozentsatz der Gesamtzeit von T
ρ_{10}	ausschließl. Prozessor "Aktiv"	13.03 %
ρ_{12}	Prozessor und Kanal "Aktiv"	47.88 %
ρ_{1a}	Prozessor "Aktiv" (Anwender)	54.60 %
ρ_{20}	ausschließl. Kanal "Aktiv"	19.04 %
$\rho_1 = \rho_{10} + \rho_{12}$	Prozessor "Aktiv"	60.91 %
$\rho_{1b} = \rho_1 - \rho_{1a}$	Prozessor "Aktiv" (Betriebssystem)	6.31 %
$\rho_2 = \rho_{12} + \rho_{20}$	Kanal "Aktiv"	66.92 %
$\overline{\rho_1} = 1 - \rho_1$	Prozessor-Leerzeit	39.09 %

Das zugehörige Gantt-Diagramm ist in Bild **7.2** dargestellt.

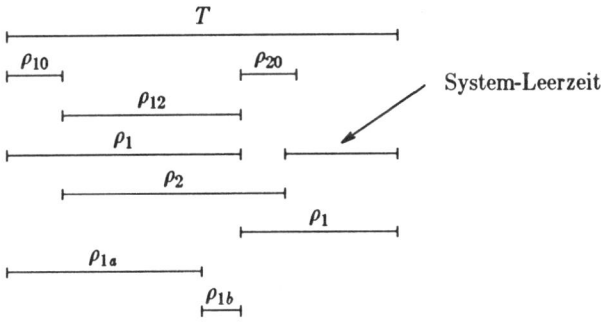

Bild 7.2. Gantt - Diagramm zum vorangegangenen Beispiel

Bild **7.3** zeigt den entsprechenden Kiviat-Graph.

Zweckmäßige Interpretation von sowohl durch Gantt-Diagramme als durch Kiviat-Graphen dargestellten System-Auslastungen und die Festlegung von möglichen Schwachstellen des betrachteten Systems hängen natürlich in hohem Maß von einer guten Kenntnis der System-Struktur und den daraus resultierenden Zusammenhängen ab. Im vorstehenden Beispiel fällt unmittelbar auf, daß

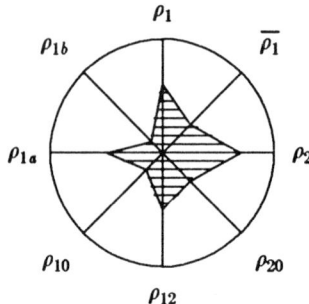

Bild 7.3. Kiviat - Graph zum vorangegangenen Beispiel

— der Grad der internen Parallelität des Systems (Achse ρ_{12}) größer sein könnte

— im Sinne eines höheren Durchsatzes die "Aktiv"-Zeit des Prozessors (Achse ρ_1) ebenfalls größer sein sollte und

— das gleiche für die "Aktiv"-Zeit des Kanals (Achse ρ_2)

gilt.

7.3.2 Maßnahmen zur Leistungsverbesserung

Es ist außerordentlich schwierig, das Leistungsverhalten eines bestimmten Systems bezüglich einer gegebenen Arbeitslast zu optimieren. Da die verschiedenen, in 7.3.1 eingeführten Bezugsgrößen vielfach einander entgegengesetzte Effekte hinsichtlich des Leistungsoptimismus (eine Verbesserung der Antwortzeit führt normalerweise zu einer Verschlechterung des Durchsatzes) zeigen, wird es darauf ankommen, durch geeignete Wahl der Betriebssystem-Parameter jeweils partielle Optima des Leistungsverhaltens eines Rechner- und Betriebssystems anzustreben.

Um das *Preis-Leistungs-Verhältnis*[8] eines Rechnersystems zu verbessern, kann man entweder versuchen,

(a)   die Kosten des Rechnersystems zu senken oder

(b)   das als Bezugsgröße gewählte Leistungsmaß zu vergrößern.

Bei Studien, die der Leistungsverbesserung oder genauer der Verbesserung des Preis-Leistungs-Verhältnisses dienen, kann man z.B. feststellen, daß eine bestimmte Hardware-Komponente (etwa ein E/A-Kanal) ohne beeinträchtigung des resultierenden Leistungsmaßes entbehrlich ist (a) oder daß durch eine Veränderung der gewählten Strategie zur Betriebsmittelvergabe (z.B. Zuteilungs-Reihenfolge von Anforderungen an eine Magnetplatte) bzw. durch eine andere Wahl von Systemparametern (z.B. Erhöhung der Seitengröße in einem virtuellen Speichersystem) das betrachtete Leistungsmaß deutlich zu vergrößern ist (b).

Beim nicht-optimalen Betrieb eines Rechnersystems - und das ist die Regel - werden immmer gewisse Ursache (Symptome) der vermutete Grund für ein unbefriedigendes Leistungsverhalten des Systems sein. Nach Ferrari [7.5] hat man als Maßnahmen zur Leistungsverbesserung die folgenden zwei Schritte vorzunehmen:

— In der *Diagnose-Phase* akkumuliert man durch Hardware-, Firmware- oder Software-Messungen Bezugs- und Einlfußgrößen, die

— in der *Therapie-Phase* in Parameter-Änderungen für das benutzte Betriebssystem umgesetzt werden.

Da derartige Maßnahmen in der Praxis meist iterativ angewendet werden, ergibt sich daraus folgender Kreislauf (Bild 7.4):

Der typische Diagnose-Vorgang besteht in der Formulierung einer geeigneten Hypothese, der Durchführung einer ersten Analyse der Hypothese und dem Testen dieser Hypothese im laufenden System. Wenn die Ergebnisse der Analyse und des Tests nicht die gewünschten Systemveränderungen zeigen, so ist eine andere Hypothese zu formulieren und der Vorgang zu wiederholen.

Bell et.al. [7.1] unterscheiden verschiedene Methoden der Formulierung von Hypothesen, die die Ursache für unbefriedigendes Leistungsverhalten darstellen können:

(1) *Vergleich mit bekannten Systemverhalten*, d.h. Verallgemeinerung oder transitive Erweiterung von aus früheren Studien zur

---

8. Das Preis-Leistungs-Verhältnis (engl. price performance ratio) eines Rechnersystems beschreibt bei gegebener Arbeitslast als Einflußgröße eine Maßzahl, die sich als Quotient aus den Investitions- und Betriebskosten der zugrundeliegenden Rechner-Konfiguration und einer gewählten Bezugsgröße ergibt.

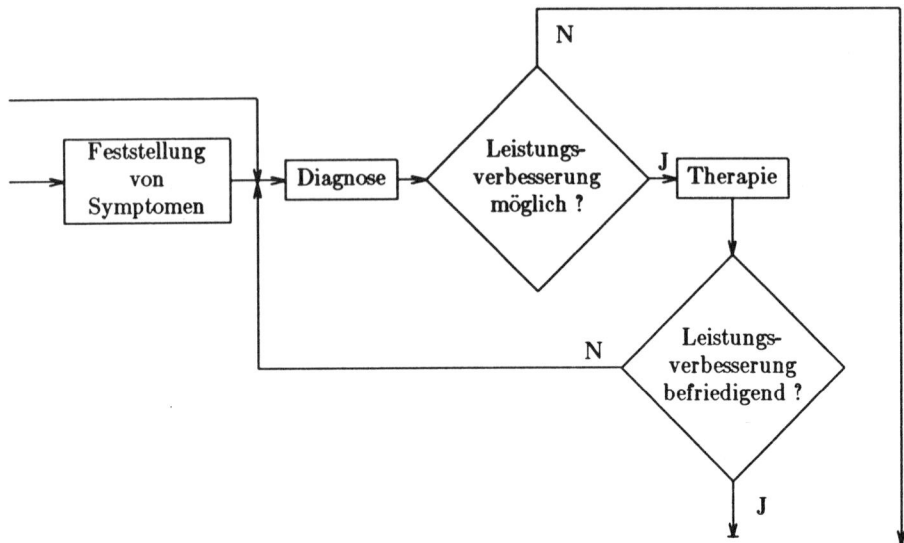

Bild 7.4. Maßnahmen - Reihenfolge zur Leistungsverbesserung

Leistungsverbesserung gewonnener Erfahrungen am gleichen oder einem ähnlichen System;

(2) *Beobachtung extremaler Bezugs- oder Einflußgrößen*, da diese häufig die Symptome mangelhaften Leistungsverhaltens bilden;

(3) *Untersuchung quantitativer System-Muster*, d.h. die periodische Beobachtung gewisser Bezugs- und Einflußgrößen zur Ermittlung von Trends des Leistungsverhaltens (hierbei spielen die in 7.3.1 erläuterten Darstellungsformen eine wichtige Rolle);

(4) *Ermittlung von Korrelationen*, die empirische wechselseitige Abhängigkeiten zwischen Bezugs- und Einflußgrößen illustrieren;

(5) *Analyse von Inkonsistenzen*, d.h. bei Benutzung bekannter Relationen bezüglich der gemessenen Daten die Ermittlung von Uverträglichkeiten zwischen gemessenen und prognostizierten Werten.

Die in der Therapie-Phase vorzunehmenden Änderungen können dabei sowohl die Systemprogramme, d.h. das Betriebssystem als auch die Anwenderprogramme berühren. Letztere sollen jedoch in dem hier erläuterten Zusammenhang außer Betracht bleiben.

Für die *Änderung von Systemparametern* sind prinzipiell *drei verschiedene Zeitpunkte* zu unterscheiden:

— Während der *Systemgenerierungs-Zeit* vorgenommene Änderungen des Betriebssystems sind in dem Sinne statisch, als die Korrektur eines Systemparameters eine neue Systemgenerierung erfordert und üblicherweise nur in relativ großen Zeitabständen durchgeführt wird.

— Zum Zeitpunkt der *System-Initialisierung,* d.h. dem Laden und Starten des Betriebssystems bei Betriebsbeginn (oder nach einem System-Zusammenbruch), können bzw. müssen eine Reihe von Betriebsparametern explizit festgelegt werden, die durch die Struktur des Systems so definiert sind, daß sie nicht bereits während der Systemgenerierungs-Zeit fixiert zu werden brauchen (z.B. die für den folgenden Betrieb aktuell zur Verfügung stehende Anzahl von Hauptspeicher-Moduln, wenn etwa ein gewisser Modul durch einen Hardware-Fehler einen System-Zusammenbruch verursachte und während des folgenden Betriebs durch den Wartungstechniker repariert bzw. ausgetauscht werden soll).

— Während der *System-Laufzeit* finden dynamisch eine Reihe weiterer Parameter-Änderungen statt, entweder explizit durch Anweisungen des Bedieners, der z.B.

  • den Grad der Mehrprogramm-Verarbeitung steuert

  • Spooling-Prozesse startet und stoppt

  • gewisse E/A-Geräte als für den Betrieb verfügbar (engl. on-line) oder nicht verfügbar (engl. off-line) kennzeichnet

oder *implizit* durch Entscheidungen der adaptiven Betriebsmittel-Verwaltung (vergl. z.B. die adaptive Prozessor-Zuteilung in Kapitel 4).

7.3.3 Wahl des Grades der Mehrprogramm-Verarbeitung

Die in dem vorangehenden Abschnitt dargestellten allgemeinen Maßnahmen zur Leistungsverbesserung sollen nun anhand des wechselseitigen Einflusses von Durchsatz und dem Grad der Mehrprogramm-Verarbeitung illustriert werden.

Nach Denning [7.4] besteht zwischen diesen beiden Größen der in Bild 7.5 dargestellte Zusammenhang.

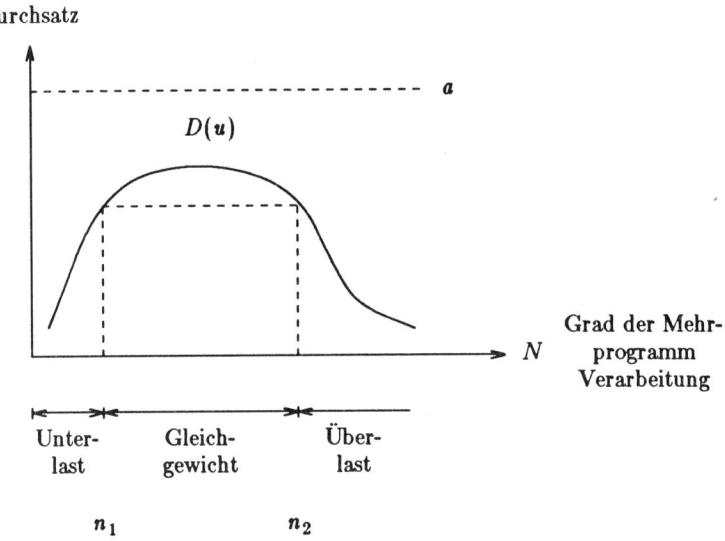

Bild 7.5. System-Überlastung (Thrashing)

Die Durchsatz-Kurve $D(n)$ steigt im Unterlast-Bereich bei zunehmendem Grad n der Mehrprogramm-Verarbeitung, um dann im Gleichgewichts-Bereich zwischen n_1 und n_2 ungefähr konstant ihr Maximum zu erreichen. Zwischen n_1 und n_2 tritt für den Durchsatz also eine *Sättigung* ein. Die Durchsatz-Sättigung wird allerdings in jedem Falle unterhalb von a liegen, wobei a die maximale Prozessorleistung kennzeichnet. Wenn der Grad der Mehrprogramm-Verarbeitung n über n_2 hinaus wächst, so tritt eine sogen. *System-Überlastung* (engl. thrashing) ein, die trotz eines wachsenden Grades der Mehrprogramm-Verarbeitung mit einer Verminderung des Durchsatzes verbunden ist.

Das Phänomen der System-Überlastung hat folgende Ursachen: Wenn die Zahl der simultan bearbeiteten Programme wächst, so wächst auch die Summe des von allen Programmen gleichzeitig benötigten Hauptspeichers. Solange die Größe des Hauptspeichers ausreicht, um für alle Prozesse gleichzeitig deren Arbeitsmengen im Speicherraum (das ist der Hauptspeicher) zu beherbergen, werden die Seitenfehler-Wahrscheinlichkeiten der betreffenden Prozesse minimal sein. Gilt aber $n \geq n_2$, so wird offensichtlich

$$M < \sum_{k=1}^{n} \omega_k(t,\tau) \quad \text{(siehe 3.3.2.2)}$$

und die Seitenfehler-Wahrscheinlichkeiten steigen sprunghaft an. Die Folge ist, daß durch den hohen Seitenaustausch die Prozessor-Auslastung A und damit der Durchsatz D (D ist nach 7.1.2 proportional zu A) schlagartig fallen.

Es wird im Hinblick auf eine Maximierung des Durchsatzes also wünschenswert sein, daß der vom Dispatcher bearbeitete Prozeß seine Arbeitsmenge jeweils resident im Hauptspeicher zur Verfügung hat, d.h. bezüglich des Grades der Mehrprogramm-Verarbeitung im Sättigungsbereich, also $n_1 \leq n \leq n_2$, gearbeitet wird.

Ein Kontrollmechanismus, der den Grad der Mehrprogramm-Verarbeitung regelt, muß demzufolge ständig die Prozessor-Auslastung A messen und entsprechend der Änderung von A die Anzahl der laufenden Prozesse n steuern. Hierzu gehört auch die ständige Beobachtung des Verhaltens der beteiligten Programme, da die Größe der Arbeitsmengen bzw. deren Dynamik direkt mit dem Grad n der Mehrprogramm-Verarbeitung korreliert.

Eine stärker formalisierte Methode eines solchen Kontrollmechanismus ist in [7.4] beschrieben.

7.4 Betriebsmittel-Kontrolle

Bereits in allen bisherigen Abschnitten dieses Kapitels ist wiederholt darauf hingewiesen worden, von welcher fundamentalen Wechselwirkung Betriebsmittel-Vergabe und Leistungs-Verhalten eines Betriebssystems sind. Die daraus resultierende Forderung nach einer entsprechenden Betriebsmittel-Kontrolle ist zwar stärker das Interesse des Betreibers eines Rechnersystems (z.B. des Rechenzentrum-Leiters) als des Konstrukteurs des Betriebssystems, aber wenn beim Entwurf des Betriebssystems nicht die für die Betriebsmittel-Kontrolle notwendigen Werkzeuge vorgesehen werden, ist der Betreiber des Rechnersystems mit diesem Anliegen hilflos. Beim Entwurf des Betriebssystems müssen daher entsprechende Konzepte vorgesehen werden, um während des Betriebs des Systems Messungen (d.h. Software-Messungen) zu ermöglichen, die die Betriebsmittel-Kontrolle garantieren. Derartige Meß-Mechanismen müssen die aktuelle Betriebsmittel-Auslastung je Auftrag aufzeichnen, um

(a) die *Zuteilung* der angeforderten *Betriebsmittel rationieren* und deren Verbrauch kontrollieren und

(b) die tatsächliche *Inanspruchnahme* des Rechnersystems bzw. seiner einzelnen Komponenten als Dienstleistung *verrechnen*

zu können.

Außerdem kann durch die Betriebsmittel-Kontrolle auch eine qualitative Beschränkung der im System angebotenen Funktionen und Dienste erreicht werden. Z.B. wird üblicherweise die Benutzung eines Rechnersystems im Dialog-Betrieb vorzugsweise auf kurzlaufende Aufträge beschränkt, um einen hinreichend hohen Durchsatz zu erreichen. Längerlaufende Aufträge werden an die Stapel-Verarbeitung verwiesen.

Eine Rationierung der Vergabe der Betriebsmittel erfolgt im Hinblick auf kurzfristige und auf langfristige Ziele des Rechnerbetriebs. Kurzfristige Ziele sind z.B. die begrenzte Inanspruchnahme der verschiedenen Betriebsmittel (Prozessor-Zeit, Speicherplatz) für einen einzelnen Auftrag. Zur Realisierung langfristiger Rationierung gehört z.B. die Zuteilung gewisser Betriebsmittel-Quanten für einen Benutzer über einen längeren Zeitraum (pro Woche, pro Monat). Die tatsächliche Inanspruchnahme der verschiedenen Betriebsmittel wird dann für jeden Benutzer getrennt bei jedem Auftrag akkumuliert und bei Überschreitung der vorgegebenen Kontingente wird dem betreffenden Benutzer die Bearbeitung weiterer Aufträge verwehrt.

Die oben genannten Aufgaben (a) und (b) werden mit Hilfe einer sogen. *Verrechnungs-Datei* (engl. accounting file) realisiert, die je Benutzer etwa die folgenden Daten enthält:

— die Identifikation des Benutzers, das ist eine sogen. *Verrechnungs-Nummer,* die der Benutzer bei jedem dem System übergebenen Auftrag angeben muß;

— ein *Schutz-Wort* (engl. password), das ebenfalls zu Beginn jedes Auftrags mitgeteilt wird, um sicherzustellen, daß der Benutzer nicht mit einer fremden Verrechnungs-Nummer arbeitet (üblicherweise nur im Dialog-Betrieb);

— eine Liste von *Funktions-Berechtigungen,* die angibt, welche Dienste der betreffende Benutzer in Anspruch nehmen darf (z.B. keine Dialog-Aufträge, im Batch-System nur Übersetzer für die Programmiersprachen X, Y und Z); diese Funktions-Berechtigungen sind etwa in einem Bitvektor implementiert;

— die *Betriebsmittel-Grenzen* für einen einzelnen Auftrag;

— das *Budget* (d.h. die einzelnen Betriebsmittel-Quanten) für einen bestimmten Verrechungs-Zeitraum;

— die *Restvorgaben* für die einzelnen Betriebsmittel (d.h. die vom Budget noch nicht verbrauchten Betriebsmittel-Anteile).

Die Rationierung der Betriebsmittel-Zuteilung kann für jedes einzelne Betriebsmittel getrennt erfolgen oder, was häufiger anzutreffen ist, durch eine Verrechnungs-Formel in allgemeine *Verrechnungs-Einheiten* umgeformt werden. Solche Verrechnungs-Einheiten werden durch ein gewogenes Mittel der tatsächlichen Inanspruchnahme der einzelnen Betriebsmittel als Verbrauch berechnet und von der Vorgabe abgezogen. Die relativen Gewichte in einer solchen Verrechnungsformel sind so gewählt, daß die Bedeutung bzw. Verfügbarkeit der einzelnen Betriebsmittel entsprechend berücksichtigt ist.

Als Beispiel betrachten wir die folgende Zusammensetzung einer Verrechnungs-Einheit

Verrechnungs-Einheit $= a \cdot P + b \cdot S + c \cdot E + d \cdot L$,

wobei

$P =$ Prozessor-Zeit in Sekunden

$S =$ Anzahl Seitenrahmen im Hauptspeicher multipliziert mit der Belegungszeit in Sekunden

$E =$ E/A-Zeit in Sekunden

$L =$ Drucker-Ausgabe in Anzahl Zeilen

bedeuten. Die Gewichte $a, b, c, \cdots$ können dabei von Zeit zu Zeit der tatsächlichen Inanspruchnahme der betreffenden Betriebsmittel angepaßt werden, um auf diese Weise das Benutzer-Verhalten zu beeinflussen.

Eine zusätzliche wichtige Aufgabe eines solchen Verrechnungs-Mechanismus besteht darin, die maximale Verfügbarkeit der einzelnen Betriebsmittel im Verhältnis zu ihrer Inanspruchnahme zu steuern.

Beim Entwurf eines Betriebssystems müssen also entsprechende Komponenten vorgesehen werden, die derartige Verrechnungs-Mechanismen implementieren. Hierzu gehören

— Routinen zur Verwaltung der Verrechnungs-Datei

— Mechanismen zur Messung der Betriebsmittel-Nutzung

— Vorkehrungen, die sicherstellen, daß Überschreitungen der Vorgaben (Betriebsmittel-Rationen) vermieden werden.

Zur Implementierung solcher Mechanismen müssen natürlich seitens der Hardware gewisse Einrichtungen bereitgestellt werden. Hierzu gehören u.a. geeignete Zähler und vor allem eine Hardware-Uhr (Realzeit-Uhr, die in äquidistanten Zeitintervallen zählt), die für alle Zeit-Messungen benötigt wird.

7.5 Übungsaufgaben zu Kapitel 7

7.1   Das in 7.1.2 beschriebene Dialog-Modell verfüge über 4 parallel arbeitende E/A-Bedienstationen. Die mittlere Bedienzeit für eine E/A-Operation betrage 20 ms und zwischen zwei aufeinanderfolgenden E/A-Operationen werden durchschnittlich 2000 Instruktionen vom Prozessor ausgeführt. Wie groß ist die Prozessor-Auslastung, wenn die mittlere Instruktionszeit 1 μs beträgt,

(a)   bei konstanter Verteilung der Prozessor- und E/A-Intervalle?

(b)   bei exponentiell verteilten Prozessor- und E/A-Zeiten?

7.2   Man zähle mindestens 4 verschiedene Verrechnungs-Daten auf, die die tatsächliche Inanspruchnahme der Betriebsmittel durch einen Benutzer-Auftrag charakterisieren!

7.3   Die Bearbeitung eines Auftrags durch das Betriebssystem erfordert für die Betriebssystem-Aufgaben Betriebsmittel (System-Verwaltungs-Aufwand, engl. system overhead). Man diskutieren, ob dieser System-Verwaltungs-Aufwand dem Benutzer-Auftrag als verbrauchte Betriebsmittel angelastet werden soll oder nicht!

8. Fallstudien

In den vorangegangenen Kapiteln 1 bis 7 war erläutert worden, aus welchen Komponenten ein modernes Betriebssystem besteht (Kapitel 1), welche Prinzipien und Techniken bei der Verwaltung der einzelnen Betriebsmittel Anwendung finden (Kapitel 2 bis 6) und in welcher Weise das Leistungsverhalten eines speziellen Betriebssystems an die wachsenden Bedürfnisse verschiedener Anwender angepaßt werden kann (Kapitel 7).

Gegenstand dieses abschließenden achten Kapitels soll einerseits die Schnittstelle des Betriebssystems zum Benutzer (8.1) sowie die Gesamtsicht verschiedener vom Betriebssystem unterstützter und überwiegend selbständig arbeitender Subsysteme (8.2) und zum anderen die Darstellung der wesentlichen Eigenschaften zweier kommerziell verfügbarer, in ihrer Konzeption jedoch recht gegensätzlicher Betriebssysteme, nämlich des IBM VM 370-Systems (8.3) und des Betriebssystems UNIX (8.4) sein.

8.1 Auftrags-Kontroll-Sprachen

Während der Ausführung eines Anwenderprogramms ist es in der Regel notwendig, *explizit* gewisse Dienste, die die verschiedenen Komponenten des Betriebssystems bereitstellen, aufzurufen. Hierzu gehören u.a. Spezifikationen der E/A- und Datenverwaltungs-Dienste (z.B. Datenorganisationen und Zugriffsarten), Auftragsbeschreibungen (Art und Umfang des benötigten Betriebsmittelbedarfs), Angaben über zu benutzende Sicherungsstrukturen usw. Andererseits gibt es aber auch zahlreiche Aufgaben des Betriebssystems, die während des Ablaufs eines Anwenderprogramms *implizit* in Anspruch genommen werden und auf die der Benutzer unmittelbar keinen Einfluß nehmen kann. Als Beispiele hierfür sind u.a. Details der Betriebsmittel-Zuweisung, die Kontrolle und Verwaltung der physikalischen Geräte usw. zu nennen.

Moderne Betriebssysteme sind äußerst komplex. Die verschiedenen Betriebsarten, die große Anzahl der unterschiedlichen Parameter und die verschiedenen Datenorganisationen und Zugriffsarten erfordern eine flexible und zugleich einfache Form der Kommunikation des Benutzers mit dem Betriebssystem. Diese Erfordernis führte zur Entwicklung der sogen. *Auftrags-Kontroll-Sprachen,* die der Benutzer eines Rechnersystems zur

Formulierung der zum Ablauf seines Programms benötigten Betriebssystem-Funktionen verwendet.

Mit der Entwicklung großer und leistungsfähiger Rechner- und Betriebssysteme, die im Mehrprogramm-Betrieb simultan zahlreiche Aufgaben nebeneinander bearbeiten, ist es für den *Bediener des Rechnersystems* (engl. system operator) unmöglich geworden, sämtliche Erfordernisse jedes einzelnen Auftrags erst zum Zeitpunkt der Bearbeitung dem Betriebssystem mitzuteilen. Da die Auftrags-Zusammensetzung innerhalb kürzester Zeitintervalle wechselt, muß die Auftrags-Beschreibung Bestandteil des Auftrags (Job, interaktive Anforderung innerhalb einer Dialog-Sitzung) selbst sein. Im Hinblick auf eine optimale Nutzung der zur Verfügung stehenden Betriebsmittel ist es daher wünschenswert, die detaillierte Spezifikation der Daten über Programmverhalten und Betriebsmittelerfordernisse bis zum Zeitpunkt der Programm-Ausführung zu verzögern. Die Schnittstelle zwischen Benutzer und Betriebssystem wird infolgedessen vorzugsweise zentralisiert angeordnet und mittels der Auftrags-Kontroll-Sprache formuliert.

Die hauptsächlichen *Aufgaben einer Auftrags-Kontroll-Sprache* sind die folgenden:

(1) Für den betreffenden Auftrag werden dem Betriebssystem die speziellen Parameter mitgeteilt (z.B. über die benutzten Dateien). Die Festlegung zahlreicher Attribute, die im Benutzerprogramm offen gelassen werden, erfolgt in der Auftrags-Beschreibung.

(2) Es werden die Übergänge von einem Benutzerprogramm zum nächsten innerhalb des gleichen Auftrags beschrieben.

(3) Das Betriebssystem wird über die speziellen Betriebsmittel-Anforderungen des Benutzerprogramms unterrichtet. Damit kann eine optimale Zuteilung im Mehrprogramm-Betrieb erreicht werden.

(4) Die Auftrags-Beschreibung stellt die Grundlage für die Angabe der programmspezifischen Sicherungsaspekte und der Verrechnungs-modalitäten (vergl. Kapitel 7) dar.

Natürlich sind die genannten Aufgaben auch ohne Auftrags-Kontroll-Sprache lösbar, nur müssen sie dann durch den Bediener des Rechnersystems oder durch den Benutzer beim Entwurf seiner Programme übernommen werden. Wie oben dargelegt, schränkt aber die letztere Form die Flexibilität beim Ablauf der Programme z.T. erheblich ein. Die Leistungsfähigkeit eines Betriebssystems wird also sowohl in quantitativer als auch in qualitativer Hinsicht in erheblichem Umfang dadurch bestimmt sein, welche der o.g. Aufgaben durch die Auftrags-Kontroll-Sprache übernommen werden können.

Ein ganz anderes Konzept, das die hier beschriebene Auftrags-Kontroll-Sprache und deren übliche Aufgaben nahezu vollständig ausspart, ist in dem Betriebssystem UNIX (vergl. 8.4) realisiert. Prinzipiell verschiedene Prozeß- und Dateikonzepte machen die in einer Auftrags-Kontroll-Sprachen-Beschreibung übermittelten Parameter in diesem ausschließlich interaktiven System weitgehend überflüssig.

8.1.1 Prinzipielle Konzepte

Um das Zusammenwirken von Betriebssystemen, Anwenderprogrammen und Auftrags-Kontroll-Sprache deutlicher veranschaulichen zu können, betrachten wir das folgende Modell:

— das *Betriebssystem* (unter Einschluß des zugrundeliegenden Rechnersystems) ist der Hardware/Software-Komplex, der eine Reihe von Funktionen zur Verfügung stellt;

— die *Anwenderprogramme* werden als eine Menge von Algorithmen gesehen, die mit Hilfe der durch das Betriebssystem bereitgestellten Funktionen ausführbar sind;

— der *Kommando-Prozessor* hat die Eigenschaft, die Verbindung zwischen Betriebssystem und Anwenderprogramm herzustellen, indem die Anweisungen der Auftrags-Kontroll-Sprache durch den Kommando-Prozessor ausgeführt bzw. interpretiert werden.

Der Zusammenhang ist in dem folgenden Bild 8.1 schematisch illustriert:

Mittels dieses Konzeptes haben sowohl das Anwendungsprogramm als die Auftrags-Kontroll-Sprache über den Kommando-Prozessor Zugriff auf die Funktionen des Betriebssystems.

Der Kommando-Prozessor hat in dieser Modellbetrachtung eine zentrale Stellung und erlaubt daher eine sorgfältige Abgrenzung der von ihm wahrgenommenen Aufgaben. In der Praxis kommerziell verfügbarer Betriebssysteme sind allerdings häufig die verschiedenen Aufgaben des Kommando-Prozessors über die unterschiedlichen Komponenten des Betriebssystems verteilt und die Konsequenz - noch verstärkt durch nicht-strukturierten Entwurf - ist, daß das resultierende System zahlreiche Schwachstellen besitzt.

Als charakteristisches Beispiel eines asystematisch verteilten Kommando-Prozessors sei das Betriebssystem IBM-OS-370 genannt, bei dem Bediener-Anweisungen durch eine spezielle Schnittstelle (master scheduler),

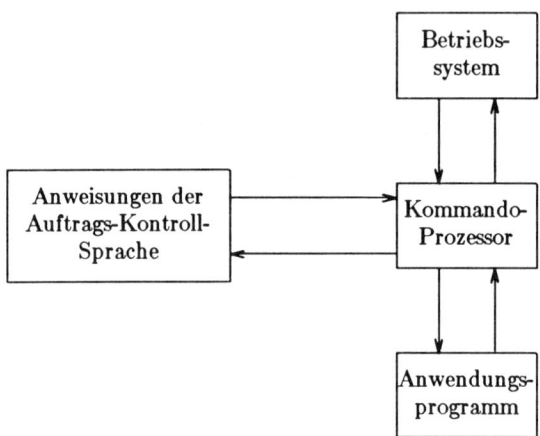

Bild 8.1. Zusammenhang zwischen Betriebssystem und Anwendungsprogramm

Anweisungen der Auftrags-Kontroll-Sprache (engl. job control language) durch einer interpretativ arbeitende Betriebssystem-Komponente (reader-interpreter, scheduler) und Anforderungen des Anwenderprogramms durch Unterprogramm-Aufrufe bzw. programmierte Unterbrechungen (engl. supervisor calls) bearbeitet werden. Der Aufruf der Funktionen des Kommando-Prozessors ist daher zwangsläufig auch nicht von allen Stellen innerhalb des Betriebssystems bzw. des Anwendungsprogramms möglich.

Im Gegensatz dazu haben Systeme wie MULTICS (vergl. Kapitel 6) oder das Burroughs Betriebssystem MCP (Master Control Program) eine zentralisierte und teilweise formalisierte Schnittstelle zum Kommando-Prozessor, so daß die Anwenderprogramme während ihres Ablaufs Dienste der Auftrags-Kontroll-Sprache nahezu beliebig aufrufen können.

8.1.2 Sprachstrukturen

Auftrags-Kontroll-Sprachen sind in ihrem Sprachumfang sehr begrenzt. Sie enthalten üblicherweise keine Konstruktionen für Zuweisungen und der Geltungsbereich der benutzten Variablen ist fixiert. Ebenso sind Blockstrukturen in der Regel nicht vorhanden. Die Anweisungen einer Auftrags-Kontroll-Sprache haben einen strikt imperativen Charakter, womit auch die gelegentlich benutzte Bezeichnung "Kommando-Sprache" verständlich wird.

Die Syntax einer Aufrags-Kontroll-Sprache ist dementsprechend einfach und eine Anweisung hat nahezu immer die Form

$< Verb > < Parameter\text{-}Liste >$.

Die Verben zerfallen in zwei Klassen

— *Aktions-Verben*, die Funktionen des Betriebssystems und der von diesem gesteuerten Programme (z.B. Übersetzer für höhere Programmiersprachen, Binder, Hilfsprogramme zur Datenverwaltung etc.) zur Ausführung des Anwendungsprogramms bereitstellen

— *Deklarations-Verben*, die dem Parameteraustausch zwischen Betriebssystem und Anwenderprogramm dienen und die jeweils benutzte Betriebssystem- bzw. Anwenderprogramm-Umgebung festlegen.

Beispiele für Aktions-Verben sind Anweisungen der Form COMPILE, RUN, EXECUTE, LINK usw., während Deklarations-Verben überwiegend zur Festlegung von Datei-Parametern wie z.B. Datei-Name, Satzlänge, Gerätetyp, Zugriffsart benutzt werden. Deklarations-Verben werden auch zur Angabe der benötigten Betriebsmittel und dafür erforderlicher Parameter wie etwa Speichergrößen, geschätzte Laufzeiten, Prioritäten usw. verwendet. In manchen Betriebssystemen können beide Verb-Typen auch simultan für beide Zwecke eingesetzt werden (z.B. EXEC oder DD[1] in IBM-OS-370).

Bei den Parametern, die in den Parameter-Listen stehen, unterscheidet man ebenfalls zwei Klassen

— *Stichwort-Parameter*, bei denen der assoziierte Parameter durch ein vorangestelltes Stichwort gekennzeichnet ist (z.B. TIME = 30, MEMORY = 100 K, PRIORITY = 7)

— *Positions-Parameter*, bei denen der Parameterwert durch seinen festen Platz in der Parameter-Liste, die dann allerdings bezüglich der Semantik ihrer Anordnung fixiert ist, bestimmt ist (z.B. COMPILE FORTRAN, 400 K).

Die Verwendung von Stichwort- bzw. Positions-Parametern hat unterschiedliche Vor- und Nachteile. Es zeigt sich, daß Stichwort-Parameter gegenüber Positions-Parametern eine gewisse Redundanz besitzen. Besonders

---

1. DD steht für engl. data definition

bei langen Stichworten, die dann allerdings auch hinreichend selbsterklärend sind, kann dies aufwendig und für den Benutzer gelegentlich lästig sein. Die Analyse von Stichwort-Parametern ist auch für den Kommando-Prozessor komplizierter, da diese ja in beliebiger Reihenfolge in der Parameter-Liste auftreten oder z.T. auch völlig fehlen können. Andererseits besteht bei Positions-Parametern leichter die Gefahr, Fehler durch Vertauschung der Parameter zu verursachen. Außerdem muß der Benutzer, insbesondere bei zahlreichen Positions-Parametern, häufiger auf die Sprachbeschreibung und die entsprechende Dokumentation zurückgreifen, um die vollständige Reihenfolge korrekt anzugeben.

In der Regel existieren für die meisten Parameter (gleichgültig, ob Stichwort- oder Positions-Parameter) Standardvereinbarungen (engl. defaults), die, falls sie mit den speziellen für einen bestimmten Auftrag übereinstimmen, dann weggelassen werden können. Bei Stichwort-Parametern fehlt dann einfach das betreffende Stichwort und bei Positions-Parametern folgen in der entsprechenden Position zwei Begrenzer (üblicherweise Kommata) aufeinander.

Ein Programm einer Auftrags-Kontroll-Sprache besteht aus einer Folge von Anweisungen, die mit einer *Initial-Deklaration* beginnen, wie z.B.

JOB   *Parameter-Liste*   für Stapel-Auftrag
LOGON   *Parameter-Liste*   für Dialog-Sitzung

und die entweder explizit durch eine *Terminal-Deklaration* wie z.B.

END   für Stapel-Auftrag
LOGOFF   für Dialog Sitzung

bzw. implizit mit der Initial-Deklaration des Folge-Auftrags enden.

Dialog-orientierte Auftrags-Kontroll-Sprachen werden üblicherweise nicht weiter nach Unteraufträgen, d.h. einzelnen Dialog-Anweisungen oder -Gruppen unterteilt. Im Gegensatz dazu werden Stapel-Aufträge in konsekutive Unteraufträge zerlegt, die man *Auftrags-Teil* (engl. *job step*) oder *Einzelaufgabe* (engl. *task*) nennt, und die jeweils die Ausführung eines neuen Programms (eines Anwender-Hauptprogramms) bewirken. Die Auftragsbeschreibung besteht daher hierarchisch geordnet aus zwei Teilen

— der *Gesamt-Auftrags-Beschreibung* (engl. *job description*), die Deklarationenfür den ganzen Auftrag enthält und

— den *Auftrags-Teil-Beschreibungen* (engl. *job step descriptions*), die disjunkt zur Gesamt-Auftrags-Beschreibung Festlegungen für jeden einzelnen Auftrags-Teil trifft (z.B. über in diesem Auftrags-Teil benutzte Dateien).

Gewisse Bezeichner (engl. identifier) etwa zur Beschreibung und Vereinbarung einer Datei, die in einem Auftrags-Teil festgelegt werden, können unter Benutzung eines mit dem Namen des früheren Auftrags-Teils qualifizierten Namens in einem späteren Auftrags-Teil wiederbenutzt werden (vergl. das Beispiel (B) in 8.1).

Zwei größere Beispiele sollen Struktur und Gebrauch von Auftrags-Kontroll-Sprachen exemplarisch illustrieren. Angegeben werden jeweils die einzeln nacheinander anzuordnenden Anweisungen, die die Auftrags-Kontroll-Sprache betreffen, gefolgt von durch im Beispiel auf der rechten Seite durch Numerierung gekennzeichneten Erläuterungen zur Bedeutung der einzelnen Anweisungen.

(A)   Für das Honeywell Betriebssystem GCOS wird eine Folge von Anweisungen der dort benutzten Auftrags-Kontroll-Sprache angegeben, die Angaben für die Ausführung von Objekt-[2] und Quell-Programmen[3] enthalten.

---

2. Ein Objekt-Programm besteht aus einer Folge von maschinensprachlichen Anweisungen, bei dem jedoch noch nicht sämtliche Adreß-Referenzen bezüglich externen Namen aufgelöst ("gebunden") sind.

3. Ein Quell-Programm ist ein Programm in einer höheren Programmiersprache (z.B. ALGOL, FORTRAN etc.), aus dem der Übersetzer ein Objekt-Programm erzeugt.

```
$   SNUMB     47R11                        (1)
$   IDENT     UNIDO15, RICHTER             (2)
$   OPTION    FORTRAN                      (3)
$   OBJECT                                 (4)
    .
    .                   Objekt-Programm(e)
    .
$   DKEND                                  (5)
$   FORTRAN   LSTIN, DECK                  (6)
    .
    .                   Quell-Programm(e)
    .
$   EXECUTE                                (7)
$   LIMITS    18,3500,0,500                (8)
$   TAPE      01,A1D,,7,,MATRIX            (9)
$   TAPE      02,A2D,,17,1,VECTOR         (10)
$   FILE      03,,4R                      (11)
    .
    .                   Datenfolge
    .
$   ENDJOB                                (12)
```

Erläuterungen:

(1)   Initial-Deklaration, die die Auftrags-Nummer 47R11 festlegt.

(2)   Vereinbarung der Verrechnungs-Nummer UNIDO15 und der Benutzerkennung Richter.

(3)   Das folgende Programm ist ein FORTRAN-Programm.

(4)   Beginn des (bzw. der) Objekt-Programms(e).

(5)   Ende des (bzw. der) Objekt-Programms(e).

(6)   Aufruf des FORTRAN-Übersetzers, der von dem (den) folgenden Quell-Programm(en) bei der Übersetzung eine Quell-Programm-Liste und Objekt-Programm(e) erzeugen soll.

(7)   Das eingegebene (Schritte (4) - (5)) und das erzeugte Objekt-Programm sollen ausgeführt werden.

(8)   Begrenzung der Betriebsmittel für die Programm-Ausführung, d.h. maximal 0.18 Stunden Prozessor-Zeit, 3500 Worte Hauptspeicher, Hauptspeicher-Bereiche können nicht gemeinsam (no sharing) benutzt werden, 500 Zeilen Drucker-Ausgabe.

(9)   Die Datei-Deklaration gibt an, daß ein Magnetband dem Datei-Namen 01 einer FORTRAN-Datei zugewiesen wird und daß die Bezeichnung der logischen Geräte-Adresse A1D lautet (die logische Datei-Einheit A, Datei Nr. 1, Demontieren nach Benutzung). Die folgenden drei Positions-Parameter bezeichnen

(a)   Dateien, die auf mehrere Magnetband-Rollen verteilt sind (nicht in diesem Beispiel)

(b)   die sequentielle Datei-Nr. (hier 7) und

(c)   die sequentielle Magnet-Rollen-Nummer (nicht in diesem Fall).

Der Name der Datei ist Matrix.

(10)   Diese Datei-Deklaration ähnlich wie die vorangegangene.

(11)   Diese Datei-Deklaration gibt an, daß die FORTRAN-Datei 03 auf einer Magnetplatte residiert und 4R bezeichnet die gewünschte Reservierung von 4 Blocks einer Datei mit wahlfreiem (engl. random) Zugriff.

(12)   Terminal-Deklarationen für den laufenden Auftrag.

(B)   Das folgende Beispiel zeigt die JCL (job control language)-Anweisungen für die Übersetzung und das kombinierte Binden und Ausführen eines FORTRAN-Programmes im Betriebssystem IBM-OS-370.

```
//FORTG       JOB     (08, 325, 4), 'RICHTER'           (1)
//COMP        EXEC    PGM= IEYFORT, PARM= 'SOURCE'      (2)
//SYSPRINT    DD      SYSOUT= A                         (3)
//SYSLIN      DD      DSNAME= SYSL.UT3, DISP= OLD,
                      DCB= (RECFM= FB, LRECL= 80,
                      BLKSIZE= 800)                     (4)
//SYSLIN      DD      *                                 (5)
                .
                .              FORTRAN-Quellprogramm(e)
                .
//GO          EXEC    PGM= FORTLINK, COND= (4, LT, COMP) (6)
//SYSPRINT    DD      SYSOUT= A                         (7)
//SYSLIN      DD      DSNAME= *.COMP.SYSLIN, DISP= OLD  (8)
//SYSLIB      DD      DSNAME= SYSL.FORTLIB, DISP= OLD   (9)
//FT05F001    DD      DDNAME= SYSIN                     (10)
//FT06F001    DD      SYSOUT= A                         (11)
//FT07F001    DD      SYSOUT= B                         (12)
//GO.SYSIN    DD      *                                 (13)
                .
                .              Datenfolge
                .
/*            END OF JOB                                (14)
```

Erläuterungen:

In dieser Auftrags-Kontroll-Sprache treten (im Gegensatz zu Beispiel (A)) überwiegend nur Positions-Parameter auf. Der Gesamt-Auftrag besteht aus zwei Auftrags-Teilen, wobei der zweite Auftrags-Teil über die JCL-Prozedur[4] FORTLINK (vergl. Erläuterung (6)) noch einmal in zwei Auftrags-Teile (zum Binden und zum Ausführen des zuvor übersetzten FORTRAN-Programms) zerfällt.

(1)   Initial-Deklarationen für den Gesamtauftrag mit dem Namen FORTG und der Benutzerkennung RICHTER. In Klammern eingeschlossen sind Verrechnungs-Angaben und Betriebsmittel-Begrenzungen (vergl. Erläuterung (8) aus Beispiel (A)).

---

4. Auftrags-Kontroll-Sprachen-Prozeduren enthalten wiederum Anweisungen an den Kommando-Prozessor und ersparen die explizite Angabe von einzelnen Anweisungen der Auftrags-Kontroll-Sprache.

(2) Initial-Deklaration für den Auftrags-Teil COMP, der den FORTRAN-Übersetzer als Programm aufruft und angibt, daß ein Quellprogramm mit dem Namen SOURCE vorliegt. Der Programmname des FORTRAN-Übersetzers ist IEYFORT.

(3) Die in diesem Teil erzeugte Drucker-Ausgabe entsteht unter dem Namen SYSPRINT und wird in einer SPOOL-Datei aus der Ausgabe-Klasse (SYSOUT) A ablgelegt.

(4) Das durch die Übersetzung entstehende Objekt-Programm wird auf einer existierenden Datei (daher DISP = OLD) mit den Datei-Namen SYSL.UT3 abgelegt. Die Daten-Kontroll-Block (engl. data control block)-Information gibt an, daß das Satzformat fest (F) und gepuffert (B) ist, die logische Satzlänge (LRECL) 80 Zeichen beträgt und der benutzte Puffer (BLKSIZE) 800 Zeichen, d.h. 10 einzelne logische Sätze aufnehmen kann.

(5) Die Eingabe zu diesem Auftrags-Teil, genannt SYSIN, folgt unmittelbar (angezeigt durch *) auf diese Anweisung.

(6) Der folgende Auftrags-Teil mit dem Namen GO ruft die Kontroll-Sprachen-Prozedur FORTLINK (siehe einleitende Bemerkungen zu den Erläuterungen) auf, wird aber nur ausgeführt (COND, d.h. Bedingung), wenn der vorangegangene Auftrags-Teil COMP einen Fehler-Kode kleiner als (LT) 4, d.h. höchstens nebensächliche Übersetzungsfehler, erzeugt hat.

(7) Vergl. Erläuterung (3).

(8) Die Eingabe für den Bindevorgang steht auf einer existierenden Datei, die im vorangegangenen Auftrags-Teil erzeugt und beschrieben wurde. Hier wird Qualifikation in Form von Rückverweis angewendet.

(9) Die zur Auflösung von Referenzen im Objekt-Programm (Hinzuladen von Unterprogrammen, die im Objekt- bzw. Quellprogramm aufgerufen werden) benutzte Programm-Bibliothek hat den Namen SYSL.FORTLIB.

(10) Die FORTRAN-Datei Nr. 5 (FT05F001) wird indirekt über die Datei-Definition (DDNAME) SYSIN referiert und bezeichnet die Dateneingabe.

(11) Die FORTRAN-Datei Nr. 6 ist eine Ausgabe-Datei (vergl. auch Erläuterung (3)).

(12)   Vergl. Erläuterungen (3) und (11).

(13)   Vergl. Erläuterung (5).

(14)   Terminal-Deklaration als Abschluß des Gesamt-Auftrags.

8.2 Subsysteme

In Kapitel 4 hatten wir festgestellt, daß der Scheduler zuständig ist für das Starten bzw. das Erzeugen neuer Prozesse. Man kann daher den Scheduler als den Vater aller neu in das Rechnersystem eingeführten Prozesse betrachten. Diese "Vater-Rolle" muß nicht auf den Scheduler beschränkt sein, sondern kann auf die von ihm kreierten Prozesse übertragen werden, indem ihnen die Eigenschaft zugestanden wird

(1)   *Sub-Prozesse* zu erzeugen;

(2)   den Sub-Prozessen eine Teilmenge der eigenen Betriebsmittel zuzuordnen (die an den erzeugenden Vater-Prozeß zurückgegeben werden, wenn der Sub-Prozeß terminiert);

(3)   die relative Priorität für die Bedienung des erzeugten Sub-Prozesses festzulegen.

Auf diese Weise entsteht eine *Prozeß-Hierarchie*, an deren Spitze der Scheduler steht. Die Menge aller Prozesse braucht daher nicht länger als eine (bzw. mehrere) lineare Liste (vergl. Kapitel 4) betrachtet zu werden, sondern erhält mit dieser erweiterten Eigenschaft die Struktur eines Baumes (Bild 8.2).

Die Vorteile einer solchen Prozeß-Hierarchie sind offensichtlich:

(1)   Ein Prozeß, der von seiner Struktur her in mehrere Teilaufgaben zerfällt, die ganz oder teilweise unabhängig voneinander sind, kann für diese Teilaufgaben Sub-Prozesse erzeugen, die - falls mehrere unabhängig arbeitende Prozessoren zur Verfügung stehen - parallel ausgeführt werden können.

Als Beispiel hierzu kann die vom Anwenderprogramm gesteuerte, bezüglich der Sub-Prozesse jedoch selbständige Abwicklung von E/A-Prozessen (über getrennte E/A-Kanäle als eigenständige Prozessoren) genannt werden.

(2)   Verschiedene Versionen eines Betriebssystems, die jeweils unterschiedliche Anwendungsprogramm-Folgen bedienen, können

Scheduler

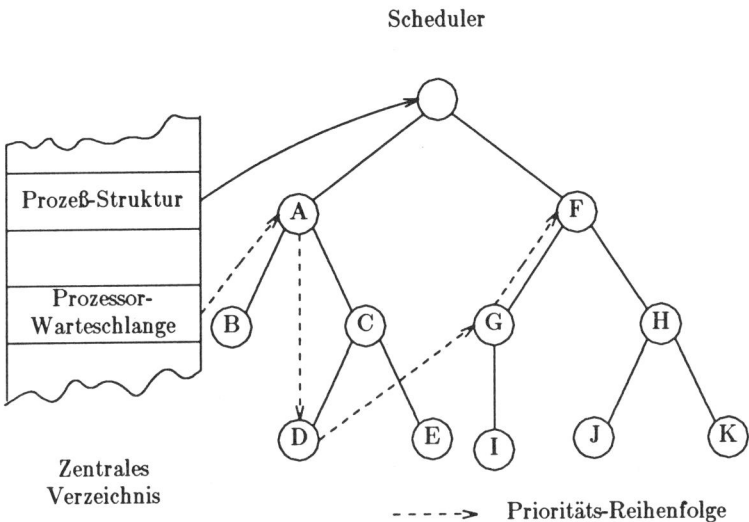

Prozeß-Struktur

Prozessor-
Warteschlange

Zentrales
Verzeichnis

- - - - -> Prioritäts-Reihenfolge

Bild 8.2. Prozeß-Hierarchie

unabhängig voneinander und parallel ablaufen. Diese verschiedenen Versionen, genannt *Subsysteme,* stellen unterschiedliche Funktionen des gleichen Betriebssystems den jeweils bedienten Anwendungs-Programmen zur Verfügung. Sämtliche Subsysteme haben den *Betriebssystem-Kern,* der Basis-Funktionen auf einer unteren Systemschicht bereitstellt (vergl. strukturierter Systementwurf, Kapitel 6). Die Subsysteme realisieren dann in den äußeren Systemschichten höhere Systemfunktionen. Die verschiedenen Subsysteme können als unabhängige virtuelle Maschinen gesehen werden, die jeweils für eine andere Klasse von Anwendungen andere Funktionen bereitstellen und alle auf die gleiche physikalische Rechner-Umgebung abgebildet sind.

Als Beispiel hierzu kann die in Bild 8.3 dargestellte Konfiguration dienen.

Das Rechnersystem arbeitet nebeneinander in zwei verschiedenen Betriebsarten (Stapelverarbeitung, Dialogverarbeitung). Der Scheduler bedient sämtliche Subsysteme, die ihrerseits nach Bedarf weitere Sub-Prozesse kreieren.

Die verschiedenen Dialog-Subsysteme können z.B. vollständig unterschiedlichen interaktiven Anwendungen dienen, etwa

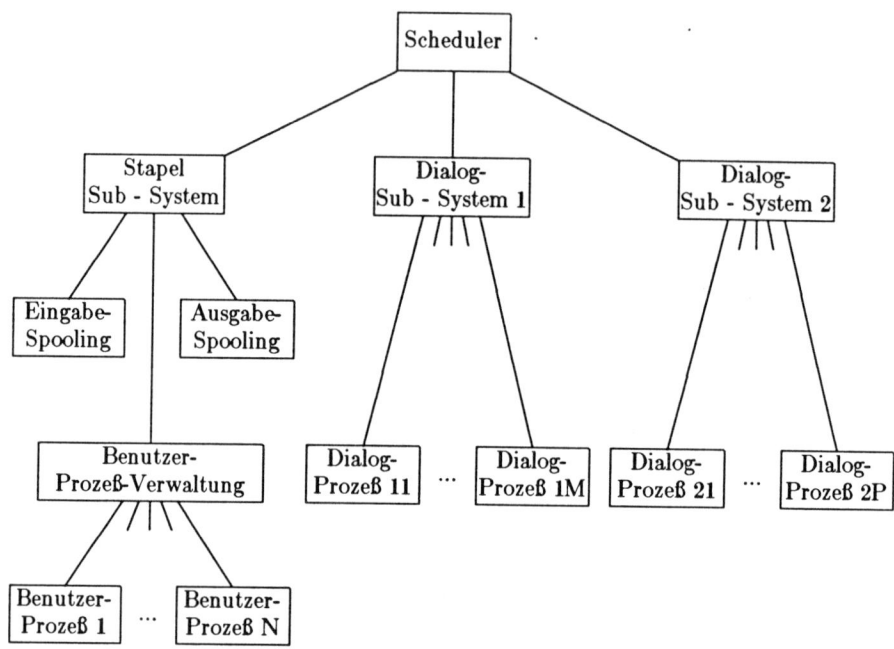

Bild 8.3. Subsystem - Hierarchie

— Dialog-Daten-Erfassung

— Dialog-Abfrage- und Auskunftssysteme

— Datenbank- und Informationssysteme
usw.

Die folgende Fallstudie des Betriebssystems IBM-VM/370 illustriert deutlich die Strukturen und für den Anwender resultierenden Möglichkeiten derartiger Subsystem-Organisationen.

8.3 Fallstudie IBM-VM/370

Das Betriebssystem IBM-VM/370 erlaubt zahlreichen Benutzern mit ganz unterschiedlichen Anforderungen simultan Zugriff zu den Betriebsmitteln des gesamten Rechnersystems in einer Weise, daß jeder Benutzer zu jeder Zeit von einer Datenstation (lokal oder über Datenfern-Verarbeitung als Schreibmaschinen- bzw. Bildschirm-Terminal angeschlossen) aus den Eindruck erhält, eine eigene vollständige und von den anderen Benutzern unabhängige Rechner-Konfiguration zur Verfügung zu haben.

Jeder Benutzer hat eine eigene virtuelle Maschine einschließlich aller virtuellen Ein-Ausgabe-Geräte. Jeder Benutzer kann ein anderes (allerdings IBM) Betriebssystem für seine virtuelle Maschine wählen, so daß verschiedene Betriebssysteme konkurrent auf verschiedenen virtuellen Maschinen ablaufen können, die jedoch nur eine einzige physikalische Rechner-Konfiguration benötigen.

Das System VM/370 besteht aus zwei Hauptkomponenten:

— dem Kontroll Programm CP (control program) und

— dem Dialog-Teil CMS (conversational monitor system).

Dem *Kontroll-Programm CP* obliegt die gesamte Betriebsmittel-Verwaltung. CP erzeugt die verschiedenen virtuellen Maschinen, auf denen die unterschiedlichen Betriebssysteme ablaufen.

Der *Dialog-Teil CMS* stellt die zur interaktiven Programmentwicklung und -ausführung benötigten Funktionen bereit. CMS unterstützt einen einzelnen Benutzer an einem einzelnen Terminal. Die Bedienung mehrerer Terminals wird durch die Eigenschaft des Kontroll-Programms realisiert, das für jeden separaten Benutzer eine eigene virtuelle Maschine zur Verfügung stellt.

Das Betriebssystem VM/370 kann auf irgendeinem Modell der folgenden realen IBM-Rechnersysteme

— System /370

— 303X (d.h. 3031, 3032, 3033)

— 308X (d.h. 3081, 3083, 3084)

— 43XX (d.h. 4341, 4361, 4381)

— PC XT370

(mit gewissen hier nicht näher erläuterten Einschränkungen für gewisse Typen dieser Modellreihen) ablaufen.

Die Betriebssysteme, die unter Kontrolle des VM/370 als virtuelle Betriebssysteme benutzt werden können, umfassen die folgenden IBM-Betriebssysteme:

- DOS/VSE   (disk operating system / virtual storage)

- OS/MVT   (operating system / multiprogramming with a variable number of tasks)

- OS/MVS   (operating system / multiple virtual storage)[5]

- IX/370   (UNIX)

- VM/370

Es ist also insbesondere möglich, daß VM/370 selbst als virtuelles Betriebssystem unter VM/370 abläuft.

Die Prozeß-Hierarchie, die auf diese Weise entsteht, ist in Bild 8.4 illustriert.

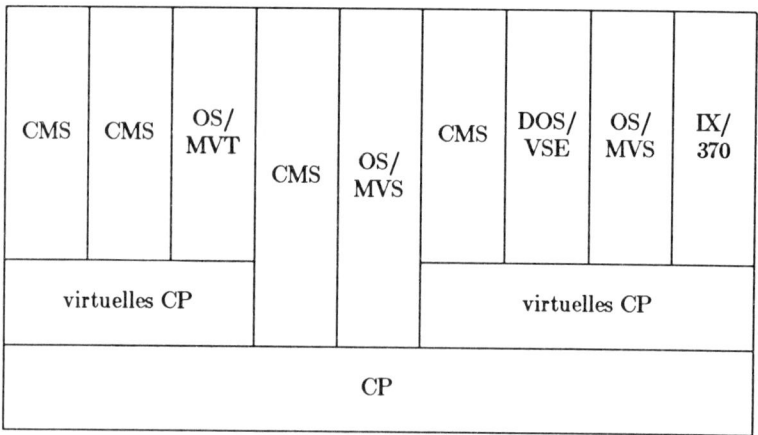

Bild 8.4. VM/370 - Prozeß - Hierarchie

---

5. Jeder Benutzer (bzw. jeder Prozeß) verfügt über einen eigenen Adreßraum der Größe 16 M Bytes.

Während des Ablaufs von VM/370 werden sämtliche Programme so ausgeführt, als ob sie auf einer realen Maschine ablaufen würden. Eine virtuelle Maschine ist vollständig eigenverantwortlich für die auf ihr ablaufenden Programme, sie verwaltet mithin selbständig sämtliche Aufträge und die für diese benötigten Betriebssystem-Funktionen, d.h.

— Kontrolle und Steuerung des Mehrprogramm-Betriebs

— das Spooling

— die virtuelle Speicherverwaltung (Seitenaustauschalgorithmen)

— Auftrags-Initialisierung und -Terminierung

— Funktionen zur Wahrung der Integrität

usw.

Das Kontroll-Programm CP stellt lediglich diejenigen Funktionen bereit, die erforderlich sind, um mögliche Interferenzen zwischen den virtuellen Maschinen und dem realen System zu vermeiden. Hierzu gehören vor allem

— die Verteilung der realen Betriebsmittel auf die verschiedenen virtuellen Maschinen;

— die Realisierung von Sicherungsstrukturen, soweit sie die Abgrenzung zwischen verschiedenen virtuellen Maschinen betreffen und

— die Implementierung der Integritäts-Funktionen des physikalischen Rechnersystems (u.a. Hardware-Fehler-Behandlung, Wiederstart-Funktionen etc.).

8.3.1 Komponenten virtueller Maschinen

Die Komponenten einer virtuellen Maschine, die unter Kontrolle des Betriebssystems VM/370 abläuft, bestehen aus

— einer virtuellen Bediener-Konsole

— dem virtuellen Speicher

— der virtuellen Zeiteinheit

— virtuellen Kanälen und E/A-Geräten.

Die Benutzer-Datenstation, über die der Anwender mit dem Rechnersystem im Dialog kommuniziert, dient gleichzeitig als *virtuelle Bediener-Konsole* der virtuellen Maschine, auf der die Programme dieses Benutzers ablaufen. Über diese virtuelle Bediener-Konsole kann der Benutzer die meisten der System-Kommandos eingeben, die dem Bediener eines realen Rechnersystems zur Steuerung des betreffenden Betriebssystems zur Verfügung stehen, d.h. er kann das Betriebssystem für seine virtuelle Maschine laden, den Scheduler der virtuellen Maschine hinsichtlich des Grades der Mehrprogramm-Verarbeitung beeinflussen, den jeweiligen Zustand der auf der virtuellen Maschine ablaufenden Aufträge sich anzeigen lassen usw.

Da jede virtuelle Maschine ihren eigenen *virtuellen Speicher* hat, der dem Adreßraum eines realen Systems entspricht, kann eine virtuelle Maschine über einen Speicherraum verfügen, der größer ist als der Speicherraum des physikalischen Rechnersystems. Die Größe der Speicherräume der verschiedenen virtuellen Maschinen kann daher ganz unterschiedlich sein. Jede virtuelle Maschine hat nur Zugriff zum eigenen virtuellen Speicher, so daß die Aktivitäten der verschiedenen virtuellen Maschinen gegeneinander abgegrenzt sind.

Im VM/370 wird ein Zeitscheiben-Verfahren (vergl. Kapitel 4) benutzt, um die reale Zentraleinheit (Prozessor) in viele *virtuelle Zentraleinheiten* aufzuteilen. Periodisch erhält also jede virtuelle Zentraleinheit die reale zugeteilt. Das Kontroll-Programm CP legt fest, wie oft und für welche Zeitdauer diese Zuteilung erfolgt. Kriterien hierfür sind die von der betreffenden virtuellen Maschine während der letzten Zeitscheibe veranlaßten Konsol-Anforderungen (Anzahl der Interaktionen) bzw. die durch die Datenstation verursachten asynchronen Unterbrechungen. Wenn diese Anzahl groß ist, dann identifiziert das Kontroll-Programm die betreffende virtuelle Maschine als interaktiven Benutzer und ordnet die kleinere von zwei möglichen Zeitscheiben zu. Andererseits gibt CP dafür den interaktiven virtuellen Maschinen häufiger Zugriff zur realen Zeiteinheit, während im Staptel-Betrieb arbeitende virtuelle Maschine nur in größeren Zeitabständen, dann jedoch für eine größere Zeitscheibe, die reale Zeiteinheit zugeordnet erhalten. Die Zuweisung der realen Zeiteinheit erfolgt nur, wenn die virtuelle Maschine nicht auf ein bestimmtes Betriebsmittel wartet, wie z.B. auf

— eine Seite, die aus dem Hintergrundspeicher in den realen Hauptspeicher geladen werden muß oder

— eine E/A-Operation, die noch nicht angeschlossen ist oder

— ein Kommando an das Kontroll-Programm, das noch ausgeführt werden muß.

Wir können also hier eines jener adaptiven Verfahren der Prozessor-Zuteilung beobachten, die ausführlich in Kapitel 4 beschrieben wurden.

Jeder unter VM/370 ablaufenden virtuellen Maschine stehen die gleichen E/A-Geräte zur Verfügung wie dem realen System. *Virtuelle E/A-Geräte* werden logisch gesteuert durch die virtuelle Maschine und nicht durch das VM/370. In den meisten Fällen gehört die Überwachung der E/A-Operationen und die damit zusammenhängende Fehlerbehandlung ausschließlich in die Verantwortlichkeit des auf der virtuellen Maschine benutzten Betriebssystems. Die Geräteadressen der virtuellen und realen E/A-Geräte können sich unterscheiden. Es gehört zu den Aufgaben des Kontroll-Programms CP, virtuelle Kanal- und Geräteadressen den physikalischen Komponenten zuzuordnen und gegebenenfalls notwendige Datenumformungen vorzunehmen.

Alle virtuellen Geräte müssen ein reales Gegenstück haben. Gewisse virtuelle Geräte, wie z.B. Magnetband-Geräte, müssen dabei dem korrespondierenden physikalischen Gerät exklusiv zugeordnet werden, während andere Gerätetypen, wie z.B. Magnetplatten, auch mehreren virtuellen Einheiten aufgeteilt zugewiesen werden können.

Als Beispiel betrachten wir die in Bild 8.5 dargestellte Magnetplatte. Der Datenträger-Deskriptor der realen Magnetplatte sei REAL und auf Zylinder 0 abgelegt. Darüberhinaus sei die Platte REAL den folgenden drei virtuellen Magnetplatten, sogen. *Minidisks* MINI01, MINI02 und MINI03 zugeordnet. MINI0x sind dabei die Datenträger-Deskriptoren der virtuellen Geräte.

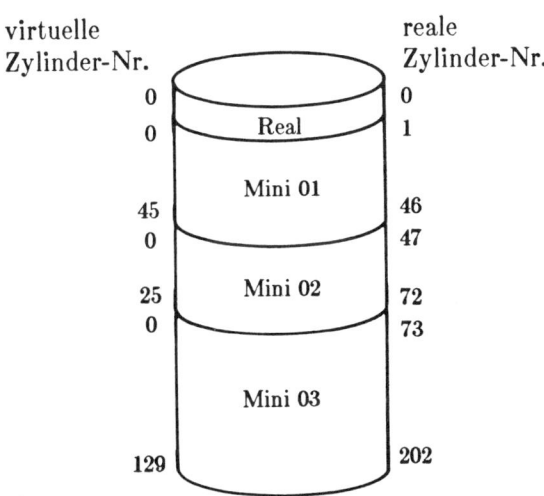

Bild 8.5. VM/370-Minidisk-Konzept

Man beachte, daß jede Minidisk wieder mit der virtuellen Zylinder-Nummer 0 beginnt. Die verschiedenen Minidisks können dabei ganz verschiedenen virtuellen Maschinen zugeordnet sein, die jede von einem anderen (virtuellen) Betriebssystem kontrolliert werden.

Geräte zur Lochkarten-Ein- bzw. Ausgabe und Zeilendrucker (engl. *unit record devices*[6]) werden ebenfalls als virtuelle Geräte den virtuellen Maschinen-Konfigurationen zugeordnet. Im Gegensatz zu den virtuellen "non-unit record devices" (z.B. Magnetbänder, Magnetplatten) werden die virtuellen "unit record devices" jedoch nicht während ihrer Zuordnung zu einer virtuellen Maschine von dieser kontrolliert (wie dies bei "non-unit record devices" der Fall ist), sondern unterliegen der ausschließlichen Kontrolle durch das Kontroll-Programm CP, das ein Spooling (vergl. Kapitel 5) für diese Geräte vornimmt.

8.3.2 Arbeitsweise des IBM-VM/370

Wie bereits erläutert, ist das Kontroll-Programm CP des VM/370 dafür verantwortlich, die verschiedenen virtuellen Maschinen zu steuern und in einem Zeitscheiben-Verfahren jeweils wechselnd jeder virtuellen Maschine das funktionale Äquivalent des realen Rechnersystems in dem erforderlichen Umfang zur Verfügung zu stellen.

Um die daraus resultierenden Aufgaben und Probleme darstellen und verständlich machen zu können, bedarf es einer kurzen Erläuterung einiger in diesem Zusammenhang wichtiger Eigenschaften der zugrundeliegenden /370-Architektur.

Das System IBM/370 (und entsprechend die Systeme 303X und 4300) kennen zwei verschiedene Verarbeitungs-Zustände

— den *Supervisor-Status,* in dem sämtliche Instruktionen, die die Architektur bereitstellt, ausgeführt werden können und

— den *Problem-Programm-Status,* der nur eine Teilmenge des gesamten Instruktionssatzes, d.h. alle für den Ablauf von Anwenderprogrammen

---

6. Diese Geräte werden deshalb als "unit record devices" bezeichnet, da sie Ein-Ausgabe nur in Einheiten fester Länge (Lochkarte = 80 Zeichen, Zeilendrucker = z.B. 132 Zeichen) durchführen kann.

notwendigen Verarbeitungsinstruktionen zugänglich macht.

Während also im Supervisor-Status, in dem grundsätzlich alle Funktionen des Betriebssystems ausgeführt werden, Instruktionen zur Betriebssystem-Ablaufsteuerung, wie Setzen und Ändern des Programmzählers, Beeinflussung und Bearbeitung der Unterbrechungs-Behandlung, Veränderungen der Speicherschutz-Schlüssel, Operationen zur Unterstützung der dynamischen Adreß-Translation (zur Abbildung einer virtuellen Adreßraum-Adresse in eine reale Speicherraum-Adresse) usw. zusätzlich zu den üblichen für die Programm-Verarbeitung erforderlichen zur Verfügung stehen, besteht im Problem-Programm-Status nur der Zugriff zu den nicht-privilegierten Verarbeitungsinstruktionen.

Der jeweilige Verarbeitungszustand wird in dem zu einem Programm (Prozeß) gehörigen *Programm-Status-Wort* festgehalten, das darüberhinaus noch Angaben über die (virtuelle) Adresse der nächsten Instruktion, den vom Programm benutzten Speicherschutz-Schlüssel sowie eine Reihe weiterer Anzeigen über den laufenden Betriebszustand enthält.

Das /370-System sieht 7 verschiedene *Unterbrechungs-Zustände* vor, die die prioritätsgerechte Bearbeitung zumeist asynchroner Ereignisse erlaubt. Die folgenden Unterbrechungsursachen können, nach absteigender Priorität geordnet, auftreten:

— *nicht-korrigierbarer Maschinen-Fehler*;

— *Supervisor-Aufruf*, d.h. Wechsel aus dem Problem-Programm-Status in den Supervisor-Status durch Ausführen einer privilegierten SVC-Instruktion;

— *Programm-Unterbrechung*, hierzu gehören u.a. ungültige Operationen, Adressierfehler, Seitenfehler, arithmetische Überläufe etc.;

— *korrigierbare Maschinen-Fehler*;

— *externe Unterbrechung*, d.h. durch diverse Hardware-Uhren ausgelöste Unterbrechung, gewisse externe Signale u.a.;

— *Ein/Ausgabe-Unterbrechung*, die den Abschluß eines Ein/Ausgabe-Vorgangs an einem E/A-Kanal anzeigt und zur Synchronisation mit dem die Ein/Ausgabe veranlassenden Programm verwendet wird;

— *Restart-Unterbrechung* bei Betätigung der Restart-Taste an der physikalischen Bediener-Konsole.

Es muß angemerkt werden, daß sämtliche E/A-Vorgänge im Supervisor-Status ablaufen, d.h. ein Anwender-Programm durch eine SVC-Instruktion (in der die näheren Einzelheiten über Parameter festgelegt sind) zunächst durch eine Umschaltung des Verarbeitungs-Zustandes, d.h. aus dem Problem-Programm-Status in den Supervisor-Status die entsprechenden Voraussetzungen dafür schaffen muß.

Man kann nun unmittelbar folgern, daß hinsichtlich der Aufgaben des Kontroll-Programms CP des VM/370 eine sorgfältige Manipulation

— der Verarbeitungs-Zustände und

— der Unterbrechungs-Zustände

jeder verwalteten virtuellen Maschine und ihrer Entsprechung im realen Rechnersystem erfolgen muß.

Diese erwähnte Manipulation wird im VM/370 durch *funktionale Simulation* erreicht. Darunter wird verstanden, daß sämtliche Vorgänge, die den Abbildungsmechanismus einer zum Betrachtungszeitpunkt aktivierten virtuellen Maschine auf das reale System betreffen, nicht ausgeführt, sondern simuliert werden.

Solange die virtuellen Maschinen im Problem-Programm-Zustand ablaufen, werden sämtliche Instruktionen direkt ausgeführt, treten im Programm der virtuellen Maschine jedoch privilegierte Instruktionen auf (und das ist bei allen Betriebssystem-Funktionen der virtuellen Maschine der Fall), so werden diese überwiegend nicht direkt ausgeführt, sondern simuliert. Das Kontroll-Programm CP fängt also insbesondere sämtliche virtuelle E/A-Instruktionen ab, um die korrekte Abbildung der virtuellen E/A-Geräte auf die physikalischen vornehmen zu können.

Auf diese Weise wird sichergestellt, daß ein auf einer virtuellen Maschine ablaufendes Programm die gleichen Resultate erzielt, als ob es auf der entsprechenden realen Maschine ausgeführt würde. Eine Ausnahme hiervon bildet lediglich das *Zeitverhalten* des Programms. Durch die partiell notwendige funktionale Simulation wird jede virtuelle Maschine langsamer sein als ihr reales Äquivalent. Das Betriebssystem VM/370 sieht daher eine Vielzahl von Mechanismen vor, die sowohl bei der System-Generierung als auch im laufenden Betrieb das Leistungs-Verhalten der virtuellen Maschine zu beeinflussen gestatten.

8.4 Fallstudie UNIX

In der mehr als 25-jährigen Geschichte von Betriebssystemen hat es wiederholt Versuche gegeben, durch neue Konzepte verbesserte Arbeitsmöglichkeiten für den Endbenutzer bereitzustellen. Allerdings sind im Bereich der am kommerziellen Markt verfügbaren Betriebssysteme die tatsächlichen Veränderungen in der Vergangenheit eher marginal geblieben - insbesondere die Benutzerschnittstelle und die über diese fixierten Strukturen des Betriebssystems sind im wesentlichen unverändert geblieben. Eine der bemerkenswerten Ausnahmen bildet allerdings das in den Bell Laboratorien entwickelte Betriebssystem UNIX[7].

Dieses System wurde konzipiert, um insbesondere typische Aufgaben der System- und Programmentwicklung in einer bis dahin unbekannten Weise für den Entwickler zu unterstützen. Das UNIX-Betriebssystem hat eine einfache und zugleich mächtige Kommandosprache, ein hierarchisches und geräteunabhängiges Dateisystem und bietet dem Benutzer eine sehr große Zahl leistungsfähiger und zudem äußerst flexibler Werkzeuge, die die Arbeit des Programmentwicklers in vielfältiger Weise erleichtern. Hinzu kommen außerdem eine Reihe von empfohlenen Arbeitsprinzipien, die - wie z.B. das Prinzip einer starken Modularisierung bei der Programmentwicklung, das zwar keineswegs neu, aber unter UNIX im Hinblick auf den "reichhaltigen Werkzeugkasten" besonders wirkungsvoll ist - bei konsequenter Anwendung zu einer beträchtlichen Effizienzsteigerung bei der Programmentwicklung führen.

8.4.1 Zur Geschichte

In der zweiten Hälfte der 60-er Jahre arbeiteten die Bell Laboratorien zusammen mit General Electric und später auch Honeywell am Projekt MAC des Massachusetts Institute of Technology (MIT) an der Entwicklung von MULTICS mit. Nachdem sich Bell 1969 aus dieser Entwicklung zurückzog, wechselten einige Mitarbeiter aus dem MULTICS-Projekt zu Bell und starteten dort unter Ken Thompson das Projekt UNIX. Die erste Version von UNIX wurde vollständig in Assembler für den Rechner DEC-PDP-7 implementiert. In den frühen 70-er Jahren wurde durch Dennis Ritchie aus den Systemimplementierungssprachen BCPL und B die Sprache C entwickelt

---

7. UNIX ist ein geschütztes Warenzeichen der Bell Laboratorien

und nach mehreren Bell-internen Zwischenversionen wurde ab 1974 UNIX für die Rechnerfamilie DEC-PDP-11 an einzelne amerikanische Universitäten und Forschungsinstitute abgegeben. Bereits von diesem Zeitpunkt an waren ca. 90% des Betriebssystem-Kerns in C implementiert und damit die Voraussetzung geschaffen, die UNIX in den folgenden Jahren als portables Betriebssystem bekannt machten.

UNIX Version 6 wurde schließlich das ab 1975 erste außerhalb Bell weiter verbreitete UNIX-System, das gegen eine geringe Gebühr an zahlreiche Institutionen (vornehmlich Informatik-Fakultäten) weltweit vergeben wurde.

Auch danach wurde das System kontinuierlich verbessert; das Dateisystem wurde zur Speicherung größerer Dateien erweitert, die Shell (der Kommando-Interpreter) wurde neu implementiert und die Portabilitätseigenschaften insgesamt vereinheitlicht. Als Ergebnis dieser Bemühungen wurde 1979 *UNIX Version 7* freigegeben. UNIX V7 kann als die Basis der sogen. UNIX-Legende verstanden werden, d.h. an UNIX-Systemen ausgebildete Informatiker gingen in den frühen 80-er Jahren von der Hochschule in die industrielle Praxis und verhalfen damit diesem Betriebssystem auch außerhalb des akademischen Bereichs zu wachsender Bedeutung.

Trotz oder gerade wegen der verstärkten Nachfrage aus der nicht-universitären Anwendung mußten an Version 7 noch zahlreiche Veränderungen vorgenommen werden. Zahlreiche Funktionen waren bis dahin noch nicht ausgereift, die Anfälligkeit gegen gelegentliche Systemzusammenbrüche zu groß, Vertrieb und Wartung nicht oder nur ungenügend organisiert. Über die Bell-Tochter Western Electric werden daher die wesentlich erweiterten und verbesserten UNIX-Versionen *System III* (ab 1981) und *System V* (ab 1983) vertrieben. *System V* gilt heute als der UNIX-Standard.

Eine weitere wesentliche UNIX-Linie entstand ab 1977 an der University of California in Berkeley mit dem *BSD (Berkeley System Distribution)-UNIX*, das für die DEC-VAX-11/7x0-Serie konzipiert, mit zahlreichen zusätzlichen Eigenschaften ausgestattet (z.B. virtuelle Seitenverwaltung, zusätzlich Swapping[8], erweiterte Kommunikations-Unterstützung, weitere Werkzeuge) heute auch auf mehreren anderen Rechnern läuft. Die derzeit aktuelle Berkeley-Version ist *BSD 4.2*.

---

8. Swapping = der gesamte Speicherbereich eines Programms wird ein- und ausgelagert im Gegensatz zur Seitenverwaltung (vergl. Kapitel 3).

Neben diesen vier UNIX-Hauptlinien (*Version 7, System III, System V, BSD 4.2*) gibt es zahllose weitere Derivate, die zwar überwiegend mit einer dieser vier Hauptlinien kompatibel vielfach noch Erweiterungen enthalten und auf diese Weise den gesamten UNIX-Markt kräftig beleben. UNIX läuft heute auf mehr als 100 verschiedenen Rechnersystemen vom Mikrorechner bis zum Großsystem. Eine genaue Aufstellung ist vermutlich zu keinem Zeitpunkt zu beschaffen, da ständig neue Portierungen hinzukommen.

8.4.2 Prozeß-Konzept

Die Basis des UNIX-Betriebssystem ist der *Kern,* der heute für *System V* aus mehr als 30000 Zeilen C-Code (weitgehend portabler Teil) und ca. 1000 Zeilen Assembler-Kode (nicht portabel, maschinenabhängige Teile) besteht. Der Kern selbst macht jedoch nur etwa 10% des gesamten UNIX-Systems aus.

Der laufende Status einer Benutzer-Umgebung heißt in UNIX ein *Image.* Ein Image besteht aus

- einem Speicherbild

- den aktuellen allgemeinen Registern

- dem Status der geöffneten Dateien

- dem aktuellen Datenverzeichnis (*directory*)

sowie weiterer Information. Das Prozeß-Image ist während der Ausführung eines Prozesses resident im Speicherraum. Wenn Prozesse höherer Priorität Speicherraum benötigen, so wird das Image ausgelagert (swapped-out).

Das Speicherbild teilt sich auf in 3 logische Segmente (Bild 8.6)

- das Prozedur-Segment (auch für wiedereintrittsinvariante Prozeduren)

- das Daten-Segment

- das Stack-Segment

Text-Segmente im System, die nur gelesen werden dürden, werden zentral in der *Text-Tabelle* (Bild 8.7) verwaltet. Dabei enthält jeder Eintrag sowohl die Speicherraum-Adresse (aktuelle Hauptspeicheradresse) als auch die Sekundärspeicher-Adresse des Segments.

Jeder Prozeß hat einen Eintrag in der Prozeß-Tabelle, der die Daten enthält, die vom System benötigt werden, wenn der Prozeß nicht aktiv ist. Der Eintrag enthält den Namen des Prozesses (process-id), die Adressen der Segmente und

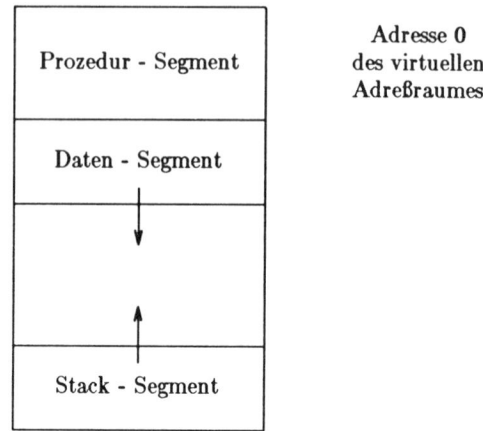

Bild 8.6. Das UNIX - Speicherbild

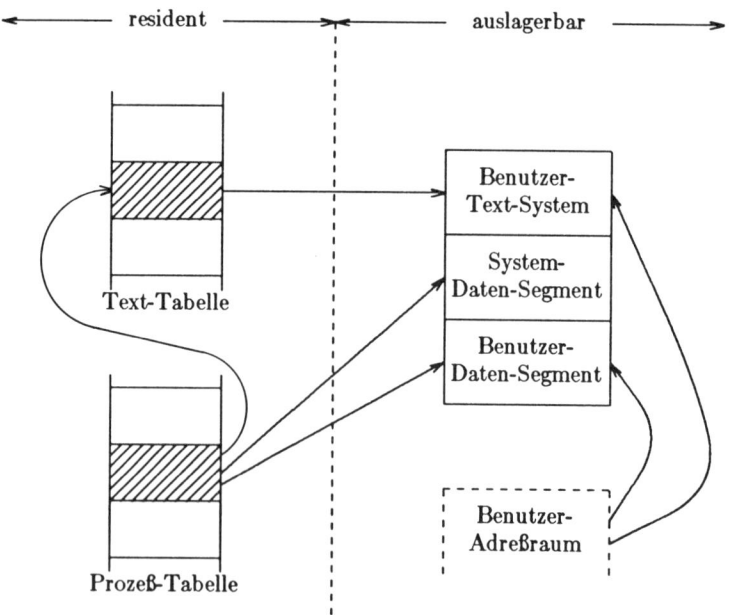

Bild 8.7. UNIX-Prozeß-Tabelle

Zuteilungs-Information. Der Eintrag ist vom Kern aus adressierbar.

Neue Prozesse werden durch den Systemaufruf *fork* kreiert. UNIX hat ein *hierarchisches Prozeß-Konzept*, d.h. der Systemaufruf *fork* teilt dem laufenden Prozeß in zwei konkurrente Prozesse, den *Eltern-Prozeß* (parent process) und dem *Kind-Prozeß* (child process). Diese beiden Prozesse haben getrennte Speicherräume, ermöglichen jedoch gemeinsamen Zugriff zu allen geöffneten Dateien. Der Systemaufruf *fork* gibt einen Wert zurück, der zur Identifikation von Eltern- bzw. Kind-Prozeß verwendet werden kann.

Die Synchronisation von Prozessen wird durch einen *Ereignis-Mechanismus* durchgeführt. Prozesse *warten* darauf, daß (ein) Ereignis(se) eintreten. Prozeß-Tabellen-Einträge sind direkt mit Ereignissen gekoppelt, d.h. Ereignisse werden dargestellt als Adressen der entsprechenden Einträge. Ein auf die Terminierung seines Kind-Prozesses wartender Eltern-Prozeß wartet auf ein Ereignis, das der Adresse seines eigenen Prozeß-Tabellen-Eintrags entspricht. Zu jedem Zeitpunkt haben sämtliche Prozesse bis auf höchstens einen die Ereignis-Warte-Funktion im Kern aufgerufen. Dieser eine Prozeß ist der z.Zt. in Ausführung befindliche. Ruft dieser Prozeß "Ereignis-Warten" auf, dann wird derjenige Prozeß höchster Priorität aktiviert, für den das Ereignis eingetreten (signalisiert) worden ist.

Prozesse können in einem von zwei Zuständen ablaufen: im *Benutzer-Status* oder im *System-Status*. Im Benutzer-Status führ der Prozeß Benutzer-Programme aus und hat Zugriff auf das Benutzer-Daten-Segment. Im System-Status ruft der Prozeß im Kern enthaltene Systemfunktionen auf und greift auf das System-Daten-Segment zu.

8.4.3 Datei-Konzept

Das Datei-System von UNIX ermöglicht den Zugriff zu gespeicherter Information durch Angabe ihres Namens. Die Sicherung dieser Information gegen nicht-autorisierten Zugriff wird in mannigfaltiger Weise unterstützt.

Das allgemeine Konzept des Datei-Systems ist extrem einfach: es gibt keine Kontroll-Blöcke und keine Zugriffsmethoden, die Dateien sind geräteunabhängig (es gibt nur eine einheitliche Schnittstelle für die gesamte Ein-Ausgabe).

Im Datei-System unterscheidet man drei Typen von Files:

— eine *gewöhnliche Datei* (ordinary file) ist einfach eine lineare Anordnung von Zeichen, die entweder ein Dokument (nicht-ausführbar) oder ein

Programm (ausführbar) darstellen. Ausführbare Programme sind immer binäre Dateien. Es gibt keine Satzstruktur auf den Dateien; ein Zeilenende-Zeichen kann abhängig von der Anwendung einen Satz begrenzen.

— Ein *Verzeichnis* (directory) enthält die Namen von Dateien oder weiteren Verzeichnissen. Ein Benutzer kann Unter-Verzeichnisse kreieren, um auf diese Weise die Dateien entsprechend seiner Anwendung zu gruppieren. Ein Verzeichnis kann wie eine gewöhnliche Datei gelesen, darf aber nicht beschrieben werden.

— *Spezielle Dateien* (special files) entsprechen Ein-Ausgabe-Einheiten. Zum Datei-System wird für spezielle Dateien die gleiche Schnittstelle wie für gewöhnliche Dateien verwendet. Allerdings wird die Schnittstellen-Information nicht im Datei-System sondern direkt durch das Gerät verwaltet. Die Mechanismen des Zugriffsschutzes sind für gewöhnliche und für spezielle Dateien identisch.

Entsprechend diesem Konzept ist das Datei-System ebenso wie die Prozeß-Struktur *hierarchisch geordnet* (Bild 8.8) und bildet eine *Baumstruktur*.

Die Basis des gesamten Datei-Systems ist das *Wurzel-Verzeichnis* (root directory). Ein Blatt in dieser Baumstruktur (d.h. ein End-Knoten) ist entweder eine Datei oder ein Verzeichnis; Dateien können allerdings nur in den Blättern angeordnet sein. Der Zugriff auf eine Datei erfolgt entweder durch Angabe des *vollständigen Pfadnamens* oder durch Benennung eines in der Hierarchie weiter unter angeordneten Verzeichnis zum "laufenden Verzeichnis" (current directory) und der Angabe des dann resultierenden Teilbaumes. So wird z.B. auf die Datei *Dok2* aus Bild 8.8 entweder durch

```
/Projekte/Proj_B/Liste/Dok2
```

oder durch

```
Dok2
```

(nachdem mit dem UNIX-Kommando

```
$ cd /Projekte/Proj_B/Liste
```

- cd = current directory; $ ist das System-Antwortzeichen - das laufende Verzeichnis neu benannt wurde) zugegriffen. Durch dieses Beispiel wird sichtbar, daß Verzeichnisse immer in der Weise

/Name des Verzeichnisses

bezeichnet werden.

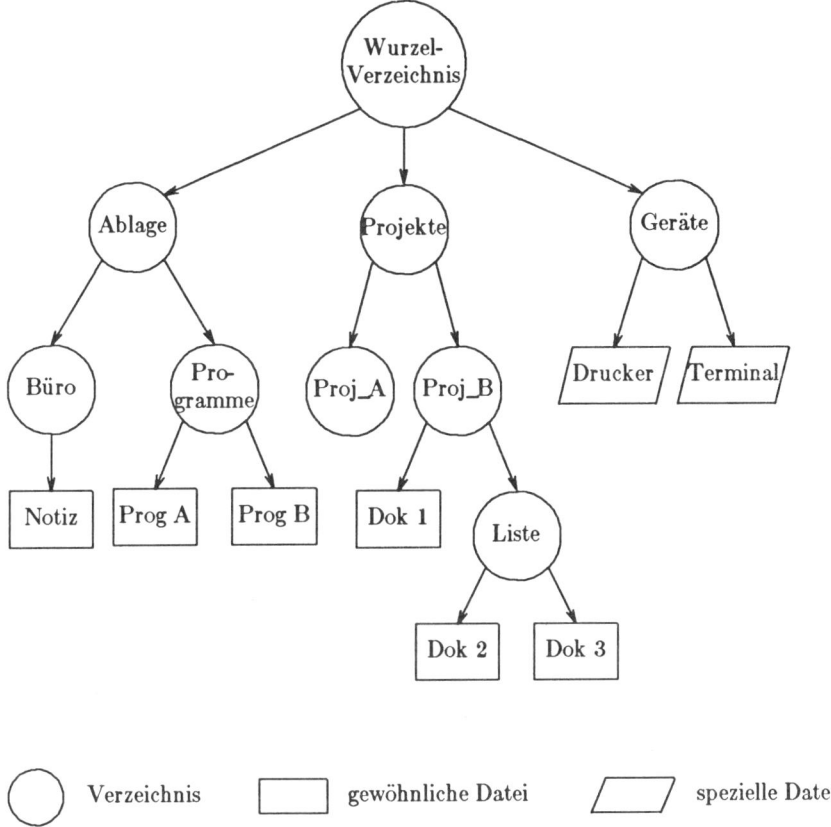

Bild 8.8. Das UNIX-Datei-System

8.4.4 Kommando-Interpreter *shell*

Die *shell* ist die Kommandosprache, die die Benutzer-Schnittstelle zum UNIX-Betriebssystem bildet. Die *shell* führt Kommandos aus, die entweder vom Terminal oder aus einer Datei gelesen werden. Dateien, die Kommandos enthalten, können auf diese Weise durch den Aufruf des Namens der Datei zur Bildung neuer Kommandos verwendet werden. Es ist das inhärente Konzept des UNIX-Systems, daß Kommandos nichts anderes als Programme sind, oder umgekehrt, jedes Programm ist auch Kommando. Diese "neuen" Kommandos haben den gleichen Status wie System-Kommandos. Auf diese Weise kann ein Benutzer oder eine Benutzergruppe eine individuelle Kommando-Umgebung schaffen. Hinter diesem Konzept verbirgt sich ein wesentlicher Teil der Mächtigkeit des gesamten UNIX-Systems; der schon erwähnte "Werkzeugkasten" paßt sich einheitlich dem System-Gebrauch an und kann (und wird in der Tat im täglichen Umgang mit dem System) laufend erweitert werden.

Eine ganz herausragende Eigenschaft des UNIX-System bildet das Konzept der *Pipes*. Eine *Pipe* ist ein zu zwei Prozessen geöffnetes File (vergl. Bild 8.9). Wesentliches Merkmal einer *Pipe* ist die automatische Synchronisation, d.h. hier wird ein vom System ohne weitere Eingriffe vom Benutzer verwalteter Erzeuger-Verbraucher-Mechanismus sichtbar. Prozeß B kann Daten erst verbrauchen, wenn sie vom Prozeß A erzeugt wurden

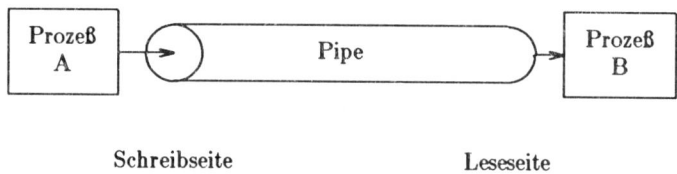

Schreibseite   Leseseite

Bild 8.9. UNIX-Pipe-Mechanismus

Eine ganze Gruppe von Kommandos im UNIX-System (oder neu zu entwerfenden) sind als *Filter* ausgebildet. Ein Filter ist ein Programm, das einen Eingabestrom zu einem Ausgabestrom verarbeitet ("filtert"). Filter können in Verbindung mit Pipes sehr wirkungsvoll eingesetzt werden. Ein kleines Beispiel möge dies verdeutlichen:

Wir nehmen an, daß die Datei `tel` ein Telefonverzeichnis mit dem folgenden Inhalt enthält

```
42711 Meier
72080 Müller
43120 Schulze
27387 Baumann
64332 Lehmann
```

Das Kommando **cat** *Dateiname* schreibt den Inhalt von *Dateiname* auf die Standardausgabe (üblicherweise der Bildschirm). Mit dem (Filter-) Kommando **grep** *Suchbegriff* ermittelt man aus der Standardeingabe, die über eine *Pipe* (in dem folgenden Kommando-Beispiel durch den senkrechten Strich | angegeben) aus der Standardausgabe des vorangegangenen Kommandos bezogen wird, kann man die Telefonnummer von **Müller** bzw. zu einer gegebenen Telefonnummer den Anschlußinhaber heraussuchen. Das Kommando

```
$ cat tel | grep Müller
```

erzeugt die Ausgabe

```
72080 Müller
```

Bezogen auf die *Pipe* "|" stellt das **cat**-Kommando den Prozeß A und das **grep**-Kommando den Prozeß B dar. Kommando-Folgen können in sogen. *shell-scripts* formuliert werden, die programmsprachlich übliche Kontrollstrukturen wie *if-then-else, while* usw. enthalten können.

In diesem Abschnitt 8.4 konnten nur die wesentlichsten Eigenschaften von UNIX kurz skizziert werden. Infolge der wachsenden Bedeutung von UNIX auch für die nicht-akademische Praxis (nahezu alle Universalrechner-Hersteller bieten mittlerweile UNIX an) kann dem Leser nur nahegelegt werden, aus der in diesem Kapitel angegebenen Originalliteratur weitere Eigenschaften dieses Betriebssystems zu studieren.

8.5 Übungsaufgaben zu Kapitel 8

8.1 In den Beispielen (A) und (B) in 8.1 sind die Anweisungen der benutzten Auftrags-Kontroll-Sprache jeweils durch ein oder mehrere Sonderzeichen, d.h. **$, //** bzw. **/*** eingeleitet. Man begründe diese Regelung!

8.2 Man beschreibe die Prozeß-Hierarchie des Bildes 8.4 als Baumstruktur!

8.3 Man gebe das erweiterte Prozeß-Zustands-Diagramm für verschiedene virtuelle Maschinen aus der Sicht des Kontroll-Programms CP an!

Abschließende Bemerkungen

Dieses Buch sollte dem Leser einen systematischen Überblick über die wesentlichen Prinzipien und Techniken der Arbeits- und Funktionsweise von Betriebssystemen moderner Rechnersysteme vermitteln. Dabei war in der Darstellung der einzelnen Komponenten besonderer Wert auf die Herausarbeitung der phänomenologischen Zusammenhänge gelegt worden. Es kann nicht deutlich genug herausgestellt werden, daß - aus Gründen des limitierten Umfangs - manche Fragen vielfach nur sehr kurz behandelt werden konnten. Der Aufbau und die Methodik der vorliegenden Darstellung sollte daher an vielen Stellen lediglich als Kompromiß verstanden werden, Fragestellungen zu motivieren, denn solche erschöpfend zu behandeln.

Besondere Bedeutung kommt der Problematik zu, daß die Aufgaben der bereitgestellten Betriebssystem-Funktionen lediglich die konsequente Erweiterung einer darunterliegenden Hardware-Architektur darstellen. Die Unzulänglichkeiten vieler existierender Betriebssysteme und der von diesen bereitgestellten Funktionen können nur so verstanden werden. Wie aus der auszugsweise zitierten umfangreichen Originalliteratur ersichtlich ist, finden sich in der isolierten Einzelbetrachtung spezieller Aufgabenstellungen zahlreiche Ansätze, die hinsichtlich der beschriebenen Zusammenhänge bislang nur ungenügend Eingang in die Gesamtbetrachtung gefunden haben. Die Analyse existierender und der Entwurf neuer Betriebssysteme wird daher wesentlich von der sorgfältigen Berücksichtigung des wechselseitigen Einflusses der Einzelkomponenten profitieren.

Es muß auch besonders deutlich gemacht werden, daß zahlreiche andere Disziplinen der Informatik maßgeblichen Einfluß auf die Konzeption und den Aufbau moderner Betriebssysteme haben, wie z.B.

— *Datenstrukturen,* die die Voraussetzung für die zweckmäßige Abbildung erforderlicher Parameter und Kontrollblöcke bei realen Implementierungen bilden;

— *Rechnerstrukturen,* die hinsichtlich der von der Architektur bereitgestellten Eigenschaften die Schnittstelle des Betriebssystems nach "unten" (im Sinne der Schichten-Konzepte) darstellen;

— *Software-Engineering* als Disziplin und Methodik des Entwurfs und der Realisierung großer Software-Systeme unter Einschluß aller Fragen des Projekt-Managements;

— *Warteschlangen-Theorie*, die die Grundlagen der quantitativen mathematischen Modellbildung komplexer dynamischer Systeme liefert.

Diese Liste ließe sich fortsetzen, zeigt aber sehr deutlich, wie eng die Zusammenhänge aus der Gesamtsicht sind.

Wenn es daher gelungen ist, den Leser dieses Buches "Betriebssysteme" dazu zu motivieren, neben der Kenntnis der in diesem Text erworbenen Grundlagen zahlreiche daraus resultierende Aufgabenstellungen und Phänomene zu hinterfragen, so kann das Ziel sowohl für den Leser als auch für den Verfasser als erreicht betrachtet werden.

Literaturverzeichnis

In diesem Literaturverzeichnis sind einige Lehrbücher zusammengestellt und kurz kommentiert, die allgemein dem Gebiet Betriebssysteme gewidmet sind. Es gibt zahlreiche weitere Bücher, die in dieser Zusammenstellung fehlen, weil Stoff und Darstellung in diesen Büchern zu weit vom vorliegenden Text abweichen. Dem allgemeinen Literaturverzeichnis folgen weitere Veröffentlichungen, die jeweils kapitelweise zusammengestellt sind.

Deutschsprachige Literatur

[0.1]   *Caspers, P.G.:* Aufbau von Betriebssystemen. Sammlung Göschen, de Gruyter, Berlin (1974).

In diesem Buch werden die Strukturen von Betriebssystemen unter dem Gesichtspunkt der Implementierung dargestellt. Die Beispiele werden vorwiegend an das Betriebssystem IBM OS/360 angelehnt.

[0.2]   *Krayl, H., Neuhold, E.J. und Unger, C.:* Grundlagen der Betriebssysteme. Sammlung Göschen, de Gruyter, Berlin (1975).

Grundsätzliche theoretische Modelle zur Darstellung der Teilkomponenten eines Betriebssystems bilden den Mittelpunkt dieses Buches. Nahezu sämtliche Modellbildungen werden mittels mathematischer Methoden vollständig analysiert.

[0.3]   *Weck, G.:* Prinzipien und Realisierung von Betriebssystemen. Teubner Studienbücherei Informatik, Stuttgart (1982).

In diesem Buch werden die theoretischen Ergebnisse anhand von Fallstudien aus realisierten bzw. zur Realisierung vorgeschlagenen Betriebssystemen gegenübergestellt. Viele der Beispiele wurden neueren Betriebssystemen entnommen.

Die beiden folgenden Bücher können benutzt werden, um Rückgriffe auf die angrenzenden Gebiete "Rechnerstrukturen" und "Datenstrukturen" vornehmen zu können.

[0.4]   *Kästner, H.:* Architektur und Organisation digitaler Rechenanlagen. B.G. Teubner, Stuttgart (1978).

Das Buch behandelt die allgemeinen Prinzipien digitaler Rechenanlagen, die auch für das Verständnis großer Programmsysteme (z.B. Betriebssysteme) wichtig sind.

[0.5]   *Wirth, N.:* Algorithmen und Datenstrukturen. B.G. Teubner, Stuttgart (1975).

Besonders die Kapitel 1 (Fundamentale Datenstrukturen) und Kapitel 4 (Dynamische Informationsstrukturen) geben eine gute Übersicht über zahlreiche grundlegende Begriffsbildungen.

Englischsprachige Literatur

[0.6]   *Brich Hansen, P.:* Operating System Principles. Prentice Hall, Englewood Cliffs (1973).

Aus dem Vorwort: "This book tries to give students of computer science and professional programmers a general understanding of operating systems - the programs that enable people to share computers efficiently."

[0.7]   *Coffman, E.G., Jr. and Denning, P.J.:* Operating Systems Theory. Prentice Hall, Englewood Cliffs (1973).

Eine Darstellung der grundlegenden Algorithmen, die beim Entwurf von Betriebssystemen benötigt werden, und ihre formale mathematische Analyse.

[0.8]   *Colin, A.J.T.:* Introduction to Operating Systems. Macdonald-American Elsevier, London/New York (1971).

Dieses Buch gibt eine leichtgefaßte informelle Einführung, die breit jedoch nicht sehr tief angelegt ist.

[0.9]   *Deitel, H.M.:* An Introduction to Operating Systems, Addison-Wesley Publishing Company, Reading, Massachusetts (1984).

Die Aufgaben eines Betriebssystems werden in sehr praxisorientierter Sicht umfassend dargestellt und durch Fallstudien zu den Betriebssystemen UNIX, VMS, CP/M, MUS und VM illustriert.

[0.10]   *Haberman, A.N.:* Introduction to Operating System Design. Science Research Associates, Chicago (1976).

In diesem Buch werden sowohl die Entwurfsmethodologien für die Implementierung von Betriebssystemen als theoretische Fragen wie System-Validierung und Warteschlangen behandelt. Zahlreiche als Programme formulierte Algorithmen illustrieren den Stoff.

[0.11]   *Holt, R.C., Graham, G.S., Lazowska, E.D. and Scott, M.A.:* Structured Concurrent Programming with Operating Systems Applications. Addison-Wesley, Reading Massachusetts (1978).

Probleme der Synchronisation und Kommunikation paralleler Prozesse werden mit Hilfe der Systemimplementierungssprache SP/k ausführlich dargestellt und durch zahlreiche Beispiele illustriert.

[0.12]   *Kleinrock, L.:* Queuing Theory, vol. II, Computer Applications. John Wiley & Sons, New York (1976).

Dieser Band gibt eine umfassende und breite Übersicht über alle in der Informatik auftretenden Probleme der Warteschlangen-Theorie (Time-Sharing- und Mehrfach-Zugriffs-Systeme, Rechnernetzwerke).

[0.13]   *Kurzban, S., Heines, T.S. and Sayers, A.P.:*   Operating   Systems Principles. Petrocelli/Charter, New York (1975).

In diesem Buch wird eine pragmatische Abstraktion des IBM 360/370 Betriebssystems gegeben. Von Interesse sind die beiden Anhänge "Betriebssystem-Glossar" und die Klassifikation "Operating System Functions".

[0.14]   *Lister, A.M.:* Fundamentals of Operating Systems. Macmillan Computer Science Series, London (1975).

Eine kurze, jedoch gut strukturierte Übersicht über die wesentlichen Aufgaben und Funktionen eines Betriebssystems.

[0.15]   *Madnick, S.E. and Donovan, J.J.:* Operating Systems. McGraw-Hill Book Company, New York (1974).

Die Grundlagen eines Betriebssystems werden in diesem Buch vermittels des Konzepts der Betriebsmittelverwaltung dargestellt. Der Text ist sehr breit und enthält viele bis zum letzten Detail ausgearbeitete Beispiele.

[0.16]   *Tsichritzis, D.C. and Bernstein, P.A.:* Operating Systems. Academic Press, New York and London (1974).

Dieses Buch ist eine Darstellung, die konsequent zwischen Prinzipien und Techniken unterscheidet. Die Beispiele sind an zwei in ihren Eigenschaften innovativen Systemen (SUE und VENUS) orientiert.

Literatur 1. Kapitel

[1.1]   DIN 44300, Normen über Informationsverarbeitung, Beuth Verlag, Berlin (1975)

[1.2]   *Dennis, J.B. and van Horn, E.C.:* Programming Semantics for Multiprogrammed Computations, Communications of the ACM, vol. 9 (1966), S. 143-155

[1.3]   *Holt, A.W., Saint, H., Shapiro, R.M. and Warshall, S.:* Final Report of the Information System Theory Project, Technical Report RADC-TR-68-305, Rome Air Development Center, Griffiss Air Force Base, N.A. (1968)

[1.4]   *Horning, J.J. and Randell, B.:* Process Structuring, ACM Computing Surveys, vol. 5 (1973), S. 179-196

[1.5]   *Peterson, J.L.:* Petri-Nets, ACM Computing Surveys, vol. 9 (1977), S. 223-252

[1.6]   *Sayers, A.P. and the Comtre Corp.:* Operating Systems Survey, Auerbach, Princeton, N.J. (1971)

Literatur 2. Kapitel

[2.1]   *Brinch Hansen, P.:* Distributed Processes: A Concurrent Programming Concept, Communications of the ACM, vol. 21, no. 11 (1978), S. 934-941

[2.2]   *Coffman, Jr., E.G., Elphick, M.J. and Shoshani, A.:* System Deadlocks, ACM Computing Surveys, vol. 3 (1971), S. 67-78

[2.3]   *Dijkstra, E.W.:* Cooperating Sequential Processes, in Programming Languages (ed. F. Genys), Academic Press, New York (1968), S. 43-112

[2.4]   *Dijkstra, E.W.:* Hierarchical Ordering of Sequential Processes, Acta Informatica 1 (1971), S. 115-138

[2.5]   *Dijkstra, E.W.:* Guarded Commands, Nondeterminacy, and Formal Derivation of Programs, Communications of the ACM, vol. 18, no. 8 (1975), S. 453-457

[2.6]   *Habermann, A.N.:* Synchronisation of Communicating Processes, Communications of the ACM, vol. 15, no. 3 (1972), S. 171-176

[2.7] *Hoare, C.A.R.:* Monitors: An Operating System Structuring Concept, Communications of the ACM, vol. 17, no. 10 (1974), S. 549-557

[2.8] *Patil, S.S.:* Limitations and Capabilities of Dijkstra's Semaphore Primitives for Coordination among Processes, MIT Project MAC Memo 57, Cambridge, Mass. (1971)

[2.9] *Presser, L.:* Multiprogramming Coordination, ACM Computing Surveys, vol. 7 (1975), S. 21-44

Literatur 3. Kapitel

[3.1] *Chu, W.W. and Opderbeck, H.:* The Page Fault Frequency Replacement Algorithm, AFIPS Conference Proceedings, Fall Joint Computer Conference, vol. 41 (1972), S. 597 - 609

[3.2] *Denning, P.J.:* The Working Set Model for Program Behavior, Communication of the ACM, vol. 11, no. 5 (1968), s. 323 - 333

[3.3] *Denning, P.J., Dennis, J.B., Lampson, B.W., Habermann, A.N., Muntz, R.R., and Tsichritzis, D.:* An Undergraduate Course on Operating System Principles, Cosine Committee on Education of the National Academy of Engineering, Washington, D.C. (1971)

[3.4] *Knuth, D.:* Fundamental Algorithms, The Art of Computer Programming, vol. I, Addison-Wesley, Reading, Mass. (1968)

[3.5] *Randell, B. and Kuehner, C.J.:* Dynamic Storage Allocation Systems, Communications of the ACM, vol. 11, no. 5 (1968), S. 297 - 306

Literatur 4. Kapitel

[4.1] *Brinch Hansen, P.:* An Analysis of Response Ratio Scheduling, IFIP Congress 1971, vol. TA-3 (1971), S. 150-154

[4.2] *Cox, D.R., Smith, W.L.:* Queues, John Wiley and Sons, New York, N.Y. (1961)

[4.3] *Hsu, J., Kleinrock, L.:* A Continuum of Computer Processor-Sharing Queuing Models, Proc. Sev. Intern. Teletraffic Congress, Stockholm (1973)

[4.4] *Little, J.D.C.:* A Proof of the Queuing Formula L=λW, Operations Research 9, (1961), S. 383-387

[4.5]   *Phipps, T.E.:* Machine Repair as a Priority Waiting-Line Problem, Operations Research 4, (1956), S. 76-85

[4.5]   *Stone, H.S., Editor:* Introduction to Computer Architecture, Science Research Associates, Chicago (1975)

Literatur 5. Kapitel

[5.1]   *Courtois, P.J., Heymans, R., and Parnas, D.L.:* Concurrent Control with "Readers" and "Writers", Communications of the ACM, vol. 14 (1971), S. 667-668

[5.2]   *Denning, P.J.:* Virtual Memory, ACM Computing Surveys, vol. 2, no. 3 (1970), S. 153-190

[5.3]   *Denning, P.J.:* Paging Drum Efficiency, ACM Computing Surveys, vol. 4, no. 1 (1972), S. 1-4

[5.4]   *Mills, D.L.:* Communication Software, Proceedings of the IEEE, vol. 60 (1972), S. 1333-1341

[5.5]   *Teorey, T.J. and Pinkerton, T.B.:* A Comparative Analysis of Disk Scheduling Policies, Communications of the ACM, vol. 15 (1972), S. 177-184

Literatur 6. Kapitel

[6.1]   *Cohen, E. and Jefferson, D.:* Protection in the HYDRA Operating System, Proc. of the ACM Fifth Symposium on Operating Systems Principles (1975), S. 141-160

[6.2]   *Dennis, J.B. and Van Horn, E.C.:* Programming Semantics for Multiprogrammed Computations, Communications of the ACM, vol. 9, no. 3 (1966), S. 143-155

[6.3]   *Dijkstra, E.W.:* The Structure of the T.H.E. Multiprogramming System, Communications of the ACM, vol. 11 (1968), S. 341-346

[6.4]   *England, D.M.:* Capability Concept Mechanism and Structure in System 250, Proc. IRIA International Workshop on Protection in Operating Systems, Rocquencourt IRIA Laboria, France (1974), S. 63-82

[6.5]   *Graham, G.S. and Denning, P.J.:* Protection: Principles and Practice, Techn. Rep. No. 101, Dept. of Electr. Eng., Princeton

University, Princeton, New Jersey (1971)

[6.6]   *Gray, J., Lampson, B.W., Lindsay, B., and Sturgis, H.:* The Control Structure of an Operating System, Research Report, IBM Watson Research Center, Yorktown Heights, N.J. (1972)

[6.7]   *Lampson, B.W.:* Dynamic Protection Structures, Proc. AFIPS Fall Joint Computer Conference, vol. 35 (1969), S. 27-38

[6.8]   *Lampson, B.W.:* Protection, Proc. Fifth Annual Princeton Conference on Information Sciences and Systems (1971), S. 437-443

[6.9]   *Lampson, B.W. and Sturgis, H.E.:* Reflections on an Operating Systems Design, Communications of the ACM, vol. 19, no. 5 (1976), S. 251-266

[6.10] *Needham, R.M. and Walker, R.D.H.:* The Cambridge CAP Computer and its Protection System, Proc. of the ACM Sixth Symposium on Operating Systems Principles (1977), S. 1-10

[6.11] *Organick, E.I.:* The MULTICS System: An Examination of its Structure, MIT Press, Cambridge, Mass. (1972)

[6.12] *Sevick, K.C.:* Project SUE as a Learning Experience, Proc. AFIPS Fall Joint Computer Conference, vol. 40 (1972), S. 571-578

[6.13] *Zurcher, F.W. and Randell, B.:* Iterative Multi-Level Modelling - A Methodology for Computer System Design, Proc. IFIP Congress (1968), S. 867-871

Literatur 7. Kapitel

[7.1]   *Bell, T.E., Boehm, B., Watson, R.A.:* Framework and Initial Phases for Computer Performance Improvement, AFIPS Conference Proceedings, vol. 41, FJCC (1972), S. 1141-1154

[7.2]   *Boyse, J.W., Warn, D.R.:* A Straightforward Model for Computer Performance Prediction, ACM Computing Surveys, vol. 7, no. 2 (1975), S. 73-94

[7.3]   *Buzen, J.P.:* Fundamental Laws of Computer System Performance, Proc. of the International Symposium on Computer Performance Modeling, Measurement and Evaluation, Cambridge, Mass. (1976), S. 200-210

[7.4]   *Denning, P.J.:* Optimal Multiprogrammed Memory Management, in Current Trends in Programming Methodology, vol. III Software

Modeling, Editors: K.M. Chandy and R.T. Yeh, Prentice Hall, Englewood Cliffs, N.J. (1978), S. 298-322

[7.5] *Ferrari, D.:* Computer Systems Performance Evaluation, Prentice Hall, Englewood Cliffs, N.J. (1978)

[7.6] *Kolence, K.W., Kiviat, P.J.:* Software Unit Profiles and Kiviat Figures, ACM Performance Evaluation Review, vol. 2, no. 3 (1973), S. 2-12

[7.7] *Lucas, Jr., H.C.:* Performance Evaluation and Monitoring, ACM Computing Surveys, vol. 3, no. 3 (1971), S. 79-92

Literatur 8. Kapitel

[8.1] *Hendricks, E.C., Hartmann, T.C.:* Evolution of a Virtual Machine Subsystem, IBM Systems Journal, vol. 18, no. 1 (1979), S. 111-142

[8.2] *IBM Virtual Machine Facility /370:* Introduction IBM Form No. GC20-1800

[8.3] *IBM Virtual Machine Facility /370:* Planning and System Generation Guide, IBM Form No. GC20-1809

[8.4] *IBM Virtual Machine Facility /370:* Operating Systems in a Virtual Machine, IBM Form No. GC20-1821

[8.5] *Kernighan, B.W., Mashey, J.:* The UNIX Programming Environment, Software-Practice and Experience, vol. 9 (1979), S. 1-15

[8.6] *McIlroy, M., Pinson, E., Tague, B.:* UNIX Time-Sharing System, Bell System Technical Journal, vol. 57, no. 6 (1978), S. 1899-1904

[8.7] *Ritchie, T.M., Thompson, K.:* The UNIX Time-Sharing System, Bell System Technical Journal, vol. 57, no. 6 (1978), S. 1905-1930

[8.8] *Seawright, L.H., MacKinnon, R.A.:* VM/370 - A Study of Multiplicity and Usefulness, IBM System Journal, vol. 18, no. 1 (1979), S. 4-17

[8.9] *Unger, C. (Herausgeber):* Command Languages, North-Holland Publishing Company, Amsterdam (1975)

Anhang I:
Lösungen der Übungsaufgaben

Kapitel 1

1.1

(a) 8 Zustände

(b) Die Zustandstabelle lautet

Nr.	Start	Anweisung	Magazin	Zustand
0	0	0	0	*Ruhe*
1	0	0	1	*Ruhe*
2	0	1	0	*Ruhe*
3	0	1	1	*Ruhe*
4	1	0	0	*Ruhe*
5	1	0	1	*Bereit*
6	1	1	0	*Ruhe*
7	1	1	1	*Aktiv*

(c)

```
Leser: Initialisiere sa und zk
    nk:= sa
    repeat Warten until Leser BEREIT
    repeat Lesen Karte (nk)
        Inkrementiere zk
        Inkrementiere nk
        repeat Warten until Leser AKTIV
    until Leser Ruhe
```

Man beachte: Das vorletzte **repeat** in dieser Anweisungsfolge ist notwendig, da sich der Kartenleser noch im Zustand "aktiv" befinden kann (z.B. Abtransport der gelesenen Karte), auch wenn der eigentliche Lesevorgang bereits abgeschlossen ist.

1.2

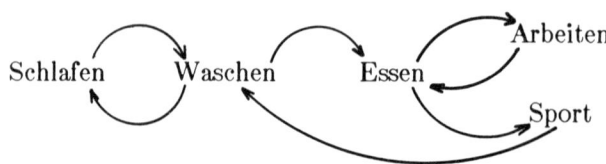

Schlafen	→	Waschen	:	nach dem morgendlichen Aufstehen
Waschen	→	Schlafen	:	vor der Nachtruhe
Waschen	→	Essen	:	Frühstück
Essen	→	Arbeiten	:	Arbeitsbeginn (auch nach Essenspausen)
Arbeiten	→	Essen	:	Beginn der Arbeitspause bzw. Arbeitsende)
Essen	→	Sport	:	Sport nach Abendessen)
Sport	→	Waschen	:	nach dem Sport)

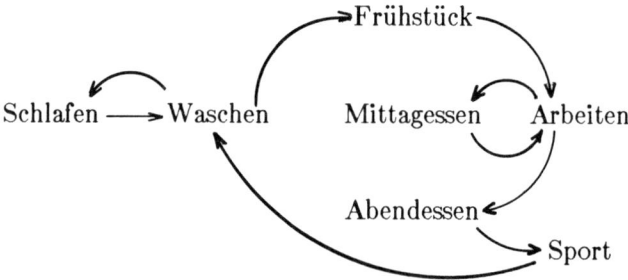

1.3

— Notizen bei einem Telephonat (Hören, Sprechen, Schreiben)

— Steuern eines Autos (Lenken, Beschleunigen, Bremsen, Blinken u.a.)

— Essen (Kauen, Schlucken, Benutzen des Bestecks u.a.)

1.4

(a) Die optimale Belegung lautet:

Prozessor 1: T_1, T_9
Prozessor 2: T_2, T_4, T_5, T_7
Prozessor 3: T_3, 2 Warteeinheiten, T_6, T_8
Gesamtdauer: 12 Zeiteinheiten

(b) Prozessor 1: T_1, T_8, 8 Warteeinheiten
Prozessor 2: T_2, T_5, T_9
Prozessor 3: T_3, T_6, 9 Warteeinheiten
Prozessor 4: T_4, T_7, 9 Warteeinheiten
Gesamtdauer: 15 Zeiteinheiten

(c) Prozessor 1: T_1, T_6, T_9
Prozessor 2: T_2, T_4, T_7, 8 Warteeinheiten
Prozessor 3: T_3, T_5, T_8, 6 Warteeinheiten
Gesamtdauer: 16 Zeiteinheiten

(d) Die Beispiele (b) und (c) stellen Anomalien dar, weil man erwartet, daß

— bei einer Erhöhung der Prozessoren-Anzahl sich die Gesamtdauer reduziert

— bei einer Verringerung der Vorgaben durch Präzedenz-Relationen sich die Gesamtdauer verringert.

Kapitel 2

2.1

(a)

semaphor voll, leer, zustand
voll := 0
leer := n
zustand := 1

Erzeuger-Prozeß	*Verbraucher-Prozeß*
repeat	repeat
Erzeuge Ware	P(voll)
P(leer)	P(zustand)
P(zustand)	Hole Ware aus Puffer
Bringe Ware nach Puffer	V(zustand)
V(zustand)	V(leer)
V(voll)	Verbrauche Ware
until forever	until forever

(b) Die Lösung ist bezüglich der beiden Semaphore 'leer' und 'voll' völlig symmetrisch. Die leeren Positionen des Puffers werden durch 'leer' und die vollen durch 'voll' beschrieben. Der Erzeuger-Prozeß produziert 'voll' und verbraucht 'leer' und der Verbraucher-Prozeß produziert 'leer' und verbraucht 'voll'.

2.2

semaphor bruecke
bruecke := 1
west := ost := 1

West-Richtung	*Ost-Richtung*
repeat	repeat
P(bruecke)	P(bruecke)
repeat until ost = 0	repeat until west = 0
west := west + 1	ost := ost + 1
V(bruecke)	V(bruecke)
Benutze Brücke	Benutze Brücke
P(bruecke)	P(bruecke)
west := west - 1	ost := ost - 1
V(bruecke)	V(bruecke)
until forever	until forever

2.3   Der Monitor zur Realisierung der Semaphor-Operationen für Listen von Semaphoren lautet:

```
semaphor-liste: monitor
condition array sem_positiv[1:n]
array s[1:n]
begin
     for i in [1:n] do s[i] := 1 od
     procedure P(s)
     begin for k in [1:n] do
               if s[k] < 1 then sem_positiv.warten[i] fi
               s[k] := s[k] - 1
          od
     end
     procedure V(s)
     begin for k in [1:n] do
               s[k] := s[k] + 1
               if s[k] = 1 then sem_positiv.signal[i] fi
          od
     end
end
```

2.4

(a)   Die Variablen 'letztes', 'laufendes' und 'naechstes' kennzeichnen aufeinanderfolgende Elemente der Datenmenge t, die sich in den 3 Phasen Eingabe, Verarbeitung und Ausgabe befinden:

```
while weiter do
     Eingabe(t.nächstes)
     while weiter do
          t.laufendes := t.nächstes
          Verarbeitung(t.laufendes)//Eingabe(t.nächstes)
          while weiter do
               t.letztes := t.laufendes
               t.laufendes := t.nächstes
               Ausgabe(t.letztes)//Verarbeitung(t.laufendes)
                    //Eingabe(t.nächstes)
          od
          Ausgabe(t.laufendes)
     od
     Verarbeitung(t.nächstes)
     Ausgabe(t.nächstes)
od
```

(b)   Seien E, V und P die für die Eingabe, Verarbeitung bzw. Ausgabe benötigten Zeiten, dann gilt

$$G = \frac{E + V + P}{\max(E, V, P)} \leq 3 \ .$$

Kapitel 3

3.1   Verfahren 1: Seitentabelle

Seite	Seitenrahmen
1	c
2	-
3	-
4	e
5	-
6	a
7	b
8	-
9	-
10	-
11	d
12	-

Verfahren 2: Seitentabelle

Seitenrahmen	Seite
a	6
b	7
c	1
d	11
e	4

3.2

(a) m = 3

K_1	K_2	K_3	K_4	K_5	K_6	K_7	K_8	K_9	K_{10}	K_{11}	K_{12}
1	2	3	4	1	2	5	5	5	3	4	4
−	1	2	3	4	1	2	2	2	5	3	3
−	−	1	2	3	4	1	1	1	2	5	5
*	*	*	*	*	*	*			*	*	

(b) 9 Seitenfehler

(c) m = 4

K_1	K_2	K_3	K_4	K_5	K_6	K_7	K_8	K_9	K_{10}	K_{11}	K_{12}
1	2	3	4	4	4	5	1	2	3	4	5
−	1	2	3	3	3	4	5	1	2	3	4
−	−	1	2	2	2	3	4	5	1	2	3
−	−	−	1	1	1	2	3	4	5	1	2
*	*	*	*			*	*	*	*	*	*

(d) 10 Seitenfehler

(e) Üblicherweise sinkt bei gegebener Seitenreferenz-Folge die Anzahl
der Seitenfehler mit wachsender Speicherraumgröße. In diesem
Fall ist das Verhalten jedoch umgekehrt (FIFO-Anomalie).

3.3

(a) Für die MRU-Regel lauten die Speicherzustände

K_1	K_2	K_3	K_4	K_5	K_6	K_7	K_8	K_9	K_{10}	K_{11}	K_{12}	K_{13}	K_{14}	K_{15}
2	1	4	1	3	4	3	1	2	3	2	1	4	3	1
−	2	1	4	4	3	4	4	1	1	1	2	1	1	3
−	−	2	2	2	2	2	2	4	4	4	4	2	2	2
				*			*		*	*			*	

(b) Beim MRU-Algorithmus treten bei der gegebenen Seitenreferenz-
Folge ohne Berücksichtigung der Anlaufphase 5 Seitenfehler auf.

3.4   Die Folgen der Speicherzustände lauten für m = 3

K_1	K_2	K_3	K_4	K_5	K_6	K_7	K_8	K_9	K_{10}	K_{11}	K_{12}	K_{13}	K_{14}
3	1	2	4	5	2	3	5	1	4	3	2	1	4
—	3	1	2	4	5	2	3	5	1	4	3	2	1
—	—	3	1	2	4	5	2	3	5	1	4	3	2

und für m = 4

K_1	K_2	K_3	K_4	K_5	K_6	K_7	K_8	K_9	K_{10}	K_{11}	K_{12}	K_{13}	K_{14}
3	1	2	4	5	2	3	5	1	4	3	2	1	4
—	3	1	2	4	5	2	3	5	1	4	3	2	1
—	—	—	3	1	1	4	4	2	3	5	1	4	3
—	—	—	3	1	1	4	4	2	3	5	1	4	3

Die Speicherzustände für m = 3 sind identisch mit den vertikal jeweils ersten drei Elementen für m = 4. Also ist LRU ein Stackalgorithmus.

Kapitel 4

4.1   Der Zugriff auf die gemeinsam benutzbare Variable wird über einen kritischen Abschnitt realisiert. Indem dem Prozeß, der zum Betrachtungszeitpunkt Zugriff auf die gemeinsame Variable hat, eine höhere Prozeß-Intensität als den anderen Prozessen gegeben wird, kann mit dem frühest möglichen Abschluß des kritischen Abschnitts für den laufenden Prozeß gerechnet werden.

4.2   Wenn sich bis zu $n-1$ Prozesse in der Warteschlange befinden und maximal ein Prozeß bedient wird, lauten die Wahrscheinlichkeiten $p_0, p_1, \cdots, p_n$ für das im Gleichgewicht befindliche System

$$p_0 = p_0(1 - \lambda\, dt) + p_1 \mu\, dt$$
$$p_k = p_{k-1}\lambda\, dt + p_k(1 - (\lambda + \mu)dt) + p_{k+1}\mu\, dt \quad \text{für } 0 < k < n$$
$$p_n = p_{n-1}\lambda\, dt + p_n(1 - \mu\, dt)$$

Die mittlere Gleichung gibt während eines Zeitintervalls der Länge dt an, daß der Zustand k erreicht wird

(a)   durch Übergang aus dem Zustand $k-1$ nach Ankunft eines Auftrags **oder**

(b)   wenn das System bereits im Zustand k ist und weder ein Auftrag eintrifft noch ein bearbeiteter Auftrag beendet wird **oder**

(c)   durch Übergang aus dem Zustand $k+1$, wenn der bearbeitete Auftrag fertiggestellt wird.

Die Lösung der obigen drei Gleichungen ergibt

$$p_k = \rho^k p_0 \quad \text{für} \quad 0 \leq k \leq n \; . \tag{*}$$

Wegen

$$\sum_{k=0}^{n} p_k = 1$$

erhält man

$$p_0 = \frac{1-\rho}{1-\rho^{n+1}}$$

und mit (*) das Ergebnis für p_n.

4.3   Der Scheduler berechnet zunächst die Antwortzeit-Verhältnisse zum Zeitpunkt $t + b_1 + b_2 + b_3$, zu dem alle drei Aufträge beendet sind.

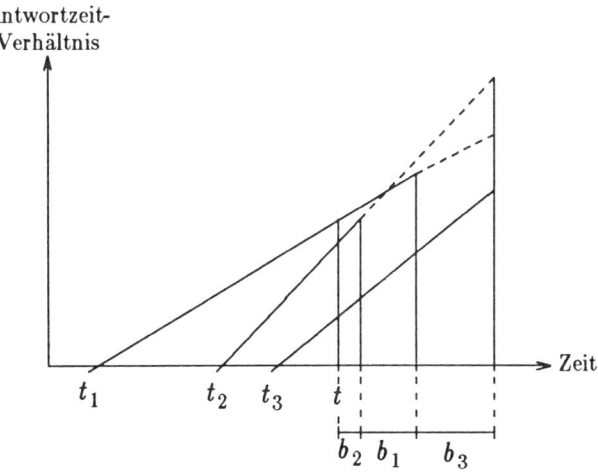

Wenn zunächst Auftrag 3 das kleinste Antwortzeit-Verhältnis der drei Aufträge hat, so wird Auftrag 3 zuletzt bearbeitet werden und der Scheduler untersucht die Aufträge 1 und 2 zum Zeitpunkt $t + b_1 + b_2$, wenn diese beiden Aufträge abgearbeitet sein werden. Wenn hier Auftrag 1 das kleinere Antwortzeit-Verhältnis besitzt, wird Auftrag 2 zur Bearbeitung ab Zeitpunkt t gestartet werden. Dieser Algorithmus wird immer dann wiederholt werden, wenn ein Auftrag abgeschlossen ist, um neu angekommene Aufträge mitzuberücksichtigen.

Dieser Algorithmus ist offensichtlich verschieden vom HRN-Algorithmus, da letzterer Auftrag 1 zum Zeitpunkt t starten würde. Intuitiv kann man sich klarmachen, daß der vorstehende Algorithmus jeweils versucht, das maximale Antwortzeit-Verhältnis zu minimieren, da jeweils diejenigen Aufträge (noch) nicht bearbeitet werden, deren Antwortzeit-Verhältnisse am geringsten wachsen.

Kapitel 5

5.1

(a)   Die Umdrehungszeit beträgt

$$t_r = \frac{60000}{10800}\,ms = 5.55\,ms$$

und

$$E_{FCFS}[T_z] = \frac{B-1}{B}\cdot\frac{t_r}{2} = \frac{44}{45}\cdot\frac{5.55}{2} = 2.71\,ms.$$

(b)   Die Blockübertragungszeit ist

$$t_u = \frac{5.55}{45} = 0.12\,ms$$

und daher

$$E_{FCFS}[t_s] = 2.71 + 0.12 = 2.83\,ms$$

(c)   Die Gesamtbedienzeit bei FCFS mit einer Warteschlangen-Länge von im Mittel n= 8 Anforderungen ergibt sich zu

$$T_{FCFS} = n\cdot E_{FCFS}[t_s] = 22.64\,ms.$$

5.2

(a)   Geräte-Koordination

```
repeat
    P(beschäftigt)
    Ausführung E/A-Operation
    Feststellen E/A-Operation-Ende
    V(frei)
until Geräte-Stop
```

(b)

    beschäftigt:= frei:= 0

(c)

    .
    .
    .

    V(beschäftigt)
    P(frei)

    .
    .
    .

5.3   Der Aufruf lautet

    EA (Datenstrom, Operation, Speicher).

Da mögliche Verzögerungen, resultierend von leeren oder vollen Puffer(n) in der E/A-Prozedur, abgefangen werden, besteht keine Notwendigkeit, eine Synchronisationsvariable als Parameter mitzuführen. Die Puffer-Information wird über den Prozeß-Kontroll-Block des aufrufenden Prozesses bereitgestellt.

Kapitel 6

6.1

	Subjekt	Objekt
t_1	A	B
t_2	B	C
t_3	C	B
t_4	B	A
t_5	A	C
t_6	C	B

6.2   Das Geräte-Treiber-Programm übernimmt gleichzeitig die Aufgaben des Schutz-Prozesses und verwaltet eine Geräte-Berechtigung, die u.a.

— die zulässigen Operationen im Rahmen dieser Berechtigung (als Bit-Verzeichnis)

— max. Zahl der erlaubten E/A-Operationen und

— einen Zähler Z

enthält. Wenn ein Prozeß zu dem E/A-Gerät Zugriff wünscht, muß dieser Prozeß zulässiges Subjekt für die betreffende Geräte-Berechtigung sein. Vorausgesetzt, der Prozeß versucht eine der erlaubten E/A-Operationen auszuführen, so zählt das Geräte-Treiber-Programm den Zähler Z um jeweils 1 hoch. Wenn Z = 'max. Zahl' erreicht wird, so wird die Geräte-Berechtigung vernichtet.

6.3   Mögliche Musterlösung:

Segment-Deskriptoren

Prozeß-Kontroll-Blöcke

Datei-Deskriptoren

Ein-Ausgabe-Anforderungs-Blöcke

Kapitel 7

7.1 $G = 4$, $p = 2$ ms, $e = 20$ ms

(a)   Wegen $G \leq 1 + \dfrac{e}{p}$ gilt

$$A = \frac{G}{1 + \dfrac{e}{p}} = \frac{4}{11} = 36.36\%$$

(b)   Mit

$$A = 1 - \frac{1}{4! \displaystyle\sum_{k=0}^{4} (4-k)! \left(\dfrac{1}{10}\right)^k}$$

$$= 1 - \frac{1}{1.5464} = 1 - 0.6467 = 35.33\%$$

7.2   Mögliche Musterlösungen:

— Prozessor-Zeit (Summe der "Aktiv"-Zeiten eines Auftrags)

— E/A-Kanal-Zeit (Summe der Belegungen aller E/A-Kanäle durch einen Auftrag)

— Anzahl der eingelesenen Lochkarten für einen Stapel-Auftrag

— Länge der Einschalt-Zeit eines Terminals während einer Dialog-Sitzung

— Anzahl der vom System für diesen Auftrag ausgeführten Seitenwechsel-Vorgänge (mögliche Trennung nach Adreßraum → Speicherraum und nach Speicherraum → Adreßraum)

— Anzahl der Platten-E/A-Anforderungen

— Prozessor-Auslastung für diesen Auftrag.

— Auf der einen Seite kann man argumentieren, daß das Betriebssystem für einen Benutzer-Auftrag arbeitet und daher der damit verbundene Aufwand dem Benutzer in Rechnung gestellt werden sollte. Der Benutzer könnte dadurch motiviert werden, den durch seinen Auftrag verursachten Betriebssystem-Overhead zu minimieren (z.B. im Anwenderprogramm notwendige E/A zu puffern). Auf der anderen Seite ist der für die Bearbeitung eines Auftrags im Mehrprogramm-Betrieb verursachte System-Verwaltungs-Aufwand nicht reproduzierbar, d.h. er hängt beträchtlich von der gesamten Arbeitslast des Systems während des Zeitintervalls der Bearbeitung des betreffenden Auftrags ab (bei einem hohen Grad der Mehrprogramm-Verarbeitung ist der System-Verwaltungs-Aufwand größer als bei einem geringen Grad). Außerdem erscheint es wünschenswert, daß der Benutzer keine genaue Kenntnis der internen Systemabläufe, die den Verwaltungs-Aufwand beeinflussen, besitzt. Ein möglicher Kompromiß könnte darin bestehen, daß der Benutzer-Auftrag mit allen System-Aktivitäten, die er direkt verursacht (z.B. E/A-Behandlung) belastet wird, jedoch nicht für die systeminternen Aktivitäten (z.B. Prozeß-Umschaltung) "bezahlt", die er nicht beeinflussen kann.

Kapitel 8

8.1   Auf diese Weise können durch den Kommando-Prozessor bei der Auftrags-Eingabe die Anweisungen der Auftrags-Kontroll-Sprache von der übrigen erst zur Programm-Laufzeit zu interpretierenden Information (z.B. Programm-Anweisungen, Daten) unterschieden werden. Hieraus ergeben sich allerdings Einschränkungen bezüglich des Formats der im Eingabestrom enthaltenen Daten, die nämlich, um nicht falsch interpretiert zu werden, nicht die reservierten Eingangzeichen enthalten dürfen.

8.2

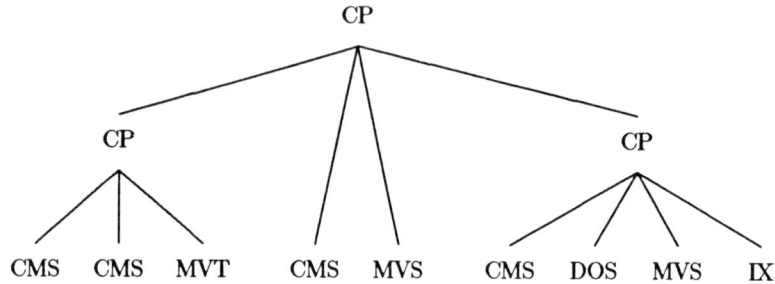

8.3   Erweitertes Prozeß-Zustands-Diagramm:

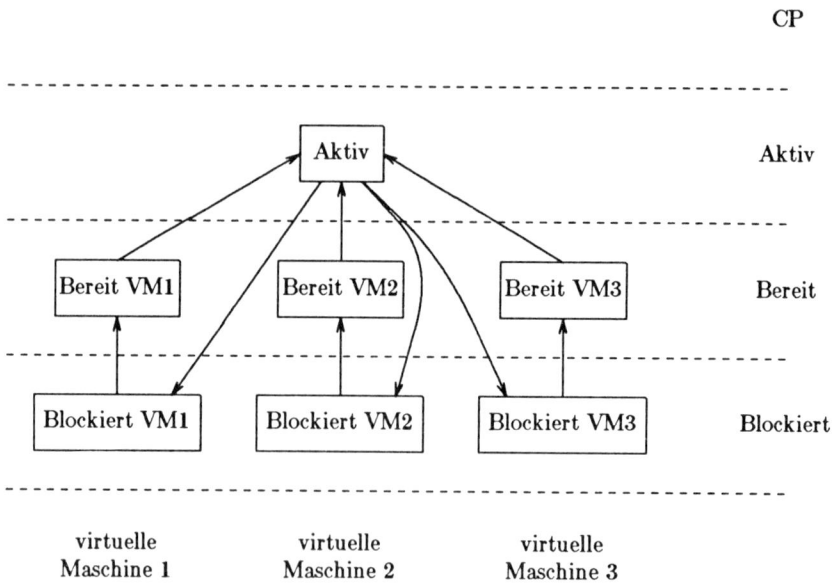

Anhang II:
Glossar

Die Dezimalklassifikation in Klammern am Schluß der Erklärung eines Stichwortes verweist auf das entsprechende "Kapitel.Unterkapitel..." dieses Buches. Das Zeichen ↑ vor einem Begriff markiert ein weiteres, in diesem Glossar erklärtes Stichwort.

Ablauf - *computation* - Eine Folge von Zuständen aus einem ↑Zustandsraum (1.4.1)

Adaptive Zuteilung - *adaptive scheduling* - ↑Zuteilungs-Algorithmus, der die Entscheidung über die Prozessor-Zuteilung in Abhängigkeit vom dynamisch sich ändernden Prozeß-Verhalten trifft (4.3.4)

Adreßraum - *address space* - die Menge aller in einem Speicher oder in einer Speicherhierarchie angeordneten Objekte (3.1)

Ankunftsrate - *arrival rate* - die durchschnittliche Anzahl von Aufträgen, die pro Zeiteinheit im System eintreffen (4.3.2)

Antwortzeit - *response time* - das Zeitintervall zwischen Ankunft eines Auftrags im System und dem Abschluß seiner Bearbeitung. Die Antwortzeit ist die Summe aus ↑Wartezeit und ↑Bedienzeit (4.3.2)

Arbeitslast - *work load* - die Menge aller Aufträge, bestehend aus Programmen, Daten und Kontrollanweisungen, die zu einem gegebenen Zeitpunkt dem Rechner- bzw. Betriebssystem zur Bearbeitung zu übergeben sind (7.)

Arbeitsmenge - *working set* - die Menge der ↑Seiten, die während der letzten τ Zeiteinheiten referiert wurden (3.3.2.2)

Auftrags-Kontroll-Sprache - *job control language* - Sprache zur Formulierung der für den Ablauf eines Auftrags erforderlichen Steuerinformation, wie z.B. Zuordnung ↑logischer Geräte zu physikalischen Geräten, Festlegung logischer Geräte-Eigenschaften (5.1)

Auftrags-Teil - *job step* - Teilauftrag in einem Stapel-Verarbeitungs-System, der jeweils die Ausführung eines neuen Anwender-Programms bewirkt (8.1.2)

Auftrags-Teil-Beschreibung - *job step description* - enthält die zur ↑Gesamt-Auftrags-Beschreibung disjunkten Festlegungen für den einzelnen ↑Auftrags-Teil (8.1.2)

Ausnutzungsgrad - *degree of utilisation* - bei einer Magnettrommel (oder auch Magnetplatte) das Verhältnis der Übertragungszeit zur Gesamtbedienzeit (5.3.1)

Bedienrate - *service rate* - die durchschnittliche Anzahl von Aufträgen, die pro Zeiteinheit abgeschlossen werden (4.3.2)

Bedienzeit - *service time* - die zur Ausführung eines Auftrages benötigte Zeit (Prozessor-Zeit) (4.3.2)

Belegungsregel - *placement rule* - legt fest an welche Stelle des ↑Speicherraums das einzulagernde Programm abgebildet wird (3.2.1.1)

Berechtigung - *capability* - das spezielle ↑Zugriffsrecht eines ↑Subjektes über ein ↑Objekt (6.1.1)

Berechtigungs-Liste - *capability list* - Zusammenfassung aller ↑Objekte zu denen ein ↑Bereich Zugriff hat (6.1.2)

Bereich - *domain* - eine Menge von ↑Zugriffsrechten (6.1.1)

Betriebsmittel - *resource* - Die Menge aller (Hard- und Software-) Komponenten eines Rechnersystems, die zur Ausführung von Programmen benötigt werden (1.)

Betriebssystem - *operating system* - Eine Menge von Programmen, die die Ausführung von Benutzerprogrammen und die Benutzung von ↑Betriebsmitteln steuern (1.2)

Betriebssystem-Schicht - *operating system's layer* - Ordnung der verschiedenen Funktionen eines Betriebssystems in der Weise, daß diese gegeneinander abgegrenzt sind (6.3.1)

Betriebssystem-Kern - *system nucleus* - stellt auf einer unteren System-Schicht in einem schichtenorientierten Betriebssystem Basisfunktionen mehreren Subsystemen gemeinsam zur Verfügung (8.2)

Bezugsgröße - *performance figure* - Maß zur Leistungsbeurteilung eines Rechnersystems, wie z.B. ↑Durchsatz, ↑Umlaufzeit, ↑Antwortzeit, ↑Verfügbarkeit, ↑Grad der Mehrprogramm-Verarbeitung usw. (7.3)

Briefkasten-Prinzip - *mailbox system* - Form der Kommunikation ↑konkurrenter Prozesse mittels Nachrichtenaustausch (2.2.2)

Datei - *data set, file* - für eine bestimmte Aufgabe bzw. unter bestimmten Gesichtspunkten in einem externen Speicher oder auf einem externen Datenträger zusammengefaßte Daten (5.4)

Datei-Deskriptor - *data set descriptor, file descriptor* - beschreibende Information, die zur Identifikation, Lokalisierung und Benutzung der in einer ↑Datei enthaltenen Daten benötigt wird (5.4.1)

Datenträger-Deskriptor - *volume desciptor* - beschreibende Information, die zur Identifikation, Lokalisierung und Benutzung der auf einem Datenträger enthaltenen Dateien dient (5.4.1)

Dialogbetrieb - *interactive time sharing* - Zahlreiche Benutzer geben simultan Folgen kurzer Teilaufträge an das Rechnersystem und erwarten prompte Bearbeitung (1.2)

Dispatcher - *dispatcher* - Komponente des Betriebssystems zur Realisierung der kurzfristigen Prozessor-Zuteilung (4.2.2)

Durchsatz - *throughput* - beschreibt den pro Zeiteinheit für einer gegebene Arbeitslast geleisteten Verarbeitungsumfang (7.1)

Durchsatzfaktor - *throughput figure* - für eine Magnetplatte oder Magnettrommel die Anzahl der bedienten Anforderungen pro Zeiteinheit (5.3.1)

Echtzeitbetrieb - *real-time processing* - Innerhalb fest vorgegebener Zeitgrenzen müssen asynchron eintreffende Daten (Meßwerte, Signale) verarbeitet werden (1.2)

Einflußgröße - *work load figure* - Größen zur Beschreibung der Eigenschaft der ↑Arbeitslast, wie z.B. mittlere Anzahl von Instruktionen pro Auftrag, durchschnittliche Länge einer Bedienanforderung usw. (7.3)

Erkennung von Systemverklemmungen - *detection of deadlocks* - Feststellung von ↑Systemverklemmungen und Auflösung derselben durch Eingriff in das System (2.3)

Ersetzungsregel - *replacement rule* - die Ersetzungsregel beschreibt den Seitenaustausch-Algorithmus (3.3.1)

Erzeuger-Verbraucher-Problem - *producer consumer problem* - klassische Kommunikationsform zweier konkurrenter Prozesse, bei denen der eine etwas produziert, das der andere Prozeß konsumiert (2.2.1)

E/A-Anforderungs-Block(EAAB) - *input output request block (IORB)* - Kontrollblock zur Aufnahme aller für eine E/A-Anforderung relevanten Parameter (5.2)

E/A-Prozedur - *I/O-procedure* - Prozedur, die die Zuordnung Datenstrom - Gerät besorgt und die das Geräte-Treiber-Programm des betreffenden Gerätes aktiviert (5.2.1)

Fragmentierung - *fragmentation* - Zerstückelung des ↑Speicherraums durch wechselnde Belegung und Freigabe des Hauptspeichers (3.4)

Gantt-Diagramm - *Gantt chart* - Balkendiagramme zur zeitabhängigen Darstellung der Belegung von ↑Betriebsmitteln (1.5.2)

Gegenseitiger Ausschluß - *mutual exclusion* - exklusive Ausführung ↑kritischer Abschnitte in ↑konkurrenten Prozessen (2.1.2)

Geräte-Deskriptor - *device descriptor* - Kontrollblock, der die speziellen Eigenschaften eines Gerätes (E/A-Operationen, Kodierungstabellen usw.) enthält und der vom ↑Geräte-Treiber-Programm zur Bedienung des Geräts benötigt wird (5.1)

Geräte-Treiber-Programm - *device driver program* - Programm zur Durchführung der Ein-Ausgabe auf einem bestimmten Gerät; das Geräte-Treiber-Programm benutzt dazu den ↑Geräte-Deskriptor (5.1)

Gesamt-Auftrags-Beschreibung - *job description* - enthält diejenigen Anweisungen bzw. Deklarationen der Auftrags-Kontroll-Sprache, die den gesamten Auftrag betreffen (8.1.2)

Grad der Mehrprogramm-Verarbeitung - *multiprogramming degree* - die Anzahl der im Mehrprogramm-Betrieb gleichzeitig nebeneinander bearbeiteten unabhängigen Benutzerprogramme (7.1.1)

Implementierungs-Sprache - *implementation language* - Programmiersprache, die sowohl von ihren Daten- als auch Kontrollstruktur-Anweisungen geeignet ist, Betriebssystem- (und Übersetzer-) Implementierungen zu unterstützen (6.4)

Integrität - *integrity* - Eigenschaft eines Betriebssystems, Schutz gegen den Verlust von Information bei auftretenden Fehlern zu bieten (6.5)

Interreferenz-Intervall - *interreference interval* - die Anzahl der Zeiteinheiten im Prozeßzustand "Aktiv", die zwischen zwei aufeinanderfolgenden Referenzen zur gleichen ↑Seite liegen (3.3.2.2)

Kommando-Prozessor - *command processor* - stellt die Verbindung zwischen Betriebssystem und Anwender-Programm her, indem die Anweisungen der Auftrags-Kontroll-Sprache durch den Kommando-Prozessor ausgeführt bzw. interpretiert werden (8.1.1)

Konkurrente Prozesse - *concurrent processes* - Abläufe simultaner oder paralleler Prozesse (2.1)

Kritischer Abschnitt - *critical section* - Abschnitte, die lesend und/oder schreibend gemeinsame Daten, die von mehreren ↑konkurrenten

Prozessen benutzt werden, verarbeiten (2.1.2)

Laderegel - *fetch rule* - bestimmt den Zeitpunkt, zu dem die Einlagerung in den ↑Speicherraum bzw. der ↑Seitenaustausch stattfinden sollen (3.3.1)

Logisches Gerät - *logical device* - im Gegensatz zum physikalischen Gerät entspricht das logische Gerät lediglich einem Gerätetyp mit den für diese Klasse charakteristischen Eigenschaften; jedes ↑virtuelle E/A-Gerät ist ein logisches Gerät (5.1)

Lokalität - *locality* - innerhalb eines Zeitintervalls werden gewisse ↑Seiten häufiger referiert als andere (3.3.2.2)

Mehrprogramm-Betrieb - *multiprogramming* - das ↑Betriebssystem sorgt für die Bearbeitung mehrerer abwechselnd in Zeitabschnitten verzahnter Aufgaben (1.4)

Minidisk - *minidisk* - Aufteilung einer realen Magnetplatte in mehrere virtuelle Magnetplatten im Betriebssystem IBM-VM/370 (8.3.1)

Monitor - *monitor* - Menge von Prozeduren und Datenstrukturen, die als Betriebsmittel betrachtet mehreren Prozessen zugänglich sind, aber nur von einem Prozeß zu einer Zeit benutzt werden können (2.2.3)

Namensraum - *name space* - die Menge aller Objekte, die durch Namen eindeutig gekennzeichnet sind (3.1)

Objekt - *object* - Element in einem System, das zu schützen ist (6.1)

Objekt-Typ - *object type* - Menge der Operationen, die für die Objekte dieses Typs anwendbar sind (6.1.1)

Öffnen - *open* - Vorgang der Zuordnung eines Datenstroms zu einem Gerät vor Beginn der tatsächlichen E/A-Übertragung (5.1)

Petri-Netz - *Petri net* - Graphen mit zwei Arten von Knoten, den ↑Stellen und den ↑Transitionen (1.6.1)

Preis-Leistungs-Verhältnis - *price performance ratio* - Maßzahl, die sich als Quotient aus den Investitions- und Betriebskosten der zugrundeliegenden Hardware-Konfiguration und einer gewählten ↑Bezugsgröße bei gegebener ↑Arbeitslast ergibt (7.3.2)

Problem-Programm-Status - *problem state* - Verarbeitungszustand im IBM/370-System, in dem lediglich die für die Anwenderprogramm-Ausführung erforderliche Teilmenge des Gesamt-Instruktionssatzes zur Verfügung steht und der im Gegensatz zum ↑Supervisor-Status nicht für die Betriebssystem-Ablaufsteuerung benutzte Instruktionen zuläßt (8.3.2)

Prozessor - *processor* - Ein Tupel (D, I), in dem D ein Gerät (Maschine) und I eine Interpretation des Gerätezustandes bezeichnet (1.4.1)

Prozessor-Intensität - *processor intensity* - beschreibt das Verhalten der Prozessor-Anforderung durch den Prozeß und ist definiert durch den Quotienten der Summe der Zeiten im Zustand "Aktiv" geteilt durch die Summe der Zeiten in den Zuständen "Aktiv"und "Bereit" (4.3.2)

Prozessor-Leerzeit - *processor idle time* - die Summe aller Zeiten, in denen kein Prozeß im Zustand "Aktiv" ist, weil die Bereit-Warteschlange leer ist (7.1.2)

Prozeß - *process* - Ein Tripel (S, f, s) , wobei S einen ↑Zustandsraum, f eine Abbildung von Zuständen in die Menge der mit Wertzuweisungen versehenen ↑Zustandsvariablen und $s \subset S$ die Anfangszustände bezeichnen (1.4.1)

Prozeß-Kontroll-Block - *process control block* - enthält die, für den Ablauf des Prozesses wesentliche Information (4.2.1)

Prozeß-Priorität - *process priority* - bestimmt die Reihenfolge der Überführung der Prozesse im Zustand "Bereit" in den Zustand "Aktiv" (4.3.1)

Pufferung - *buffering* - Technik zur effizienten Abwicklung der bei E/A-Vorgängen stattfindenden Datenübertragung (5.2.2)

P-Operation - *P operation* - ↑Semaphor Operation, die vor Eintritt in einen ↑kritischen Abschnitt ausgeführt wird (2.2.1)

Ringpuffer - *ring buffer* - zyklischer Puffer für die Kommunikation über Nachrichtenaustausch (2.2.2)

Sättigung - *saturation* - Systemzustand, in dem der ↑Grad der Mehrprogramm-Verarbeitung so bemessen ist, daß maximaler ↑ Durchsatz erzielt wird (7.3.3)

Schließen - *close* - nach Abschluß des Zugriffs auf eine Datei vorzunehmende Maßnahme zur Freigabe der Datei (5.1)

Schutz-Prozeß - *protection ring* - kontrollierende Instanz, die den Zugriff eines ↑Subjektes über ein ↑Objekt überwacht (6.1)

Schutz-Ring - *protection ring* - Einheit in einem hierarchischen Sicherungs-System (z.B. MULTICS), in dem vergleichbare Zugriffsprivilegien zu ↑Objekten gelten (6.2.1)

Schutz-Ring-Intervall - *access bracket* - über mehrere ↑Schutz-Ringe abgegrenztes Intervall vergleichbarer Zugriffsprivilegien

Segment - *segment* - Block variabler Größe, der durch Aufteilung des Adreßraums entsteht (3.2.2)

Seite - *page* - Block fester Größe, der durch Aufteilung des ↑Adreßraums entsteht (3.2.3)

Seitenaustausch-Algorithmus - *replacement algorithm* - legt in Verbindung mit der ↑Belegungsregel und der ↑Laderegel fest, wie der Austausch zwischen Adreßraum und ↑Speicherraum abläuft (3.3.2)

Seitenaustausch auf Anforderung - *demand paging* - es wird mit ständig gefülltem ↑Speicherraum gearbeitet und ↑Seitenwechsel findet nur bei aktueller Anforderung durch Referenz eines Objektes statt (3.3.1)

Seitenfehler - *page fault* - eine referierte ↑Seite befindet sich nicht im ↑Speicherraum und die Hardware löst eine asynchrone Unterbrechung aus (3.3)

Seitenrahmen - *page frame* - Block fester Größe, der durch Aufteilung des ↑Speicherraumes entsteht. Ein Seitenrahmen dient zur Aufnahme einer ↑Seite (3.2.3)

Seitenreferenzfolge - *page reference string* - die durch Ablauf eines Prozesses erzeugte konsekutive Folge von Seitenreferenzen (3.3.2)

Seitentabelle - *page table* - enthält die ↑Seitenrahmen-Zuordnung aller im ↑Speicherraum befindlichen ↑Seiten (3.2.3)

Seitenwechsel - *paging* - Nachladen einer ↑Seite, die einen ↑Seitenfehler erzeugte, in den ↑Speicherraum (3.3.1)

Selbstbeobachtung - *self-monitoring* - Mechanismus zur nachgeführten Aufzeichnung des Prozeß-Verhaltens, Grundlage für die ↑adaptive Zuteilung (4.3.4)

Semaphor - *semaphor* - spezielle Synchronisations-Variable, die nur über die ↑P- und ↑V- Operation getestet bzw. verändert werden darf (2.2.1)

Sicherer Zustand - *safe state* - Zustand eines Prozesses bzw. des Systems, der nicht als Folgezustand zu einer Systemverklemmung führen kann (2.3.2)

Signal-Operation - *signal operation* - entspricht der ↑V-Operation bei Semaphoren (2.2.2)

Speicherraum - *memory space* - die Menge aller zu einem Zeitpunkt im Hauptspeicher abgelegten ↑Objekte (3.1)

Spooling - *spooling* - Technik zur effizienten Bedienung von nicht gemeinsam benutzbaren Geräten (5.5)

Stapelbetrieb - *batch processing* - Eine Betriebsart, bei der die gesamte Aufgabe a priori vollständig definiert ist und zusammenhängend an das Rechner-System übergeben wird (1.2)

Stellen - *places* - Eine Art von Knoten in ↑Petri-Netzen, die markiert ist und bei der Modellbildung zur Formulierung von Bedingungen benutzt wird (1.6.1)

Subjekt - *subject* - aktives Element, das Zugriff zu einem ↑Objekt anfordert (6.1.1)

Suchzeit - *seek time* - die Zeit zur Einstellung des Lese-Schreib-Arms auf die gesuchte Spur beim Zugriff auf eine Magnetplatte (5.3.2)

Supervisor-Status - *supervisor or privileged state* - Verarbeitungszustand im IBM/370-System, in dem sämtliche Instruktionen, insbesondere auch die für die Betriebssystem-Steuerung notwendigen, ausgeführt werden können (8.3.2)

Systemgenerierung - *system generation* - Vorgang der Anpassung eines allgemeinen Betriebssystems an die spezifische Hardware- und Software-Konfiguration und die operationellen Erfordernisse einer bestimmten Rechnerinstallation (7.2)

Systemverklemmung - *deadlock, interlock* - Systemzustand, in dem einer oder mehrere Prozesse blockiert sind und ohne Eingriff von außen ihren Ablauf nicht mehr fortsetzen können (2.2, 2.3)

System-Abstimmung - *system tuning* - Vorgang der dynamischen Veränderung gewisser Betriebsparameter während der Laufzeit des Betriebssystems durch Relativierung am aktuellen Leistungsverhalten (7.3)

System-Überlastung - *thrashing* - Systemzustand, der durch einen zu hohen ↑Grad der Mehrprogramm-Verarbeitung eine überdurchschnittlich hohe Seitenaustausch-Rate und einen gegen Null gehenden ↑Durchsatz zur Folge hat (7.3.3)

Transitionen - *transitions* - Eine Art von Knoten in ↑Petri-Netzen, die im Gegensatz zu den ↑Stellen nicht markiert ist und bei der Modellbildung für Ereignisse benutzt wird (1.6.1)

Umlaufzeit - *turn-around-time* - die durchschnittliche Zeit, die ein Auftrag in einem Stapelverarbeitungs-System vom Zeitpunkt des Eingangs bis zu seinem Abschluß verbringt (7.1)

Verfügbarkeit - *availability* - der Anteil produktiver Arbeit, der pro Zeiteinheit bewältigt werden kann (7.1)

Vermeidung von Systemverklemmungen - *prevention or avoidance of deadlocks* - durch Benutzung von Information über zukünftige Betriebsmittelanforderungen werden Systemverklemmungen gar nicht erst zugelassen (2.3)

Verrechnungs-Datei - *accounting file* - Datei, die Informationen über die tatsächliche quantitative Inanspruchnahme der Betriebsmittel je Benutzer und über maximale Betriebsmittel-Vorgaben für eine bestimmte Zeitperiode enthält (7.4)

Virtuelle Adresse - *virtual address* - Referenz eines Objektes im Adreßraum, wobei $|A| \geq |S|$ (3.3.1)

Virtuelles - *E/A-Gerät* - Abstraktion der einem Gerät einer bestimmten Klasse (z.B. Magnetplatten) gemeinsamen Eigenschaften (↑logisches Gerät) (5.1)

Vorrangs-Unterbrechung - *preemption* - Wiedereinordnung eines aktiven Prozesses in die Bereit-Warteschlange bei Ablauf der ↑Zeitscheibe oder bei Ankunft eines Prozesses höherer ↑Prozeß-Priorität in der Bereit-Warteschlange (4.3.1)

V-Operation - *V operation* - ↑Semaphor-Operation, die nach Verlassen eines ↑kritischen Abschnitts ausgeführt wird (2.2.1)

Warten-Operation - *wait operation* - entspricht der ↑P-Operation bei Semaphoren (2.2.2)

Wartezeit - *waiting time* - Zeit, die ein Auftrag im System auf Ausführung wartet (Dauer des Aufenthalts in der Bereit-Warteschlange) (4.3.2)

Zeitscheibe - *time slice* - maximale Zeit, die ein Prozeß zusammenhängend im Zustand "Aktiv" verbringen darf (4.3.3)

Zugriffsmatrix - *protection matrix* - Matrix-Anordnung der ↑Zugriffsrechte von ↑Subjekten auf ↑Objekte (6.1.2)

Zugriffsrechte - *access privileges* - die erlaubten Operationen eines ↑Subjektes auf einem ↑Objekt (6.1.1)

Zugriffszeit - *access time* - die Zeit, die vom Beginn der Bedienung der Anforderungen bis zum Start des Lesens oder Schreibens auf einer Magnettrommel oder Magnetplatte (hier gilt Zugriffszeit $\geq$ ↑Suchzeit) vergeht (5.3.1, 5.3.2)

Zugriffs-Kontroll-Liste - *access control list* - Zusammenfassung aller ↑Bereiche, die zu einem bestimmten ↑Objekt Zugriff haben (6.1)

Zustandsraum - *state space* - Die Menge aller möglichen Zustände einer Menge von ↑Zustandsvariablen (1.4.1)

Zustandsvariable - *state variable* - Eine elementare Größe, die definierte Werte annehmen kann (1.4.1)

Zuteilungs-Algorithmus - *scheduling algorithm* - Strategie, nach der die langfristige Prozessor-Zuteilung realisiert wird (4.3.1)

Stichwortverzeichnis

Teubner Studienbücher

Informatik

Berstel: **Transductions and Context-Free Languages**
278 Seiten. DM 38,– (LAMM)

Beth: **Verfahren der schnellen Fourier-Transformation**
316 Seiten. DM 34,– (LAMM)

Bolch/Akyildiz: **Analyse von Rechensystemen**
Analytische Methoden zur Leistungsbewertung und Leistungsvorhersage
269 Seiten. DM 29,80

Dal Cin: **Fehlertolerante Systeme**
206 Seiten. DM 24,80 (LAMM)

Ehrig et al.: **Universal Theory of Automata**
A Categorical Approach. 240 Seiten. DM 24,80

Giloi: **Principles of Continuous System Simulation**
Analog, Digital and Hybrid Simulation in a Computer Science Perspective
172 Seiten. DM 25,80 (LAMM)

Kandzia/Langmaack: **Informatik: Programmierung**
234 Seiten. DM 24,80 (LAMM)

Kupka/Wilsing: **Dialogsprachen**
168 Seiten. DM 21,80 (LAMM)

Maurer: **Datenstrukturen und Programmierverfahren**
222 Seiten. DM 26,80 (LAMM)

Oberschelp/Wille: **Mathematischer Einführungskurs für Informatiker**
Diskrete Strukturen. 236 Seiten. DM 24,80 (LAMM)

Paul: **Komplexitätstheorie**
247 Seiten. DM 26,80 (LAMM)

Richter: **Betriebssysteme**
Eine Einführung. 152 Seiten. DM 28,80 (LAMM)

Richter: **Logikkalküle**
232 Seiten. DM 24,80 (LAMM)

Schlageter/Stucky: **Datenbanksysteme: Konzepte und Modelle**
2. Aufl. 368 Seiten. DM 34,– (LAMM)

Schnorr: **Rekursive Funktionen und ihre Komplexität**
191 Seiten. DM 25,80 (LAMM)

Spaniol: **Arithmetik in Rechenanlagen**
Logik und Entwurf. 208 Seiten. DM 24,80 (LAMM)

Vollmar: **Algorithmen in Zellularautomaten**
Eine Einführung. 192 Seiten. DM 23,80 (LAMM)

Weck: **Prinzipien und Realisierung von Betriebssystemen**
299 Seiten. DM 34,– (LAMM)

Wirth: **Compilerbau**
Eine Einführung. 3. Aufl. 117 Seiten. DM 17,80 (LAMM)

Wirth: **Systematisches Programmieren**
Eine Einführung. 5. Aufl. 160 Seiten. DM 23,80 (LAMM)

Preisänderungen vorbehalten